水泥窑协同处置固体废物实用技术丛书

水泥窑协同处置
脱水污泥实用技术

李春萍　编著

中国建材工业出版社

图书在版编目（CIP）数据

水泥窑协同处置脱水污泥实用技术/李春萍编著
. --北京：中国建材工业出版社，2021.1
（水泥窑协同处置固体废物实用技术丛书）
ISBN 978-7-5160-3118-6

Ⅰ.①水…　Ⅱ.①李…　Ⅲ.①水泥工业－固体废物处
理－污泥脱水　Ⅳ.①X783

中国版本图书馆 CIP 数据核字（2020）第 233633 号

水泥窑协同处置脱水污泥实用技术
Shuiniyao Xietong Chuzhi Tuoshui Wuni Shiyong Jishu
李春萍　编著

出版发行：中国建材工业出版社
地　　址：北京市海淀区三里河路 1 号
邮　　编：100044
经　　销：全国各地新华书店
印　　刷：北京雁林吉兆印刷有限公司
开　　本：787mm×1092mm　1/16
印　　张：15
字　　数：300 千字
版　　次：2021 年 1 月第 1 版
印　　次：2021 年 1 月第 1 次
定　　价：**88.00 元**

_____

前　言

　　这本书是编著者在无数个失眠的夜晚写出来的。2020 年，庚子年，一种被命名为新型冠状病毒的肺炎疫情在全球蔓延。也许，在历史的长河中，此次疫情像历史上曾经发生的鼠疫、伤寒病一样，被轻轻带过，但是，对身在其中的我们来说，这注定是一个终身难忘的一年：在不方便中体会武汉同胞、医护人员、防疫战线的工作者们经历的挑战和磨难，更在隔离中深谙亲人天各一方的牵挂。临大事，有静气，在许多个难以入眠的夜里，沉下心来，边写书边鼓励自己燃起越挫越勇的斗志和生生不息的希望。若能并肩，就让生命双倍的勇敢；纵然分离，也要跳动共同的脉搏。

　　随着我国城镇化的迅猛发展，人口密度急剧增加，城市污水体量不断增长，自"十二五"以来，污水处理能力及处理率增长迅速。污水处理厂的建设与运行必然伴随大量剩余污泥的产生。预计 2020 年年底，我国的污泥产量将突破 6000 万吨（以含水率 80％计）。污泥中通常含有人类致病菌、重金属等有害物质，会对环境造成二次污染。新型冠状病毒感染患者粪便中被检测出病毒，随粪便进入污泥中的病原菌对人类健康又会造成新的威胁，也使得污泥处理面临更大的挑战。

　　我国污泥处理处置事业经历了五十多年的发展起伏。改革开放前，由于我国污水处理厂较少，进行简易处理后的污泥作为农肥还未引发环境问题；从 20 世纪 80 年代延续至今，城镇化进程带动城市污水厂大量建设，污泥的大量产生使得其处理处置问题日益凸显，并逐渐成为污水处理行业面临的一个难题。

　　水泥窑协同处置作为一种新兴的固体废物无害化处置技术，主要利用大型、新型干法水泥窑，在基本不影响水泥正常生产的条件下安全处置固体废物。这种处置方式处置范围广，而且实现了固体废物的全面无害化处置，处置成本较低，在环保和经济两个方面都显示出了明显优势，成为市政设施的重要补充。

　　本书共六章。第一章为脱水污泥产生概况及危害；第二章至第三章分别分析了脱水污泥的物理、化学和生物学特性及常规处理处置方法；第四章阐述了水泥生产工艺及协同处置优势；第五章在实验室研究的基础上，论述了污泥干化技术及恶臭控制；第六章的国内案例总结了水泥窑协同处置脱水污泥的技术要点。全书内容全面，资料详实，案例丰富，技术实用。

在本书编著过程中，编著者参考了大量的相关文献资料，并汲取了近年来同行研究者们成果的精华，承蒙众多企业和学者们给予的大力支持以及各位读者的赐教，在此一并感谢。

限于编著者的经验与水平，书中难免存在不妥之处，敬请广大读者和有关专家批评指正。

编著者

2020 年 10 月

目　录

第一章　脱水污泥产生概况及危害

第一节　固体废物分类

一、固体废物定义

《中华人民共和国固体废物污染环境保护法》中对固体废物的法律定义：固体废物是指在生产、生活和其他活动中产生的丧失原有利用价值或者虽未丧失利用价值但被抛弃或者放弃的固态、半固态和置于容器中的气态物品、物质以及法律、行政法规规定纳入固体废物管理的物品、物质。

美国对固体废物的法定定义不是基于物质的物理形态（无论是否是固态、液态或气态），而是基于物质是废物的这一事实。例如，美国《资源保护和回收法》（RCRA）对固体废物定义如下：任何来自废水处理厂、水供给处理厂或者污染大气控制设施产生的垃圾、废渣、污泥，以及来自工业、商业、矿业和农业生产以及团体活动产生的其他丢弃的物质，包括固态、液态、半固态或装在容器内的气态物质。

《日本促进建立循环型社会基本法》中"废物"是指"使用过的物品，没有使用过的废料（目前正在使用中的除外），或在产品的生产、加工、维修和销售过程中，能源供应，民用工程和建筑业，农业和畜牧业产品的生产和其他人类活动中产生的残次品。

二、固体废物特点

固体废物至少应该包括以下基本点：

（1）固体废物是已经失去原有使用价值的、被消费者或拥有者丢弃的物品（材料），这个特点意味着废物不再具有原来物品的使用价值，只能被用来再循环，处置，填埋、燃烧或焚化，贮存或作为其他用途；

（2）在生产和生活过程中产生的、无法直接被用作其他产品原料的副产物，这个特点意味着废物来自社会的各个方面，不能直接作为其他产品的原料来使用，如果是间接地作为其他产品的原料来使用，那么，没有使用或无法使用的部分不能产生二次环境污染；

（3）固体废物包含多种形态、多种特征和多种特性，表现出复杂性；

（4）固体废物具有错位性，意味着在特定的范围、时间和技术条件下，固体废物在丢弃或最终处置前有可能成为其他产品的资源或被其他消费者进行利用，也就具有了废物利用的价值；

（5）固体废物具有经济性，其经济性取决于废物利用价值的大小和对废物利用的经济鼓励政策，当固体废物能获得价值时，就比较容易进行利用，经济性是固体废物利用的主要动力；

（6）固体废物具有危害性，无论是什么形式和种类的固体废物，都会对人们的生产和生活以及环境产生或多或少的不利影响，尤其是危害性大的废物就属于危险废物。

固体废物具有鲜明的时间和空间特征，它同时具有"废物"和"资源"的双重特性。从时间角度看，固体废物仅指相对于目前的科学技术和经济条件而无法利用的物质或物品，随着科学技术的飞速发展，矿物资源的日趋枯竭，自然资源滞后于人类需求，昨天的废物势必将成为明天的资源。从空间角度看，废物仅仅相对于某一过程或某一方面没有使用价值，而并非在一切过程或一切方面都没有使用价值，某一过程的废物，往往是另一过程的原料。例如，高炉渣可以作为水泥生产的原料、电镀污泥可以回收高附加值的重金属产品、城市生活垃圾中的可燃性部分经过焚烧后可以发电、废旧塑料通过热解可以制造柴油、有机垃圾经过厌氧发酵可以生产甲烷气体进行再利用等。故固体废物有"放错地方的资源"之称。

三、固体废物产生现状

1981 年，中国工业固体废物总产量为 3.37 亿 t，1995 年增长到 6.45 亿 t，1996 年为 6.59 亿 t。自 1981 年到 1988 年，中国经历了一个工业固体废物产生量以年增长率 8%～15%高速增长的时期。自 1989 年起，我国工业固体废弃物增长率降为 2%～5%。

据国家统计局统计数据显示，2017 年，我国一般工业固体废物产生量为 331592 万 t，综合利用量为 181187 万 t，处置量为 79798 万 t。一般工业固体废物贮存量有 78397 万 t，还有 73.04 万 t 一般工业固体废物被倾倒丢弃。2017 年，我国危险废物产生量为 6936.89 万 t，其中综合利用 4043.42 万 t，处置 2551.56 万 t，堆存 870.87 万 t，危险废物处理处置利用率达 95%以上，相比 2016 年的 82.8%有了长足的发展。据《2018 年全国大、中城市固体废物污染环境防治年报》统计，截至 2017 年年底，全国各省（区、市）颁发的危险废物（含医疗废物）经营许可证共 2722 份；相比 2006 年，2017 年危险废物实际收集和利用处置量增长 657%。2017 年，202 个大、中城市生活垃圾产生量为 20194.4 万 t，处置量为 20084.3 万 t，处置率达 99.5%。生活垃圾处理处置行业整体发展迅速，但仍存在诸多问题。例如，城乡生活垃圾处理水平差距过大，2017 年，202 个大、中城市生活垃圾处置率达 99.5%，而 2017 年我国农村垃圾处理率为 62.85%。但在国家一系列的支持下，我国农村生活垃圾处理处置发展迅速，从 2012 年的不足 50%，增至 2017 年的 62.85%。随着国家的重视，农村垃圾治理将成为行业发展的新热点。

我国工业固体废物主要产生地区集中在中西部地区，其中河北、辽宁、山西、山东、内蒙古、河南、江西、云南、四川和安徽等 10 个地区的工业固体废物产生量占全国工业固体废物产生量的 60％以上。山西、内蒙古、四川等资源丰富的省份和西部经济欠发达地区，煤炭资源和火电厂较为集中，大宗工业固体废物产生量尤其大，但是受价格、市场、政策等多方面因素的影响，这些地区的大宗工业固体废物综合利用规模较小，综合利用率较低。而我国沿海经济发达地区和中心城市的大宗工业固体废物综合利用水平较高，如江苏、浙江、上海等地的工业固废综合利用率已达到 95％以上，大宗工业固体废物综合利用的区域发展不平衡问题非常突出。

固体废物减量势在必行。目前许多国家都开始实施垃圾源头削减计划，提倡在垃圾产生源头通过减少过分包装，对企业排放垃圾数量进行限制以及垃圾收费等措施将垃圾的产生量削减至最低程度。加拿大温哥华特区的固体废弃物管理机构制订了垃圾减量 50％的计划，并得到了社会和民众的支持，取得了不少进展。一些国家和地区甚至在法律上做了明文规定。德国的《垃圾处理法》就有关于避免废物产生、减少废物产生量的内容。这些措施无疑会减少垃圾的最终处置量，降低垃圾的处理费用，减少对宝贵的土地资源的占用。

固体废物减容，对我国来说，有着更现实的意义。我国人多地少，是一个土地资源匮乏的国度，我们没有更多的地方来摆放一座座不断增加的"景山"。同时我们的经济还不够发达，我们没有更多的资金来对垃圾进行处理。北京市环境卫生管理局的资料表明：2008 年，仅以无害化处理中最经济的卫生填埋方式计算，垃圾处理的实际成本已经达到每吨 135 元。以北京市垃圾日产 2.5 万 t 计，要使垃圾全部进行无害化处理，北京市每年需花费 12.3 亿元人民币。如果能够减容 50％，仅垃圾处理的费用，北京市每年就能节省 6.1 亿多元人民币。

四、固体废物分类

（一）固体废物分类方法

固体废物有多种分类方法，既可根据其组分、形态、来源等进行划分，也可根据其危险性、燃烧特性等进行划分，目前主要的分类方法如下：

（1）按废物来源可分为工业固体废物、城市固体废物和农业固体废物。

① 工业固体废物：工业固体废物是工业企业再生产过程中未被利用的副产物。

② 城市固体废物：城市固体废物是指居民生活、商业活动、市政建设与维护、机关办公等过程产生的固体废物。

③ 农业固体废物：农业固体废物是指农业生产过程和农民生活中所排放出的固体废弃物，主要来自种植业、养殖业、居民生活等，包括秸秆、禽畜粪便、农用塑料残膜等。

（2）按其化学组成可分为有机废物和无机废物。

（3）按其形态可分为固态废物、半固态废物和液态废物等。

（4）按污染特性可分为一般废物和危险废物。

（5）按其燃烧特性可分为可燃废物和不可燃废物。

依据《中华人民共和国固体废物污染环境保护法》对固体废物的分类，将其分为生活垃圾、工业固体废物和危险废物三类进行管理，2005年修订后的《中华人民共和国固体废物污染环境保护法》还对农业废物进行了专门要求。

（二）固体废物与危险废物的关系

固体废物和危险废物的关系如图1-1所示。

图1-1　固体废物与危险废物的关系

五、固体废物组成

固体废物来自人类的生产和生活过程的许多环节。表1-1中列出了从各类发生源产生的主要固体废物组成。

表1-1　从发生源产生的主要固体废物组成

发生源	产生的主要固体废物
矿业	废石、尾矿、金属、废木、砖瓦、水泥、砂石等
冶金、金属结构、交通、机械等工业	金属、渣、砂石、模型、芯、陶瓷、管道、绝热和绝缘材料、胶粘剂、污垢、废木、塑料、橡胶、纸、各种建材、烟尘等
建筑材料工业	金属、水泥、黏土、陶瓷、石膏、石棉、砂石、纸、纤维等
食品加工业	肉、谷物、蔬菜、硬果壳、水果、烟草等
橡胶、皮革、塑料等工业	橡胶、塑料、皮革、布、线、纤维、染料、金属等
石油化工工业	化学药剂、金属、塑料、橡胶、陶瓷、沥青、油泥、油毡、石棉、涂料等
电器、仪器、仪表等工业	金属、玻璃、橡胶、塑料、研磨料、陶瓷、绝缘材料等
纺织、服装工业	布头、纤维、金属、橡胶、塑料等
造纸、木材、印刷等工业	刨花、锯末、碎木、化学药剂、金属填料、塑料等
居民生活	食物、纸、木、布、庭院植物修剪物、金属、玻璃、塑料、陶瓷、燃料灰渣、脏土、碎砖瓦、废器具、粪便、杂品等
商业机关	同上，另有管道、碎砌体、沥青、其他建筑材料，含有易爆、易燃、腐蚀性、放射性废物以及废汽车、废电器等

发生源	产生的主要固体废物
市政维护、管理部门	碎砖瓦、树叶、死畜禽、金属、锅炉灰渣、污泥等
农业	秸秆、蔬菜、水果、果树枝条、糠秕、人及畜禽粪便、农药等
核工业和放射性医疗单位	金属、放射性废渣、粉尘、污泥、器具和建筑材料等

六、固体废物对环境的潜在污染

固体废物对环境的潜在污染特点有以下几个方面：

（1）产生量大、种类繁多、成分复杂：据统计，全国工业固体废物的产生量2002年已经达到9.4亿 t，并以每年10％的速度增加。而且，固体废物的来源十分广泛，如工业固体废物包括工业生产、加工、燃料燃烧、矿物采选、交通运输等行业以及环境治理过程中所产生的和丢弃的固体和半固体的物质。另外，从固体废物的分类也可以大致了解固体废物的复杂状态，如仅在城市生活垃圾中就几乎包含了日常生活中接触到的所有物质。

（2）污染物滞留期长、危害性强：以固体形式存在的有害物质向环境中的扩散速率相对比较缓慢，与废水、废气污染环境的特点相比，固体废物污染环境的滞后性非常强，一旦发生污染，后果将非常严重。

（3）既是其他处理过程的终态，又是污染环境的源头：在水处理工艺中，无论是采用物化处理还是生物处理方式，在水体得到净化的同时，总是将水体中的无机和有机的污染物质以固相的形态分离出来，产生大量的污泥或残渣。在废气治理过程中，利用洗气、吸附或除尘等技术将存在于气相的粉尘或可溶性污染物转移或转化为固体物质。因此，从这个意义上讲，可以认为废气治理和水处理过程实际上都是将液态和气态的污染物转化为固态的过程。而固体废物对环境的危害又需要通过水体、大气、土壤等介质方能进行，所以，固体废物既是废水和废气处理过程的终态，又是污染水体、大气、土壤等的源头。根据固体废物这一特点，对固体废物的管理既要尽量避免和减少其产生，又要力求避免和减少其向水体、大气以及土壤环境的排放。

第二节　脱水污泥产生量

一、脱水污泥定义

（一）污泥定义

污泥是污水处理后的附属品，是一种由有机残片、细菌菌体、无机颗粒、胶体等组成的极其复杂的非均质体。

（二）污泥分类

（1）按来源分，污泥主要有生活污水污泥、工业废水污泥和给水污泥。

（2）按处理方法和分离过程分，污泥有以下几类：

① 初沉污泥：指污水一级处理过程中产生的沉淀物。

② 活性污泥：指活性污泥法处理工艺中二沉池产生的沉淀物。

③ 腐殖污泥：指生物膜法（如生物滤池、生物转盘、部分生物接触氧化池等）污水处理工艺中二沉池产生的沉淀物。

④ 化学污泥：指化学强化一级处理（或三级处理）后产生的污泥。

（3）按污泥的不同产生阶段分：

① 沉淀污泥：初次沉淀池中截留的污泥，包括物理沉淀污泥、混凝沉淀污泥、化学沉淀污泥等。

② 生物处理污泥：在生物处理过程中，由污水中悬浮状、胶体状或溶解状的有机污染物组成的某种活性物质，称为生物处理污泥。

③ 生污泥：指从沉淀池（初沉池和二沉池）分离出来的沉淀物或悬浮物的总称。

④ 消化污泥：为生污泥经厌氧消化后得到的污泥。

⑤ 浓缩污泥：指生污泥经浓缩处理后得到的污泥。

⑥ 脱水干化污泥：指经脱水干化处理后得到的污泥。

⑦ 干燥污泥：指经干燥处理后得到的污泥。

（4）按污泥的成分和性质分，污泥可分为有机污泥和无机污泥、亲水性污泥和疏水性污泥等。

二、我国污水处理发展概况

在污水处理事业的发展过程中，不同阶段呈现出不同的鲜明特性。我国的污水处理发展经历了以下几个阶段。

（一）污水处理初始阶段

20世纪60年代，由于我国污水处理厂较少，处理量不大且成分简单。因此，污泥可简单处理后作为农肥，如在上海、北京、天津，污泥就作为肥料使用，受到农民的欢迎。所以，在此阶段污泥是资源，污泥处置尚未成为问题。

（二）现代污水处理厂建设阶段

从20世纪80年代开始，由于污水排放量的剧增和环境保护意识的增强，我国城市污水处理事业有了跳跃性发展，城市污水处理厂从原先的400多座发展到2004年的708座。这一时期，污水处理的重点主要集中在城市污水厂的建设上，资金、技术、装备和土地也都集中在污水处理厂建设上，污水处理的过程产物污泥的处理处置尚未纳入污水处理厂的规划和设计中，污泥在污水处理厂大多经过简单的处理后就地处置，而受认识、资金、技术、土地等条件的制约，各个部门在污泥处置方面仍以农田利用和堆放消纳为主，但由于重金属等污染问题，农业利用受到限制，污泥已经开始成为隐患。

（三）城市污水处理厂快速发展阶段

进入21世纪后，随着经济的发展和生活质量的提高，公众对环境问题越来越关注，对环境质量的要求也逐渐提高。为节约水资源，改善生态环境，我国的污水处理事业迅猛发展，城镇污水处理厂的建设飞速加快，城市污水的处理率逐年提高。

从2000年开始，我国污水处理行业进入黄金发展期。据国家统计局公布的数据显示，市级城市污水处理能力从2002年的6155万 m^3/d 提高到2016年的16779万 m^3/d，污水处理率从39.97%增长到93.44%；而县级城市的污水处理能力也从2002年的310万 m^3/d 提高到2016年的3036万 m^3/d，污水处理率从11.02%增长到87.38%。

三、我国污水处理现状

（一）全国污水设施建设现状

1. 全国市级城市污水设施建设情况

截至2017年年末，全国城市共有污水处理厂2209座，比2016年增加170座；污水厂日处理能力17716万 m^3，比2016年增长5.59%。2017年城市年污水处理总量为465.49亿 m^3，城市污水处理率为94.98%，比2016年增加1.54个百分点。

2011—2017年全国市级城市污水处理设施增长情况如图1-2所示。

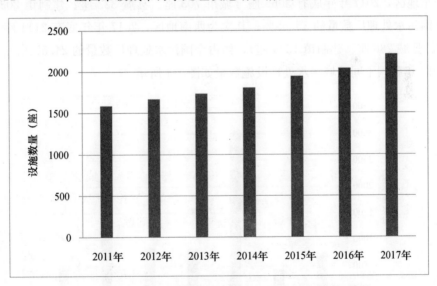

图1-2　2011—2017年全国市级城市污水处理设施增长情况

2. 全国县级城市污水设施建设情况

2017年年末，全国县级城市共有污水处理厂1572座，比2016年增加59座；污水厂日处理能力为3218万 m^3，比2016年增长5.99%。2017年县级城市年污水处理总量为87.77亿 m^3，污水处理率为90.21%，比上年增加2.83个百分点。

2011—2017年全国县级城市污水处理设施增长情况如图1-3所示。

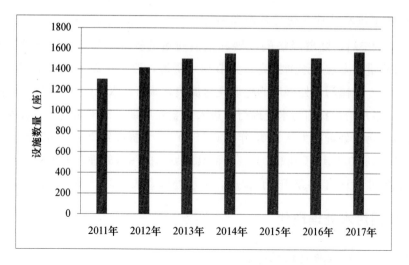

图 1-3 2011—2017 年全国县级城市污水处理设施增长情况

3. 全国不同区域污水处理设施数量

截至 2017 年年底，全国累计建成污水处理厂 8591 座，其中城市建成 2209 座、县城建成 1572 座、建制镇建成 4810 座。从全国污水处理厂区域分布情况来看，主要集中在华东地区，2017 年年底有 3065 座（城市 703 座、县城 332 座、建制镇 2030 座），约占全国污水处理厂数量的 35.68%；其次为西南地区，2017 年年底有 2111 座（城市 281 座、县城 286 座、建制镇 1544 座），约占全国污水处理厂数量的 24.57%。

2017 年我国不同区域污水处理设施数量如图 1-4 所示。

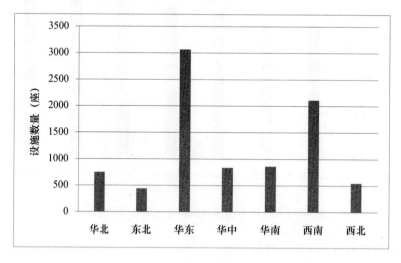

图 1-4 2017 年我国不同区域污水处理设施数量

4. 全国不同省份污水处理设施数量

截至 2017 年，全国污水处理厂数量最多的为四川省，达到 942 座，其中建制镇拥有720座，占比76.4%；江苏省和山东省分别以871座和861座位列第二和第三。其他省份均在700座以下。

2017年我国不同省份污水处理设施数量如图1-5所示。

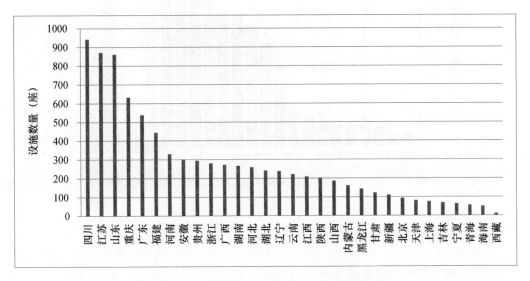

图1-5　2017年我国不同省份污水处理设施数量

（二）全国污水处理能力现状

1. 市级城市污水处理能力发展

2000—2017年我国市级城市污水处理能力和污水处理率如图1-6所示。

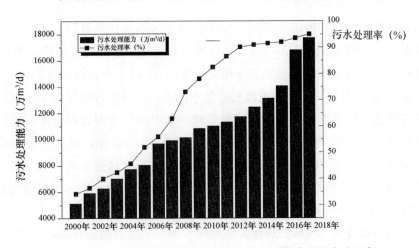

图1-6　2000—2017年我国市级城市污水处理能力和污水处理率

2. 县级城市污水处理能力发展

2000—2017年我国县级城市污水处理能力和污水处理率如图1-7所示。

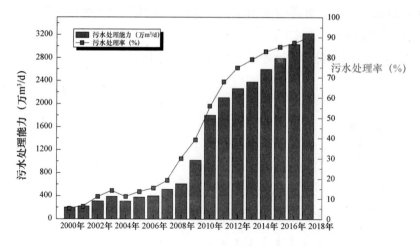

图 1-7　2000—2017 年我国县级城市污水处理能力和污水处理率

四、我国污水处理发展趋势

（一）城市污水处理继续发展

2000 年后，我国城镇化发展加快，城镇化率已从 2000 年的 36.22％提高到了 2016 年的 57.35％。2020 年我国常驻人口城镇化率要达到 60％，2030 年达到 70％，距离欧美等发达国家 80％以上的城镇化率还有很长一段路要走。因此，未来一段时间内城镇生活污水排放量仍将保持 5％左右增速增长。

（二）村镇污水处理大有空间

与城市和县城污水处理市场不同，我国村镇地区污水处理设施不完善、污水处理率严重不足。2008 年，我国只有 3.4％的行政村对生活污水进行了处理，2016 年年末这一数据虽然上升到 20％，但远远低于市级城市的 93.44％和县级城市的 87.38％。另一方面，2016 年年末有 68.7％的行政村有集中供水，65％的行政村对生活垃圾进行处理，污水处理远远滞后于集中供水和垃圾处理。据中国产业网数据显示，我国村镇集中式污水处理厂从 2010 年的 1748 座增加到 2016 年的 3530 座，增长了 101.95％，污水处理能力从 962 万 m³/d 提高到 1527 万 m³/d，年均复合增速 8.05％。分散式的污水处理装置个数从 2010 年的 10732 个增长到 2016 年的 14584 个，污水处置能力从 634 万 m³/d 增长到 1315 万 m³/d，年均复合增速为 12.93％。

集中式的污水处理厂污水处理能力按年均 8.05％的复合增速计算，到 2020 年，污水处理能力达到 2081 万 m³/d，较 2016 年新增 554 万 m³/d，按 3500 元/m³ 的投资计算，污水处理厂投资额 194 亿元，按照管网投资与污水处理厂投资比例 2.5∶1 计算，集中式的污水处理总投资 679 亿元。

同样，分散式模式污水处理能力按年均 12.93％的复合增速计算，到 2020 年，污水处理能力达到 2139 万 m³/d，较 2016 年新增 824 万 m³/d，如果其中 50％采用小型一体化污水处理装置，吨投资额按 20000 元/m³ 计算，其余 50% 按 3000 元/m³ 计算，分散式的污水总投资规模 948 亿元，由此推算村镇污水处理的市场规模在 1627 亿元。

（三）工业污水处理有望复苏

环保督察常态化，企业违法成本大增。自 2016 年 7 月以来，中央进行了四次环保督察，对全国范围内的工业企业进行了严格审查，责改、重罚、关停了众多非法排污企业。随着环保督察"回头看"及环保督查常态化，使得过去由于监管不严导致的偷排漏排现象得到一定程度遏制，并且伴随排污许可证和环保税的逐步实施，企业违法排污成本大增，为减少停产限产带来的损失，企业将主动实现达标排放，工业废水治理需求有望复苏。

（四）流域治理得到重视

"十二五"期间，全国各地扎实推进水污染治理工作，其中成绩明显的有浙江省实施的"五水共治"，山东省构建的"治、用、保"流域治污体系，安徽省和浙江省在新安江流域实施的全国首个跨省流域上下游横向生态补偿试点等。

2015 年 4 月 16 日国务院出台的《水污染防治行动计划》（简称"水十条"）中明确提出：到 2020 年，地级及以上城市建成区黑臭水体均控制在 10% 以内；到 2030 年城市黑臭水体得到消除。

2016 年，国家发展改革委印发了《"十三五"重点流域水环境综合治理建设规划》。规划旨在进一步加快推进生态文明建设，落实国家"十三五"规划纲要和《水污染防治行动计划》提出的关于全面改善水环境质量的要求，充分发挥重点流域水污染防治中央预算内投资引导作用，推进"十三五"重点流域水环境综合治理重大工程建设，切实增加和改善环境基本公共服务供给，改善重点流域水环境质量、恢复水生态、保障水安全。规划范围涵盖长江、黄河、珠江、松花江、淮河、海河、辽河七大流域，近岸海域中的环渤海地区，以及千岛湖及新安江上游、闽江、九龙江、九洲江、洱海、艾比湖、呼伦湖、兴凯湖等其他流域。规划围绕促进实现重点流域水环境综合治理目标，针对各地问题，因地制宜，开展城镇污水处理及相关工程、城镇垃圾处理及配套工程、流域水环境综合治理工程和饮用水水源地治理工程等项目建设。规划用于指导各地开展重点流域水环境综合治理，建立重点流域水环境综合治理项目滚动储备库，加强资金筹措，吸引社会投资，强化投资和项目监管，切实提高投资效益。

从《2018 环境状况公报》来看，我国水体环境总体状况如下：

地表水方面：1935 个水质断面中，Ⅰ类～Ⅲ类比率为 71.0%；比 2017 年上升 3.1 个百分点；劣Ⅴ类比率为 6.7%，比 2017 年下降 1.6 个百分点。

流域方面：长江、黄河、珠江、松花江、淮河、海河、辽河七大流域和浙闽片河流、西北诸河、西南诸河监测的 1613 个水质断面中，Ⅰ类占 5.0%，Ⅱ类占 43.0%，Ⅲ类占 26.3%，Ⅳ类占 14.4%，Ⅴ类占 4.5%，劣Ⅴ占 6.9%。与 2017 年相比，

Ⅰ类水质断面比率上升 2.8 个百分点，Ⅱ类上升 6.3 个百分点，Ⅲ类下降 6.6 个百分点，Ⅳ类下降 0.2 个百分点，Ⅴ类下降 0.7 个百分点，劣Ⅴ类下降 1.5 个百分点。

西北诸河和西南诸河水质为优，长江、珠江流域和浙闽片流域水质良好，黄河、松花江和淮河流域为轻度污染，海河和辽河流域为中度污染。

湖泊（水库）方面：监测水质的 111 个重要湖泊（水库）中，Ⅰ类水质的湖泊（水库）7 个，占 6.3%；Ⅱ类 34 个，占 30.6%；Ⅲ类 33 个，占 29.7%；Ⅳ类 19 个，占 17.1%；Ⅴ类 9 个，占 8.1%；劣Ⅴ类 9 个，占 8.1%。107 个监测营养状态的湖泊（水库）中，贫营养的 10 个，占 9.3%；中营养的 66 个，占 61.7%；轻度富营养的 25 个，占 23.4%；中度富营养的 6 个，占 5.6%。

根据《国家环境保护"十四五"规划》，"十四五"期间环保投资约为 3.4 万亿元，年均环保投资为 6800 亿元左右，投入总量较"十一五"期间增长 143%。环保部预测，"十四五"期间我国污水治理累计投入将达到 1.06 万亿元，在环保产业"十四五"期间总投资需求 3.4 万亿中约占 1/3。

五、脱水污泥产生量

（一）生活污泥产生量

据中国环境统计年鉴数据显示，2009—2014 年，我国工业污水排放量基本维持在 210 亿 t/年左右，城镇生活污水排放量从 354 亿 t 增长至 510 亿 t。据保守估算，按照工业污水排放量每年 210 亿 t、城镇生活污水排放量年增长率 4% 计算，则 2020 年我国污水排放总量将达到 855 亿 t。

一般情况下，污泥量通常占生活污水量的 0.3%～0.5%（体积）或者为污水处理量的 1%～2%（质量），如果污水采用深度处理，则污泥量会增加 0.5～1 倍。2004—2017 年我国生活污泥的产生量如图 1-8 所示。

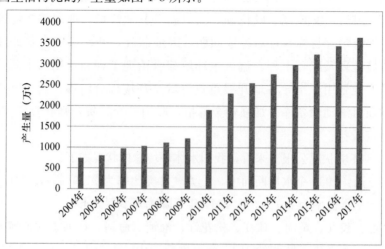

图 1-8 2004—2017 年我国生活污泥产生量

（二）工业污泥产生量

2010—2017 年我国工业污泥的产生量如图 1-9 所示。

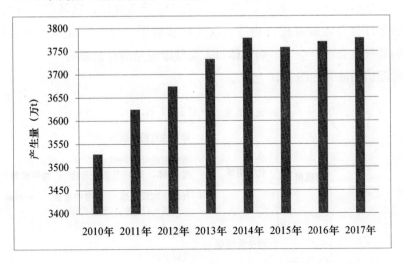

图 1-9 2010—2017 年我国工业污泥产生量

据北极星节能环保网数据显示，目前我国污泥处理方式主要有填埋、堆肥、自然干化、焚烧等 4 种，占比分别为 65%、15%、6%、3%，全国污泥平均无害化处理率仅有 32%。从这些数据可以看出，我国污泥处理方式仍以填埋为主，加之我国城镇污水处理企业处置能力不足、处置手段落后，大量污泥没有得到规范化的处理，直接造成了"二次污染"，对生态环境产生严重威胁。

第三节 脱水污泥危害

一、脱水污泥特性

随着城市生活污水处理量和处理率的大幅度提高，污泥已经成为困扰污水处理厂的最严峻的现实难题之一，只有实现污泥的安全无害化处置，才能达到消除污染的目的。

污泥是城市污水处理过程中产生的体积最大的副产品，污泥的成分很复杂，是由多种微生物形成的菌胶团与其吸附的有机物和无机物组成的聚合物。

污泥含水率较高，一般为 75%～85%；且大部分是结合水，无法通过机械方法去除。同时，脱水污泥属于牛顿流体，随着固体含量的增加还会变成塑性流体。在表观性状上，脱水污泥呈黏稠状，倾向于聚合成块，不易分散。脱水污泥的孔隙率低，长期存放易造成内部厌氧而腐败发臭。

脱水污泥富含丰富的有机质，其含量达 60%～70%。污水中的 N、P、S 等营养元素大部分富集在污泥中，使其生物稳定性差。

脱水污泥除含有大量的水分、易腐败的有机物质和无机营养元素外，也含有大量的病原菌、寄生虫（卵），还有 Cu、Zn、Cr 和 Hg 等重金属，以及部分有害的难降解有机物，如多环芳香族碳氢化合物等。这些化学物质不仅会污染地表水和地下水源，污泥散发的臭气也会污染空气，病原体对人类健康也是潜在的威胁。

脱水污泥组成成分如图 1-10 所示。

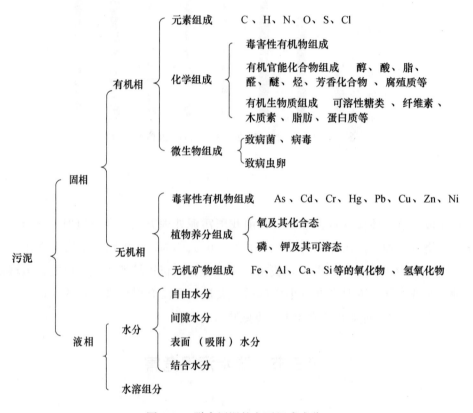

图 1-10　脱水污泥的主要组成成分

污泥基本组成为 90%～99% 的水和 1%～10% 的固含物，其中，固含物中含有大量有机成分（＞60%）。发达国家污泥中干基有机物含量一般为 70%～80%，而发展中国家略低。

表 1-2 是我国天津纪庄子污水厂的污泥理化组成。

表 1-2　天津纪庄子污水厂的污泥理化组成　　　　　　　　　　　　　（%）

项目	固体	挥发性固体	油脂类	蛋白质	碳水化合物
初沉污泥	7.8	49.9	10.0	13.8	26.1
剩余污泥	1.4	67.7	6.4	38.2	23.2

二、脱水污泥危害

污泥对环境的污染途径如图 1-11 所示。

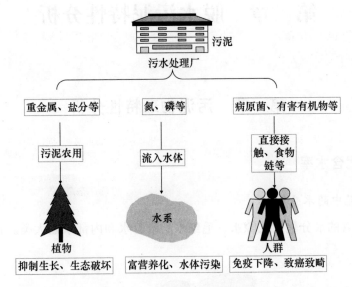

图 1-11　污泥对环境的污染途径

因此，污泥如果不妥善处理，任意堆放和排放，将对环境与人类造成严重的危害。在我国城市化水平较高的城市与地区，污泥问题已经十分突出。

我国政府非常重视污泥问题的控制与解决，相继制定了《农用污泥污染物控制标准》（GB 4284—1984）（2018 年修订）、《城市污水处理厂污水污泥排放标准》（CJ 3025—1993）（2013 年废止）、《城镇污水处理厂污染物排放标准》（GB 18918—2002）及《城市污水处理及污染防治技术政策》等系列标准规范，对污泥的处理处置提出了严格的要求。无害化、减量化和资源化是我国城市污水厂剩余污泥处理处置的基本原则，政府鼓励经济有效的污泥处理处置技术的应用。

第二章　脱水污泥特性分析

第一节　污泥物理特性分析

一、污泥含水率

（一）污泥中的水分结构

污泥中所含的水分包括孔隙水、毛细水、附着水和内部水四大类。其结构示意如图 2-1 所示。

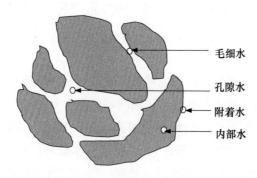

图 2-1　污泥中的水分结构

1. 孔隙水

孔隙水也称自由水，是指存在于污泥颗粒间隙、被污泥固体所包围的水，约占污泥体积的 70%。孔隙水与固体没有直接结合，相互间不存在化学作用，结合力相对较小，比较容易从固体中分离。

2. 毛细水

毛细水存在于高度密集的细小污泥固体颗粒周围，一般是填充在污泥固体颗粒之间的缝隙中，占污泥水分的 10%～20%。污泥由高度密集的细小固体颗粒组成，在固体颗粒接触表面上，由于毛细力的作用，形成毛细结合水。由于毛细水和污泥颗粒之间的结合力较强，浓缩作用不能将毛细结合水分离，需借助较高的机械作用力和能量，如真空过滤、压力过滤和离心分离才能去除这部分水分。

3. 附着水

附着水是指活性污泥固体颗粒表层上附着、吸收和结合的水，实际上是胶体颗粒的结合水，占污泥水分的 5％～15％。污泥属于凝胶，是由絮状的胶体颗粒集合而成。污泥的胶体颗粒很小，与其体积相比表面积很大，由于表面张力的作用吸附的水分也就很多。胶体颗粒全部带有相同性质的电荷，相互排斥，妨碍颗粒的聚集、长大，保持稳定状态，因而表面吸附水用普通的浓缩或脱水方法去除比较困难。只有加入能起混凝作用的电解质，使胶体颗粒的电荷得到中和后，颗粒呈不稳定状态，黏附在一起，最后沉降下来。颗粒增大后其比表面积减小，表面张力随之降低，表面吸附水也随之从胶体颗粒上脱离。

4. 内部结合水

内部结合水也称胞内水，是指在活性污泥内部、与颗粒结合在一起的水。微生物细胞膜内细菌化学组成部分所含的水也是内部结合水。内部结合水的含量不多，占污泥水分的 5％～8％。这种内部结合水与固体结合得很紧密，使用机械方法去除这部分水是行不通的。要去除这部分水分，必须破坏细胞膜，使细胞液渗出，由内部结合水变为外部液体。为了去除这种内部结合水，可以通过好氧菌或厌氧菌的作用进行生物分解，或采用高温加热和冷冻等方法。

（二）污泥含水率检测方法

污泥中所含水分的质量与污泥总质量之比的百分数称为污泥含水率。

在污泥处置工艺中，水分检测是必不可少的。一般采用烘干法和红外线检测法。

1. 烘干法

将污泥样品放在干燥的容器内，置于电热鼓风恒温干燥箱内，在 105℃±5℃ 的条件下烘至恒重，称量。

污泥含水率应按公式（2-1）计算：

$$W_i ＝ （M－M_g）/M×100\% \tag{2-1}$$

式中　W_i——污泥含水率，％；

　　　M_g——污泥干重，kg；

　　　M——样品总质量，kg。

2. 红外线检测法

红外线快速水分测定仪，是采用热解质量原理设计的一种新型快速水分检测仪器。水分测定仪在测量样品质量的同时，红外加热单元和水分蒸发通道快速干燥样品，在干燥过程中，水分仪持续测量并即时显示样品丢失的水分含量，干燥程序完成后，最终测定的水分含量值被锁定显示。

传统的烘干质量法虽然测试准确，但测定时间长、费时费成本、效率低，而红外线快速水分测定仪具有快速、操作简便、准确的特点，测定结果能与国标法达到一致性，逐渐替代了传统质量法，在污泥行业得到越来越广泛的应用。

（三）污泥含水率与体积的关系

1. 污水厂不同工段污泥含水率

污泥含水率是表征污泥最重要的一项指标。根据含水率不同，污泥可分为三类：

干污泥（含水率＜20％）、半干污泥（含水率为45％～70％）、脱水污泥（含水率为60％～80％）。

一般活性污泥的含水率达到99％以上，经浓缩后的污泥含水率为94％～97％。机械脱水要求进泥含水率不高于99.5％，机械脱水后污泥含水率达到70％～80％。污水厂不同工段污泥含水率比较见表2-1。

表 2-1　污水厂不同工段污泥含水率比较

序号	工段		污泥量（L/m³）	含水率（％）	密度（g/cm³）
1	沉砂池沉砂		0.03	60.0	1.5
2	初次沉淀池污泥		14～16	95.0～97.5	1.015～1.02
3	二沉池污泥	活性污泥法	10～21	99.2～99.6	1.005～1.008
4		生物膜法	7～19	96.0～98.0	1.02
5	脱水污泥		10～20	79.0～86.0	1.02～1.15

2. 脱水污泥含水率

（1）我国不同城市的污泥含水率

随机采集我国100个污水厂的脱水污泥样品，测定污泥含水率，各含水率所占的比率结果如图2-2所示。

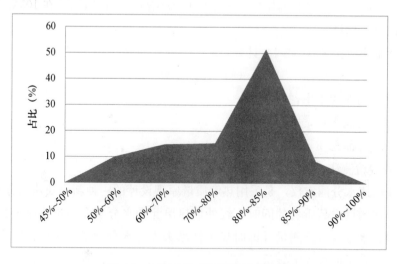

图 2-2　不同含水率的污泥测定结果

从图2-2中可以看出：100个污泥样品中，含水率大多集中在80％～85％，个别污水厂由于增加了深度脱水设备，使得含水率控制在60％左右。

（2）北京不同污水厂污泥含水率

随机采集北京市12个污水处理厂的脱水污泥，分析其含水率，结果如图2-3所示。

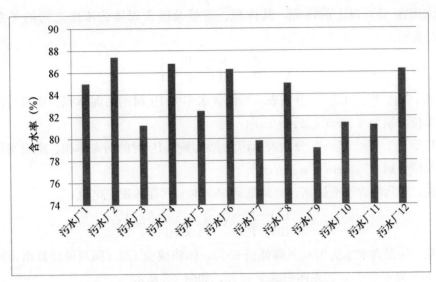

图 2-3　北京市 12 个污水处理厂的脱水污泥含水率

从图 2-3 中可以看出：12 个污水处理厂的脱水污泥样品，含水率大多集中在 80%～85%，个别污水厂的脱水污泥含水率高达 87% 以上。

（3）东北石油系统污水处理厂的污泥含水率

采集东北石油系统不同污水处理厂的脱水污泥，测定其含水率，结果如图 2-4 所示。

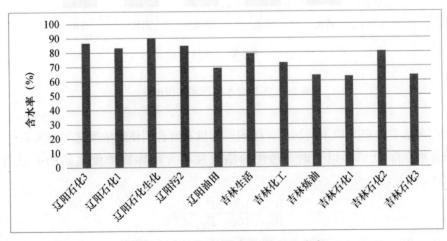

图 2-4　东北石油系统脱水污泥含水率

从图 2-4 可以看出：东北石油系统不同污水处理厂的脱水污泥，含水率大多集中在 60%～85%，低于生活污水厂的脱水污泥。

3. 脱水污泥含水率与体积关系

由于污泥含水率大多集中在 80%～85%，当污泥脱水干化时，体积减少极显著。

（1）含水率在 65% 以上的污泥，体积、质量及所含固体物浓度之间的关系

含水率在 65% 以上的污泥，其体积、质量及所含固体物浓度之间的关系可用式 (2-2) 表示。

$$\frac{V_1}{V_2}=\frac{W_1}{W_2}=\frac{100-P_2}{100-P_1}=\frac{C_2}{C_1} \tag{2-2}$$

式中　P_1、V_1、W_1、C_1——分别表示污泥含水率为 P_1 时的污泥体积、质量与固体物浓度，单位分别为 %、cm^3、g、g/cm^3；

　　　　P_2、V_2、W_2、C_2——分别表示污泥含水率为 P_2 时的污泥体积、质量与固体物浓度，单位分别为 %、cm^3、g、g/cm^3。

因此，当污泥含水率从 97.5% 降低到 95% 时，污泥体积变化为

$$V_2=V_1\frac{100-P_1}{100-P_2}=V_1\frac{100-97.5}{100-95}=\frac{1}{2}V_1$$

可见，污泥含水率从 97.5% 降低至 95%，体积减少 1/2。同理可计算出：污泥含水率从 95% 降至 80%，污泥体积减少 75%，如图 2-5 所示。

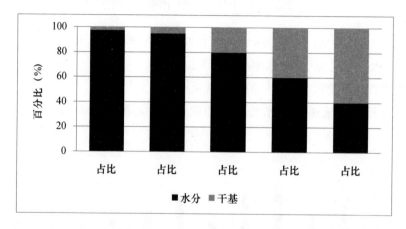

图 2-5　不同含水率污泥体积比较

（2）含水率在 65% 以下的污泥，体积、质量及所含固体物浓度之间的关系

当含水率降为 65% 以下时，污泥的质量及所含固体物浓度之间的关系符合公式 (2-3)：

$$\frac{W_1}{W_2}=\frac{100-P_2}{100-P_1}=\frac{C_2}{C_1} \tag{2-3}$$

式中　P_1、W_1、C_1——分别表示污泥含水率为 P_1 时的污泥体积、质量与固体物浓度，单位分别为 %、g、g/cm^3；

　　　　P_2、W_2、C_2——分别表示污泥含水率为 P_2 时的污泥体积、质量与固体物浓度，单位分别为 %、g、g/cm^3。

泥饼体积的计算公式为

$$V=\frac{M_s}{(1-\varepsilon)\,P_s P_w} \tag{2-4}$$

式中　*V*——污泥体积；

M_s——污泥中的干固体质量；

ε——污泥孔隙率；

P_s——干固体的相对密度；

P_w——水的密度。

（3）污泥不同含水率和体积之间的关系

污泥不同含水率和体积之间的关系如图 2-6 所示。

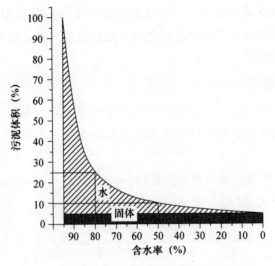

图 2-6　污泥不同含水率和体积之间的关系

从图 2-6 中可以看出：随着污泥含水率的下降，污泥体积急剧减少。

（四）污泥处置对含水率的规定

①《生活垃圾填埋场渗滤液处理工程技术规范（试行）》（HJ 564—2010）中规定：渗滤液处理过程中产生的污泥宜与城市污水处理厂污泥一并处理，当进入垃圾填埋场填埋处理或者单独处理时，含水率不宜大于 80%。

②《生活垃圾填埋场污染控制标准》（GB 16889—2008）中规定：厌氧产沼等生物处理后的固态残余物、粪便经处理后的固态残余物和生活污水处理厂污泥经处理后小于 60% 时，可以进入生活垃圾填埋场填埋处置。

③《城镇污水处理厂污染物排放标准》（GB 18918—2002）中规定：污泥用于好氧堆肥时，含水率应小于 65%；城镇污水处理厂的污泥应进行污泥脱水处理，脱水后污泥含水率应小于 80%。

④《城镇污水处理厂污泥处理处置及污染防治技术政策（试行）》（建城〔2009〕23号）中规定：高温好氧发酵后的污泥含水率应低于 40%。

⑤《城镇污水处理厂污泥泥质》（GB 24188—2009）中规定：污泥的含水率应小于 80%。

⑥《城镇污水处理厂污泥处理处置污染防治最佳可行技术指南（试行）》（HJ-BAT-002）用作土壤改良剂、肥料，或作为水泥窑、发电厂和焚烧炉燃料时，须将污泥含固率提高至80％～95％。

二、污泥黏度

（一）污泥黏度定义

黏度是表征流体流动性能的一个参数。对于牛顿流体，剪切作用下产生的剪切应力和剪切速率之间存在着线性关系，黏度的大小即等于剪切应力与剪切速率的比值。对于非牛顿流体，剪切应力与剪切速率之间不存在线性关系，这时把剪切应力与剪切速率的比值称为表观黏度。

（二）污泥黏度特性

污泥属于黏性流体中的非牛顿流体，即污泥的剪切应力和剪切速率之间存在着非线性关系，黏度值随剪切应力或剪切速率的变化而改变。工程中，常用"黏度"表示其流变特性。

描述非牛顿流体流变性的方程主要有Ostwald方程、Herscher-Bulkly方程和Bing-ham方程，分别如公式（2-5）、式（2-6）、式（2-7）所示：

$$\tau_w = \mu \ (dv/dy)^n \tag{2-5}$$

$$\tau_w = \tau_0 + \mu \ (dv/dy)^n \tag{2-6}$$

$$\tau_w = \tau_0 + \mu \ (dv/dy) \tag{2-7}$$

式中　τ_w——剪切应力，Pa；

　　　τ_0——初始屈服应力，Pa；

　　　μ——黏度，Pa·s；

dv/dy——剪切速率，s。

根据文献中的报道，含水率为80.5％的污泥，其黏度为0.738×10^3 Pa·s；55％～65％的含水率被众多学者认为是污泥的胶粘临界点。

污泥的"胶粘相"一直被视为污泥干化的瓶颈。

（三）污泥黏度测量方法

黏度的测量方法主要有毛细管法、落球法和旋筒法。此外，也可采用平动法、振动法和光干涉法等方法测量。

（1）毛细管法：在一定温度下，当液体在直立的毛细管中以完全湿润管壁的状态流动时，其运动黏度与流动时间成正比。测定时，用已知运动黏度的液体作标准，测量其从毛细管黏度计流出的时间，再测量试样自同一黏度计流出的时间，则可计算出试样的黏度。

（2）落球法：当一种液体相对于其他固体、气体运动，或同种液体内各部分之间有相对运动时，接触面之间存在摩擦力。这种性质称为液体的黏滞性。黏滞力的方向平行于接触面，且使速度较快的物体减速，其大小与接触面面积以及接触面处的速度梯度成正比，比例系数称为黏度。

（3）旋筒法：旋筒法是以一定的旋转速率旋转测量装置的内筒或外筒，在旋筒表面产生一定的剪切速率，测定带动旋筒的转矩大小，根据装置的制造参数即可求得液体的黏度。

（四）污泥黏度与温度的关系

黏度的大小取决于污泥的性质和温度。一般来说，温度升高，黏度将迅速减小。

根据文献中的报道，在污泥浓度分别为 56.7g/L、45.8g/L、38.5g/L 时，不同温度下的污泥的黏度变化如图 2-7 所示。

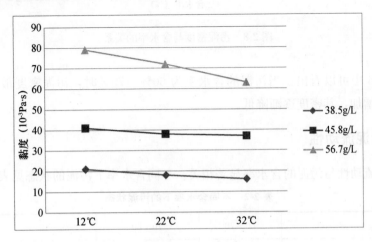

图 2-7　不同温度下的污泥的黏度变化

从图 2-7 中可以看出：随着污泥浓度的增加，其黏度也增加；同一浓度的污泥，随着温度的升高，其黏度显著下降。

三、污泥密度

（一）污泥密度定义

污泥密度是指单位体积污泥的质量。

一般常用污泥的相对密度。污泥的相对密度是指污泥与标准状态的水的密度之比。

（二）污泥相对密度检测方法

污泥密度的测量方法：在 25mL 量筒中加入体积为 V_1 的去离子水，称量其初始质量 M_1；往量筒内加入少量污泥，称量其质量 M_2，记录其体积 V_2，则污泥的密度为：

$$\rho = M/V = (M_2 - M_1) / (V_2 - V_1) \tag{2-8}$$

（三）污泥相对密度与含水率的关系

采用公式（2-6）的方法，测定不同含水率的脱水污泥密度，结果如图 2-8 所示。

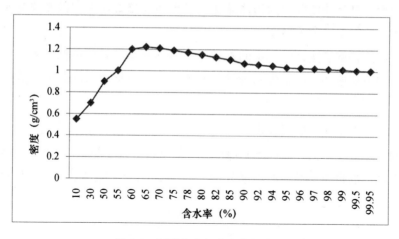

图 2-8 污泥密度与含水率的关系

从图 2-8 中可以看出：当污泥的含水率为 60％～70％时，污泥密度最大，随着污泥含水率的增加，其密度逐渐降低。

四、污泥流动性

污泥的流动性与污泥的含水率显著相关。不同含水率下污泥的状态见表 2-2。

表 2-2　不同含水率下的污泥状态

含水率（％）	50	60～70	70～80	80～90	＞90
污泥状态	黏土状	近似固态	柔软，但不可流动	粥状	近似液态

五、污泥粒径分布

（一）污泥粒径测定方法

污泥粒径分布采用激光粒度分析仪测定。

（二）污泥粒径分布

随机采集北京南、北城区各一城市污水处理厂的污泥，测定其粒径分布，结果见表 2-3。

表 2-3　北京某 2 个城市污水处理厂的污泥粒径分布　　　　（mm）

	d_{10}	d_{25}	d_{50}	d_{75}	d_{90}	平均
北京南某污水处理厂	13.2	25.7	46.8	85.3	143.1	68.5
北京北某污水处理厂	11.6	23.2	44.1	82.7	140.2	60.7

从表 2-2 中可以看出：不同污水处理厂的脱水污泥，其粒径分布并不相同：北京南某污水处理厂的脱水污泥，其 $10\mu m$、$25\mu m$、$50\mu m$、$75\mu m$、$90\mu m$ 及平均粒径分布均

大于北京北某污水处理厂的污泥，说明北京南某污水处理厂的污泥，其脱水性能优于北京北某污水处理厂的脱水污泥。

六、污泥比阻

（一）污泥比阻定义

污泥比阻是指单位质量的污泥在一定压力下过滤时在单位过滤面积上的阻力，单位为 m/kg。

比阻测定过程与真空过滤脱水过程基本相近，因此比阻能非常准确地反映出污泥的真空过滤脱水性能，比阻也能比较准确地反映出污泥的压滤脱水性能。

（二）污泥比阻计算方法

1. 污泥比阻测定装置

污泥比阻的测定试验装置原理如图 2-9 所示。

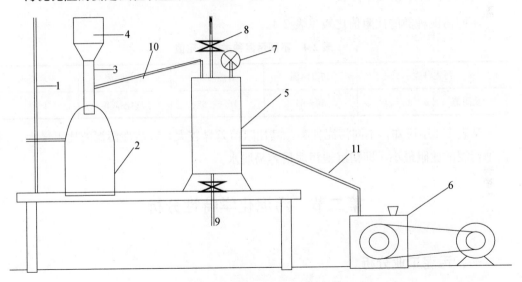

图 2-9　污泥比阻测定试验装置

1—不锈钢固定架；2—量筒；3—抽气接管；4—布氏漏斗；5—吸滤筒；6—真空泵；

7—真空表；8—调节阀；9—放空阀；10—硬塑料管；11—硬橡皮管

2. 污泥比阻计算方法

污泥比阻的计算公式见公式（2-9）。

$$\frac{\mathrm{d}V}{\mathrm{d}t}=\frac{PA^2}{\mu\ (rCV+R_\mathrm{m}A)} \tag{2-9}$$

式中　$\mathrm{d}V/\mathrm{d}t$——过滤速度，m^3/s；

　　　　V——滤出液体积，m^3；

　　　　t——过滤时间，s；

　　　　P——过滤压力，$\mathrm{N/m}^2$；

A——过滤面积，m²；

C——单位体积滤出液所得滤饼干重，kg/m³；

r——污泥过滤比阻抗，m/kg；

R_m——过滤开始时单位过滤面积上过滤介质的阻力，m/m²；

μ——滤出液的动力黏滞度，N·s/m²。

当过滤压力 P 为常数时，则可积分得：

$$\frac{t}{V} = \left(\frac{\mu r C}{2P A^2}\right)V + \frac{\mu R_m}{PA} \tag{2-10}$$

由该式发现 $t/V \sim V$ 呈直线关系，设直线斜率为 b，则：

$$r = \frac{2bP A^2}{\mu C} \tag{2-11}$$

该公式即为测定污泥比阻的基本公式。

（三）不同污泥比阻比较

不同污泥种类的比阻值比较见表2-4。

表2-4 不同污泥种类的比阻值

污泥种类	初沉污泥	活性污泥	消化污泥	脱水要求
比阻值（×10¹²m/kg）	46～61	165～283	124～139	1～4

从表2-4中可知：不同污泥种类，其比阻值差异较大，以活性污泥的比阻最大，初沉池污泥的比阻最小，即初沉池污泥最容易脱水。

第二节　污泥化学特性分析

一、污泥工业分析

（一）污泥工业分析方法

污泥中的挥发分、固定碳等含量的测定可参照国家标准《煤的工业分析方法》（GB/T 212—2008）中的缓慢灰化法测定。

（二）污泥工业分析举例

参考文献中报道，国内外部分城市污水处理厂污泥的工业分析结果如图2-10所示。

从图2-10中可以看出，不同污水处理厂产生的污泥性质差别较大。一般来说，污泥收到基中水分含量较大，为60%～98%，随脱水方法的不同而不同。而污泥空气干燥基中灰分含量较大，一般在20%～60%，挥发分含量为25%～45%，固定碳含量较低，一般在5%～15%。由于污泥中挥发分含量较大，因此是主要的燃烧物质，挥发分中含有的物质由C、H、O、S、N、Cl、F等组成。研究表明，挥发分的含量与灰分的

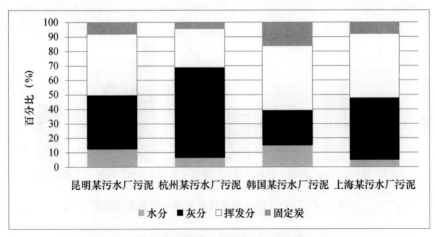

图 2-10 国内外部分城市污水处理厂污泥的工业分析

含量正好相反，未被消化的污泥挥发分较高，占到总质量的 70%～80%，而消化污泥的挥发分只有 50% 左右。

二、污泥热值

（一）污泥热值测定方法

污泥的干基热值测定可采用《煤的发热量测定方法》（GB/T 213—2008）。污泥干燥基的热值也可根据经验公式（2-12）进行计算：

$$Q = 2.3a\left(\frac{100P_v}{100-G} - b\right)\left(\frac{100-G}{100}\right) \tag{2-12}$$

式中　Q——干污泥的燃烧热值，kJ/kg；

　　　P_v——干污泥挥发分的含量，%；

　　　G——机械脱水时添加的污泥混凝剂的量（g/100h 干污泥），当投加有机混凝剂时，$G=0$；

　　　$a，b$——经验系数，对于新鲜污泥与消化污泥，$a=131，b=10$；对于未经消化的污泥，$a=107，b=5$。

（二）污泥热值举例

1. 国内外不同污水厂污泥干基热值比较

参考文献中报道，国内外部分城市污水处理厂污泥干基的热值测试结果如图 2-11 所示。

从图 2-11 中可以看出：不同污水处理厂脱水污泥的干基热值有较大差别，范围为 1900～4800kcal/kg。

2. 不同工艺环节污泥干基热值比较

采集某污水处理厂不同工艺环节的污泥，分析其干基热值，测定结果见表 2-5。

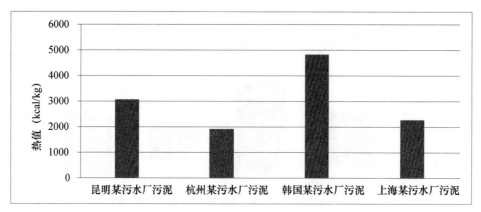

图 2-11　国内外部分城市污水处理厂污泥干基热值

表 2-5　各类污泥的干基热值比较

污泥种类	初沉污泥	活性污泥	消化污泥	脱水污泥
干基热值（kcal/kg）	1720～1935	2866～5016	3583～4300	3345～4539

从表 2-5 中可以看出：污水处理厂不同工艺环节的污泥，其干基热值有较大差别，范围为 1700～5000kcal/kg。

3. 北京生活污水厂脱水污泥干基热值

随机采集北京市 12 个污水处理厂的脱水污泥，分析其干基热值，结果如图 2-12 所示。

从图 2-12 中可以看出：北京市 12 个污水处理厂的脱水污泥，其干基热值有较大差别，范围为 1800～4000kcal/kg。

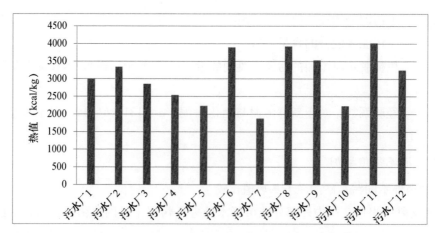

图 2-12　北京市 12 个污水处理厂的脱水污泥干基热值

4. 东北石油系统污水处理厂的脱水污泥干基热值

采集东北石油系统不同污水处理厂的脱水污泥，测定其干基热值，结果如图 2-13 所示。

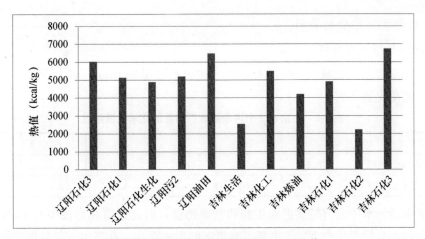

图 2-13 东北石油系统脱水污泥干基热值

从图 2-13 中可以看出：东北石油系统不同污水处理厂的脱水污泥，其干基热值有较大差别，范围为 2200～6400kcal/kg。

相比于生活污水处理厂的脱水污泥，来自石化系统的脱水污泥，其热值较高，更适合于焚烧处理。

（三）污泥热值与含水率的关系

分别测定不同含水率污泥的干基热值，再按照含水率折算，污泥含水率与湿基热值的关系如图 2-14 所示。

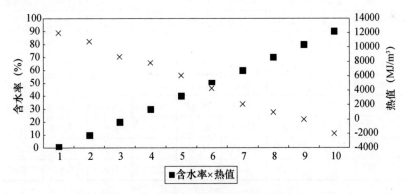

图 2-14 污泥含水率与湿基热值的关系

从图 2-14 中可以看出：污泥的含水率与湿基热值之间存在显著的相关性关系。因此，污泥在热处理利用之前，必须先进行干化处理。

三、污泥化学分析

（一）污泥化学分析方法

污泥中的化学元素分析测定参考土壤测定方法；化学组成分析采用《水泥化学分析方法》（GB/T 176—2017）。

（二）污泥化学分析举例

1. 污泥化学元素分析

采集北京市南、北城区 2 个污水处理厂的脱水污泥各 10kg，烘干研磨后测定其元素组成，结果见表 2-6。

表 2-6　北京市 2 个污水处理厂污泥的化学元素组成

化学元素	C	H	O	N	S	Cl
北京南某污水处理厂	23.11	3.59	41.02	5.07	1.28	0.19
北京北某污水处理厂	33.17	3.58	28.54	4.13	0.68	0.58

由于生活污水中含有较多的微生物和营养物质，因此残留在污泥中 C 和 N 元素的含量较高，而且污泥中的 N、S 主要以有机态的形式存在，在高温下容易挥发，因此污泥焚烧后易于释放 NO_x 和 SO_2。

2. 污泥化学组成分析

采集北京市 12 个污水处理厂的脱水污泥，分析其化学组成，结果见表 2-7。

表 2-7　北京市 12 个污水处理厂的脱水污泥化学组成　　　　　　　　（%）

化学成分	Na_2O	MgO	Al_2O_3	SiO_2	P_2O_5	SO_3	K_2O	CaO	Fe_2O_3	其他
污水厂 1	0.52	2.35	22.19	22.39	25.38	6.22	2.04	6.81	9.70	2.39
污水厂 2	0.55	3.23	16.35	22.56	25.97	7.83	2.73	8.27	9.11	3.41
污水厂 3	0.52	2.32	23.70	26.85	21.34	5.67	1.74	8.03	6.98	2.86
污水厂 4	0.56	1.58	28.66	25.08	19.58	4.71	1.22	5.18	10.79	2.64
污水厂 5	0.72	2.28	29.80	30.37	7.60	7.19	1.31	8.85	10.22	1.67
污水厂 6	0.58	2.61	14.10	20.42	24.96	10.57	2.20	12.82	8.76	2.99
污水厂 7	0.37	1.66	13.48	16.79	19.22	13.25	0.84	17.80	14.27	2.31
污水厂 8	0.44	4.25	8.13	18.48	33.35	10.06	4.31	7.98	10.49	2.53
污水厂 9	0.58	3.76	9.12	21.08	27.17	9.37	2.88	9.77	13.41	2.86
污水厂 10	0.47	2.73	6.35	18.11	20.27	14.55	2.01	12.90	20.19	2.43
污水厂 11	0.65	3.31	11.45	35.13	17.28	5.65	2.69	11.50	9.14	3.21
污水厂 12	0.59	2.48	8.43	23.61	19.84	7.72	1.57	7.80	24.87	3.08

从表 2-7 中可以看出：污泥中的主要化学成分为 Si、Al、Fe、Ca、P 及 S，其中四种主要化学元素与水泥窑需要的物质相同，因此，适合于水泥窑处理；而 P 还可提高生料易烧性，起到矿化剂的作用，但可能影响水泥熟料的凝结时间；但 S 含量高易造成预分解系统的结皮堵塞，造成窑况运行不稳定，需要在操作上进行调整。

四、污泥重金属分析

由于城市污水，尤其是工业污水来源较为复杂，在处理过程中往往发生重金属在环境中富集。废物中重金属含量及其价态等直接关系其生物毒性和迁移方式。以往研究关注污泥中重金属的总含量，但重金属价态和有效形态等不同，其迁移能力也不同，对环境的危害也就不同。掌握废物中的重金属价态，有利于在后续利用过程中根据物料的初始性质判断其在不同的处理方式中对环境的影响，尤其对于水泥窑协同处置废物来说，由于焚烧是以氧化为主，废物中的高价态重金属很可能进入水泥熟料及烟气中，因此，在本研究中不仅关注重金属的总量，还有必要对废物中重金属价态的初始值进行分析。

（一）污泥重金属分析方法

1. 污泥中的重金属总量

污泥中的重金属总量测定方法参考国家相关标准，采用原子吸收法测定［《危险废物鉴别标准 浸出毒性鉴别》（GB 5085.3—2007）、《城市污水处理厂污泥检验方法》（CJ/T 221—2005）］。

重金属汞采用湖南三德盈泰环保科技有限公司生产的原子荧光光度计测量，测量条件：主灯电流 40mA，负高压 220V，炉温 100℃，载气为氩气，流量为 800mL，测量时间为 15s，测量方式为冷原子，标准样单位为 ng/mL，样品含量单位为 μg/L，进样体积 2mL，取样量和稀释体积均为 100mL。

其余几种重金属如 Cu、Zn、Pb、Cd、Cr、Ni 等使用美国热电公司 Unicam969 原子吸收分光光度计测量，测量采用自动进样，灯电流为 75%，测量时间以及火焰稳定时间均为 4s，火焰类型为空气-乙炔火焰，相应的测定波长为 324.8nm、213.9nm、217.0nm、228.8nm、357.9nm、232.0nm，通带宽度除 Ni 为 0.2nm 外，其余均为 0.5nm，样品含量单位为 mg/L。

为获取最大收益率，物料消解采用 $HCl/HNO_3/HF/HClO_4$ 消解法。

2. 污泥中的重金属价态

污泥中的重金属价态采用基于同步辐射光源的 X 射线吸收精细结构谱（XAFS）。

3. 污泥中的重金属形态

污泥中的重金属有效态含量可以表征重金属活性。1979 年由学者提出的基于沉积物中重金属形态分析的五步顺序浸提法已广泛应用于土壤样品的重金属形态分析及其毒性、生物可利用性等研究。该法将金属元素分为可交换态、碳酸盐结合态、铁锰氧化物结合态、有机物结合态以及残余态。分析过程如下：

（1）可交换态：指交换吸附在沉积物上的黏土矿物及其他成分，如氢氧化铁、氢氧化锰、腐殖质上的重金属。由于水溶态的金属浓度常低于仪器的检出限，普遍将水溶态和可交换态合起来计算，也称水溶态和可交换态。

（2）碳酸盐结合态：指碳酸盐沉淀结合一些进入水体的重金属。

（3）铁锰水合氧化物结合态：指水体中重金属与水合氧化铁、氧化锰生成结核这一部分。

（4）有机物和硫化物结合态：指颗粒物中的重金属以不同形式进入或包裹在有机质颗粒上与有机质螯合等或生成硫化物。

（5）残渣态：指石英、黏土矿物等晶格里的部分。

但是，由于测定重金属的含量很大程度上取决于所使用的提取方法，因此提取方法的差异导致获得的结果没有可比较性。1987 年，欧共体标准局（现名为欧共体标准测量与检测局）提出了 BCR 三步提取法，并将其应用于包括底泥、土壤、污泥等不同的环境样品中。此方法解决了由于流程各异，缺乏一致性的步骤和相关标准物质而导致各实验室之间的数据缺乏可比性等问题。然而，在鉴定标准参考物质 BCR CRM601 时，各个实验室间的数据出现了明显的不同，尤其在提取过程的第二步。因此，部分学者又在该方案的基础上提出了改进的 BCR 顺序提取方案，进一步优化了 BCR 提取方案的条件，并将其应用于底泥和土壤样品的金属形态分析。

采用改进的 BCR 三步提取法对污泥样品进行分析。每个样品进行 3 个平行测定（测定数据为 3 次测定的平均值），每个批次试验平行 2 个空白样品。提取程序如下：

第一步：可交换态（Fraction A）。取 0.5g 风干污泥样品，置于 50mL 聚乙烯离心管中，加入 20mL 醋酸溶液（0.11mol/L），在 20℃室温下振荡 16h，然后在 4000r/min 下离心 20min，上层清液经过 0.45μm 微膜过滤，ICP-MS 测定各元素含量。残留物用 10mL 去离子水冲洗，离心 15min，洗涤液丢弃。

第二步：还原态（Fraction B）。向上一级残留固体中加入 20mL 0.5mol/L $NH_2OH \cdot HCl$（用 HNO_3 调节 pH 值至 1.5），分离过程如上一步所描述。

第三步：氧化态（Fraction C）。向上一级残留固体中加入 5mL 30% 的 H_2O_2，离心管加盖在室温下反应 1h，间歇振荡，然后在 85℃水浴中继续加热 1h，直到试管中 H_2O_2 体积减少到 1～2mL。再向其中加入 5mL H_2O_2，去盖在 85℃水浴中加热 1h，直到 H_2O_2 蒸发近干。待冷却后，向其中加入 25mL 醋酸铵溶液（1mol/L，用 HNO_3 调节 pH 值至 2）。像第一步描述的样品再次振荡、离心、萃取分离。

第四步：残渣态（Fraction D）。为了分析测定残渣态中金属元素的含量，在 BCR 提取方案的基础上，采用第四步提取方案。使用混合酸（2mLHNO_3 ＋ 1mLH_2O_2 ＋ 0.5mLHF）对前三步提取所剩余的样品残渣进行消解，溶出存在于原生矿物当中的金属元素。

（二）污泥重金属分析举例

1. 脱水污泥中的重金属总量

随机采集北京市 12 个城市污水处理厂的污泥，分析其重金属总量，结果见表 2-8。

表 2-8　北京市 12 个城市污水处理厂的污泥重金属总量

重金属元素	Zn	Cu	Pb	Cr	Cd	Ni	Hg	As
污水厂 1	1090	159	40.1	46.2	1.67	19.5	4.29	10.7
污水厂 2	4630	242	40.6	48.4	1.18	24.6	3.9	12.4
污水厂 3	743	83.4	35.2	27.9	1.12	26.6	8.84	13.9
污水厂 4	365	79.8	28.9	35.4	0.44	20.6	5.15	14.2

重金属元素	Zn	Cu	Pb	Cr	Cd	Ni	Hg	As
污水厂 5	784	131	36.9	39.4	0.95	88.8	6.21	13
污水厂 6	856	232	44.8	408	0.83	535	4.24	16.6
污水厂 7	207	32	38.3	62.4	0.014	26.4	1	9.17
污水厂 8	596	150	63.5	69.5	1.08	48.5	3.95	20.8
污水厂 9	928	1020	66.5	144	0.99	139	3.82	20.6
污水厂 10	856	297	37	80.2	1.06	50.5	5.4	8.04
污水厂 11	293	97.8	55.3	39.7	0.96	74.9	0.42	8.49
污水厂 12	2111	298	43.7	123.0	1.81	34.4	18.9	11.7
平均	1031.6	229.5	44.3	91	0.9	95.9	4.3	13.4
农用标准（碱性）	1000	500	1000	1000	20	200	15	75
农用标准（酸性）	500	250	300	600	5	100	5	75

从表 2-8 中可以看出：污泥中，不同类别的重金属，其总量差异较大，平均来说，以 Zn 的总量最多，其次是 Cu。

与污泥农用标准比较，除个别污泥中的 Zn、Cu 总量超过了标准限值外，污泥中的重金属总量大多在标准范围内，所以污泥经过堆肥腐熟后，可以用于农业土壤中。但在污泥农用时，一定要建立长期定位监测点，对重金属总量和活性进行监测，研究重金属在植物、地下水、土壤中的迁移、累计规律，保证重金属不在食物链中产生累积效应，系统评价施用污泥后的土地环境质量。

2. 污泥中的重金属价态分析举例

随机采集北京市南、北城区各一城市污水处理厂的污泥，分析其重金属价态，结果见表 2-9。

表 2-9　北京市 2 个城市污水处理厂的污泥重金属价态　　　　　（mg/kg）

重金属价态	Cr^{6+}	Cr^{3+}	As^{5+}	As^{3+}
北京南某污水厂	未检出	未检出	0.0066	0.022
北京北某污水厂	未检出	未检出	0.16	0.056

重金属元素通常呈现多种价态。呈现不同价态的元素离子，则表现出不同的毒性和离子结构，而离子结构的差异又对其在水泥熟料中的固化行为有直接的影响。研究表明：在含 Cr 化合物中，Cr^{6+} 毒性最强，Cr^{3+} 次之，Cr^{2+} 和 Cr 元素本身的毒性很小，而 Cr^{6+} 的毒性是 Cr^{3+} 的 100 倍。

砷（As）是人体非必需元素，是一个广泛存在并且具有准金属特性的元素。其呈灰色斜方六面体结晶，有金属光泽，既不溶解于水又不溶解于酸。砷的毒性与它的化学性质和价态有关。单质砷因不溶于水，摄入有机体后几乎不被吸收而完全排出，一般无害；有机砷（除砷化氢的衍生物外），一般毒性较弱；三价砷离子对细胞毒性最强，尤以三氧化二砷（俗称信石、砒霜等）的毒性最为剧烈，三价砷进入人体内，可与蛋白质的巯基结合形成特定的结合物，阻碍细胞的呼吸而显毒性作用，而且三价砷对线粒体呼吸作用也有明显的毒害作用；五价砷离子毒性不强，当吸入五价砷离子时，产生中毒症状较慢，要在体内被还原转化为三价砷离子后，才发挥其毒性作用。砷也是致癌、致突变因子，对动物还有致畸作用，因此我国已把总砷规定为实施总量控制的指标之一。

从表2-9中可以看出：来自北京2个城市污水处理厂的脱水污泥样品中，重金属Cr^{3+}、Cr^{6+}均未检出。2个污泥样品比较，重金属As^{3+}与重金属As^{5+}含量差异极显著。

与污泥中重金属As、Cr的总量相比较可以推断出，污泥中的重金属Cr、As大部分是以其他价态存在，如Cr^0、Cr^{2+}及As^{3-}、As^0等。

（3）污泥中的重金属形态分析举例

随机采集北京市南、北城区各一城市污水处理厂的脱水污泥，按照改进的BCR法测定其重金属形态，结果如图2-15所示。

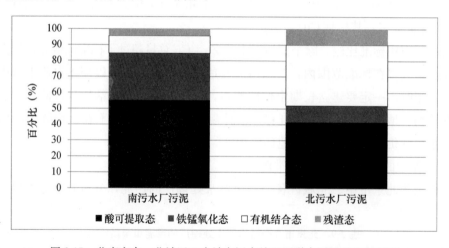

图2-15　北京市南、北城区2个城市污水处理厂脱水污泥重金属形态

从图2-15中可以看出：北京南、北城区2个城市污水处理厂的脱水污泥，其重金属形态以酸可提取态为主，含量占40％以上，残渣态较少，仅为10％以下，说明污泥中的重金属容易进入周边环境中对生态环境造成影响。

五、污泥养分含量分析

（一）养分含量分析方法

将污泥干燥后，用振动磨粉碎并过0.149mm筛，测定污泥中的总有机碳（TOC）、总氮（TN）、总磷（TP）及总钾（TK）含量。总有机碳（TOC）采用重铬酸容量法——外加热法；总氮（TN）采用凯氏定氮法；总磷（TP）采用钼酸铵分光光度法；总钾（TK）采用火焰光度计法测定。

（二）污泥养分含量举例

1. 我国污泥养分含量分布

经查阅相关文献报道，我国部分城市的污泥养分含量分布见表2-10。

表2-10 我国部分城市的污泥养分含量

养分分布	最小值	中值	最大值	平均值	标准差
TN	14.8	40.9	39.6	14.8	0.866
TP	10.3	20.4	20.8	10.3	0.377
TOC	225	309	313	225	3.95
TK	1.9	7.17	6.74	1.9	0.27

从表2-10中可以看出：污泥中的养分含量波动较大，这与污水性质密切相关。

2. 北京市污泥养分含量

随机采集北京市17个污水处理厂的污泥样品，测定污泥中的养分含量，结果见表2-11。

表2-11 北京市污水处理厂污泥中的养分含量 （g/kg）

养分含量	TN	TP	TOC	TK
污水厂1	2.99	1.74	30.1	0.443
污水厂2	1.48	1.03	22.5	0.192
污水厂3	4.43	2.20	31.8	0.923
污水厂4	4.90	2.87	30.9	1.159
污水厂5	3.46	2.02	30.9	0.645
污水厂6	4.77	2.04	40.5	0.269
污水厂7	3.70	2.34	38.8	0.837
污水厂8	3.83	2.01	29.2	0.735
污水厂9	4.58	2.09	31.5	0.465
污水厂10	5.03	2.03	31.6	0.457
污水厂11	3.43	1.91	29.7	0.875
污水厂12	4.44	2.11	31.3	0.724
污水厂13	4.67	2.04	27.1	0.781
污水厂14	3.90	2.58	30.7	1.059
污水厂15	4.29	2.11	30.1	0.408
污水厂16	3.89	2.44	32.6	0.936
污水厂17	3.12	1.82	29.7	0.520
平均	3.94	2.08	31.12	0.67

从表2-11中可知：污泥中的TN、TP、TOC及TK含量平均值分别为3.94g/kg、2.08g/kg、31.12g/kg及0.67g/kg，养分含量可观，如果经过适当的堆肥工艺处理，使得污泥达到腐熟，并且在重金属、有机污染物不超标的情况下，完全可以作为有机

肥进行土地施用。

但是，北京市污泥的含水率一般在 80%、密度在 $1.2kg/m^3$ 以上，而研究试验证明，堆肥最适合的含水率应为 $50\%\sim60\%$，因此，不仅需要添加部分干物质将含水率调整到 60% 以下，而且需要添加可增加通风的调理剂，促进污泥堆肥时内部通风。

六、污泥中有机污染物分析

（一）有机污染物分析方法

采用色质联用法测定污泥中的有机污染物。

（二）污泥有机污染物举例

随机采集北京市 7 个污水处理厂的污泥样品，测定污泥中的有机污染物，结果见表 2-12。

表 2-12　北京市 7 个污水处理厂污泥中的有机污染物

有机污染物	苯并芘（µg/kg）	多氯联苯 PCB（µg/kg）	多氯代二苯并二噁英（pg TEQ/g）
污水厂 1	0.3325	11.775	13
污水厂 2	<0.001	7.525	12
污水厂 3	<0.001	8.01	15
污水厂 4	<0.001	10.66	11
污水厂 5	<0.001	6.115	10
污水厂 6	0.753	21.5	3.5
污水厂 7	1.096	32.4	14

从表 2-12 中可以看出：污泥中含有大量有机污染物，因此，在污泥农用前，必须进行预处理，将有机污染物降解。此外，还应进行长期定位监测试验，对有机污染物进行监测，保证无二次污染。

第三节　污泥生物特性分析

一、污泥生物毒性分析

（一）污泥生物毒性表征

用草种的发芽情况来检验植物毒性，不但能检测出样品中的残留植物毒性，而且能预计毒性的发展。因此，本书采用种子发芽率表征污泥的生物毒性。

（二）种子发芽率测试方法

污泥的生物毒性用种子发芽指数（GI）来评价。取 5mL 浸提液于铺有滤纸的 9cm 培养皿内，播 20 粒饱满的小青菜或大麦种子，放置 20℃培养箱中培养，第 48h 测种子发芽率 GI，GI 由公式（2-13）确定：

$$GI(\%) = \frac{浸提液种子发芽率 \times 根长}{对照种子发芽率 \times 根长} \times 100 \qquad (2-13)$$

从理论上说，$GI<100\%$，就判断是有植物毒性。但在实际生产中，如果发芽指数$GI>50\%$，就可认为该污泥对植物基本无毒性；当GI在$80\%\sim85\%$之间时，这种基质就可以认为对植物完全没有毒性了。

（三）污泥种子发芽率举例

随机采集北京市12个污水处理厂的污泥样品，测定污泥的生物毒性，结果如图2-16所示。

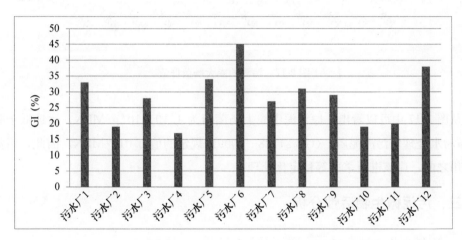

图2-16 不同脱水污泥的生物毒性

从图2-16中可以看出：北京市12个污水处理厂的污泥样品，其生物毒性均在45%以下，说明污泥直接用于农田，会对植物生产发育带来不利的影响。

结合前面的分析可知，污泥中含有一定的重金属和持久性有机污染物，因此，污泥应该在经过稳定化后再进入土地利用。

二、污泥微生物指标分析

（一）污泥微生物指标表征

粪大肠菌群值是常规生物检测指标，也是判定污泥、粪便等固体废物稳定化、无害化及土地安全利用的重要指标之一。

（二）粪大肠菌值测试方法

按照国家《城市污水处理厂污泥检验方法》（CJ/T 221—2005），测定污泥中的粪大肠菌群值。

（三）粪大肠菌群值举例

随机采集北京市12个污水处理厂的污泥样品，测定污泥的粪大肠菌群值，结果如图2-17所示。

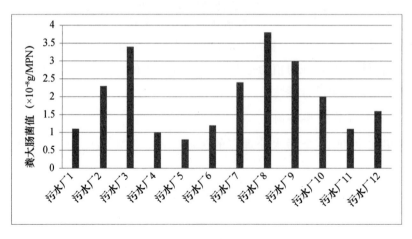

图 2-17　污泥的粪大肠菌群值

从图 2-17 中可以看出：原污泥中粪大肠菌值为 1.10×10^{-8} g/MPN，远远低于我国《城镇污水处理厂污泥泥质》（GB 24188—2009）规定的值 0.01g/MPN，因此，污泥在再利用之前，应该进行杀菌等稳定化处理。

三、污泥微生物活性分析

（一）微生物活性表征

采用 ATP 表征污泥中的微生物活性。ATP 是三磷酸腺苷的英文缩写符号，它是各种活细胞内普遍存在的一种高能磷酸化合物，是细胞内的主要磷酸载体，是高能磷酸化合物，水解时释放的能量高达 30.54kJ/mol。ATP 是生物体内能量代谢的中心，在生物能量代谢中占有核心地位。ATP 是细胞内能量释放、储存、转移和利用的中心物质，是细胞内能量转换的"中转站"，可形象地把它比喻为细胞内流通的"能量货币"。生物体内的新陈代谢正是因为细胞中的 ATP 才能顺利地完成。因此，ATP 广泛存在于生物细胞内，作为细胞的主要供能物质，参与生物体内蛋白质、脂肪的生化合成、吸收等反应。

（二）污泥 ATP 测试结果

通过测定 ATP 含量的多少，可以直接反映细胞活性、微生物的数量，而且它的测定方法简单快速，采用 ATP 判断污泥生物活性的检测已经被广泛应用。因此，本课题采用美国原产的 ATP 荧光仪（System SURE PLUS）测定出新鲜原泥和放置 2 个月后污泥中的 ATP，结果见图 2-18。

从图 2-18 中可以看出：从北京某污水处理厂采集的不同批次新鲜原泥中，ATP 含量较高，均在 2000RLUs 以上，说明新鲜污泥中的微生物活性较高，可以直接用来堆肥或者厌氧消化处理。污泥放置 2 个月后，ATP 数值降为 30～500，活性降低。

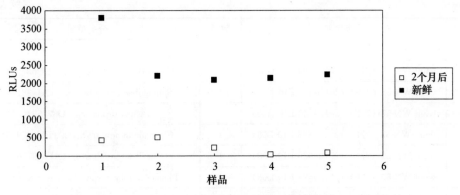

图 2-18 污泥中的 ATP 测试结果

四、污泥微生物种群分析

（一）微生物收集曲线

污泥样品的微生物收集曲线如图 2-19 所示。

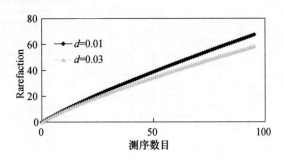

图 2-19 污泥样品的微生物收集曲线

图 2-19 为污泥样品收集曲线，在测序数目达到 100 的情况下，曲线斜率未减缓，可以补充测序数目。

（二）有效 OTU 数目

污泥样品在进化距离 2‰情况下，有效 OTU 数目及各 OTU 归类数目及其归属见表 2-13。

表 2-13 污泥样品 OTU 分类情况

OTU	代表序列	数目	分类单元
1	wuni-WN-85（27F）（20130626-E10-E11）	4	Terriglobus roseus（DQ660892）
2	wuni-WN-50（27F）（20130626-E10-B07）	1	Comamonas odontotermitis（DQ453128）
3	wuni-WN-30（27F）（20130626-E10-F04）	6	Clostridium amylolyticum（EU037903）
4	wuni-WN-47（27F）（20130626-E10-G06）	6	Clostridium indolis（Y18184）
5	wuni-WN-53（27F）（20130628-R01-C01）	1	Haliscomenobacter hydrossis（AJ784892）

OTU	代表序列	数目	分类单元
6	wuni-WN-34（27F）（20130626-E10-B05）	15	Comamonas testosteroni（M11224）
7	wuni-WN-55（27F）（20130626-E10-G07）	1	Clostridium amylolyticum（EU037903）
8	wuni-WN-56（27F）（20130626-E10-H07）	1	Sphingobacterium faecium（AJ438176）
9	wuni-WN-57（27F）（20130626-E10-A08）	1	Afipia broomeae（U87759）
10	wuni-WN-58（27F）（20130626-E10-B08）	1	Clostridium amylolyticum（EU037903）
11	wuni-WN-59（27F）（20130626-E10-C08）	1	Curvibacter delicatus（AF078756）
12	wuni-WN-60（27F）（20130626-E10-D08）	1	Phascolarctobacterium faecium（X72865）
13	wuni-WN-61（27F）（20130626-E10-E08）	1	Lysobacter concretionis（T）Ko07 AB161359
14	wuni-WN-64（27F）（20130626-E10-H08）	1	Clostridium indolis（Y18184）
15	wuni-WN-68（27F）（20130626-E10-D09）	1	Clostridium indolis（Y18184）
16	wuni-WN-70（27F）（20130626-E10-F09）	1	Afipia felis（M65248）
17	wuni-WN-73（27F）（20130626-E10-A10）	1	Terriglobus roseus（DQ660892）
18	wuni-WN-74（27F）（20130626-E10-B10）	1	Phascolarctobacterium faecium（X72865）
19	wuni-WN-75（27F）（20130626-E10-C10）	1	Pseudomonas caeni（EU620679）
20	wuni-WN-76（27F）（20130626-E10-D10）	1	Alcaligenes faecalis（D88008）
21	wuni-WN-77（27F）（20130626-E10-E10）	1	Ignavibacterium album（AB478415）
22	wuni-WN-78（27F）（20130626-E10-F10）	3	Afipia broomeae（U87759）
23	wuni-WN-79（27F）（20130626-E10-G10）	1	Curvibacter delicatus（AF078756）
24	wuni-WN-82（27F）（20130626-E10-B11）	1	Pseudomonas caeni（EU620679）
25	wuni-WN-86（27F）（20130626-E10-F11）	1	Terriglobus roseus（DQ660892）
26	wuni-WN-87（27F）（20130626-E10-G11）	1	Clostridium indolis（Y18184）
27	wuni-WN-88（27F）（20130626-E10-H11）	1	Planctomyces limnophilus（X62911）
28	wuni-WN-90（27F）（20130626-E10-B12）	1	Gemmatimonas aurantiaca（AB072735）
29	wuni-WN-48（27F）（20130626-E10-H06）	2	Brachymonas chironomi（EU346912）
30	wuni-WN-92（27F）（20130626-E10-D12）	1	Sphingobacterium faecium（AJ438176）
31	wuni-WN-93（27F）（20130626-E10-E12）	1	Lysobacter concretionis（AB161359）
32	wuni-WN-94（27F）（20130626-E10-F12）	1	Clostridium indolis（Y18184）
33	wuni-WN-95（27F）（20130626-E10-G12）	1	Terriglobus roseus（DQ660892）
34	wuni-WN-21（27F）（20130626-E10-E03）	2	Pseudomonas caeni（EU620679）
35	wuni-WN-97（27F）（20130626-E16-E04）	1	Terriglobus roseus（DQ660892）
36	wuni-WN-99（27F）（20130626-E16-G04）	1	Pseudomonas caeni（EU620679）
37	wuni-WN-1（27F）（20130626-E10-A01）	1	Phascolarctobacterium faecium（X72865）
38	wuni-WN-7（27F）（20130626-E10-G01）	2	Oligella ureolytica（AJ251912）
39	wuni-WN-4（27F）（20130626-E10-D01）	1	Terriglobus roseus（DQ660892）
40	wuni-WN-6（27F）（20130629-RM01-C01）	1	Pseudomonas caeni（EU620679）
41	wuni-WN-8（27F）（20130626-E10-H01）	1	Terriglobus roseus（DQ660892）

OTU	代表序列	数目	分类单元
42	wuni-WN-12（27F）（20130626-E10-D02）	1	Sphingobacterium faecium（AJ438176）
43	wuni-WN-13（27F）（20130626-E10-E02）	1	Limnohabitans curvus（AJ938026）
44	wuni-WN-14（27F）（20130626-E10-F02）	1	Thermovenabulum ferriorganovorum（AY033493）
45	wuni-WN-15（27F）（20130626-E10-G02）	1	Pseudomonas caeni（EU620679）
46	wuni-WN-16（27F）（20130626-E10-H02）	1	Clostridium indolis（Y18184）
47	wuni-WN-17（27F）（20130626-E10-A03）	2	Sphingobacterium faecium（AJ438176）
48	wuni-WN-18（27F）（20130626-E10-B03）	1	Pseudomonas caeni（EU620679）
49	wuni-WN-19（27F）（20130626-E10-C03）	1	Haliscomenobacter hydrossis（AJ784892）
50	wuni-WN-20（27F）（20130626-E10-D03）	1	Pseudomonas caeni（EU620679）
51	wuni-WN-23（27F）（20130626-E10-G03）	1	Limnohabitans curvus（AJ938026）
52	wuni-WN-25（27F）（20130626-E10-A04）	1	Anaerovorax odorimutans（AJ251215）
53	wuni-WN-28（27F）（20130626-E10-D04）	1	Lutispora thermophila（AB186360）
54	wuni-WN-29（27F）（20130626-E10-E04）	1	Alcaligenes faecalis（D88008）
55	wuni-WN-31（27F）（20130626-E10-G04）	1	Thermomonas brevis（AJ519989）
56	wuni-WN-35（27F）（20130626-E10-C05）	1	Lutispora thermophila（AB186360）
57	wuni-WN-36（27F）（20130626-E10-D05）	1	Pseudomonas pictorum（AJ131116）
58	wuni-WN-39（27F）（20130626-E10-G05）	1	Thermovenabulum ferriorganovorum（AY033493）
59	wuni-WN-40（27F）（20130626-E10-H05）	1	Thermovenabulum ferriorganovorum（AY033493）
60	wuni-WN-42（27F）（20130626-E10-B06）	1	Devosia insulae（EF012357）
61	wuni-WN-43（27F）（20130626-E10-C06）	1	Hyphomonas jannaschiana（AJ227814）
62	wuni-WN-45（27F）（20130626-E10-E06）	1	Anaerovorax odorimutans（AJ251215）
63	wuni-WN-46（27F）（20130626-E10-F06）	1	Haliscomenobacter hydrossis（AJ784892）

从表 2-13 中可以看出，污泥样品的微生物种群较为丰富，优势种群主要是 *Comamonas* 属，但由于该样品多样性较为丰富，故 *Comamonas* 属不处于绝对优势地位。

（三）系统进化树

在进化距离 2% 情况下，污泥样品的微生物系统进化树如图 2-20 所示。从图中可以看出，相当一部分序列与 *Comamonas* 属聚在一起。但污泥样品的微生物种群较为丰富，故 *Comamonas* 属不处于绝对优势地位。

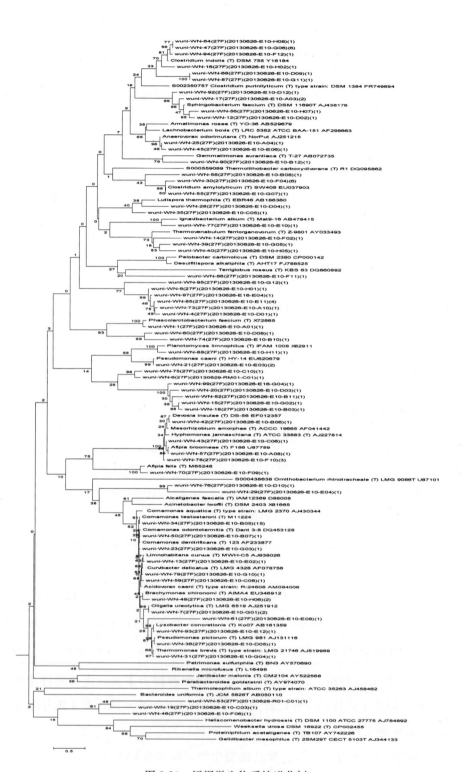

图 2-20　污泥微生物系统进化树

第三章　脱水污泥常规处理处置

根据第二章的分析可知：污泥含水率高，养分含量高，干基还具有一定的热值，因此可堆肥、焚烧处理。根据北极星节能环保网数据，全国污泥平均无害化处理率仅为32％。污泥处理方式主要有填埋、堆肥、干化、焚烧四种，其中干化为预处理方式，四种处理方法的占比分别为65％、15％、6％、3％。可见，我国污泥仍以填埋为主。

第一节　污泥填埋处理

一、污泥填埋处理相关规范

污泥填埋相关的标准和规范如下：

(1)《城镇污水处理厂污泥处置分类》（GB/T 23484—2009）；

(2)《城镇污水处理厂污泥处置 园林绿化用泥质》（GB/T 23486—2009）；

(3)《城镇污水处理厂污泥处置 混合填埋用泥质》（GB/T 23485—2009）；

(4)《城镇污水处理厂污泥泥质》（GB 24188—2009）；

(5)《城镇污水处理厂污泥处置 土地改良用泥质》（GB/T 24600—2009）；

(6)《城镇污水处理厂污泥处置 农用泥质》（CJ/T 309—2009）；

(7)《城镇污水处理厂污泥处理处置污染防治最佳可行技术指南（试行）》（HJ-BAT-002）；

(8)《城镇污水处理厂污泥处理处置及污染防治技术政策（试行）》（建城〔2009〕23号）。

二、污泥填埋概述

（一）污泥填埋概念

污泥填埋是指采取工程措施，将处理后的污泥集中堆、填、埋于场地内的安全处置方式。

（二）污泥填埋发展概况

1. 国外污泥填埋发展概况

污泥填埋后，其渗滤液对地下水存在潜在污染，而且造成城市用地减少。因此，世界各国对污泥填埋处理的技术标准要求越来越高。例如，所有欧盟国家在2005年以后，有机物含量＞5％的污泥都被禁止填埋，这就意味着，污泥必须经过热处理（焚烧）才能满足填埋要求，而这显然影响了污泥填埋工艺简单、成本低廉的技术优势。在这样的管理指标要求下，全世界的污泥填埋比率正在逐步下降，美国和德国的许多地区甚至已经禁止污泥的土地填埋。

2. 国内污泥填埋发展概况

由于污泥中含有细菌、重金属等污染物，难以满足农用标准的要求，而且污泥的含水率较高，热值较低，干化预处理需要投入大量的资金，而污泥填埋具有投资小、见效快、易操作、容量大等优势，比较符合中国国情，因此成为我国污泥的主要处置方式。

（三）我国污泥填埋的主要方式

我国污泥单独填埋并不多见，主要采用污泥与生活垃圾混合填埋的方式。

1. 污泥单独填埋

污泥单独填埋在我国应用不多。由第二章的分析可知，我国脱水污泥的含水率一般为75％以上，由于其含水率高、黏度大、强度低，采用污泥单独填埋工艺，操作上会存在以下难点问题：

（1）填埋场在垃圾入场后，操作上一般还有覆土、碾压等步骤，以确保更大的填埋空间利用率。污泥的高含水率、高黏度、低强度，会造成碾压的机械设备打滑甚至深陷其中，给填埋操作带来一定的困难；

（2）污泥具有一定的流变性能，容易造成填埋堆体的变形和滑坡，成为人为形成的"沼泽地"，给填埋带来极大的安全隐患；

（3）污泥含水率较高，会显著增加填埋场的渗滤液产生量和处理量，由于污泥颗粒比较细，还容易造成填埋场内渗滤液收集系统和气体收集系统管道的堵塞，这些管道的清理难度较大，给填埋场的安全和管理带来难度。

2. 污泥混合填埋

污泥混合填埋时，污泥占比一般控制在5％～10％之间。

三、污泥单独填埋

（一）单独填埋工艺分类

污泥单独填埋分为两种基本工艺：挖沟式、地面式。

（二）挖沟式填埋工艺

1. 工艺分类

挖沟式有窄沟和宽沟两种基本类型。宽度大于3m的为宽沟填埋，小于3m的为窄沟填埋。沟槽的长度和深度根据填埋场地的具体情况，如地下水的深度、边墙的稳定性和挖沟机械设备的能力所决定的。

2. 地址选择

挖沟式填埋场的沟槽地理位置的选择应满足挖掘的要求，沟槽底部与地下水、岩床有一定的缓冲性且具有一定的防渗阻隔土层。

3. 填埋操作

现场需要配置挖掘和覆盖的机械设备。

污泥直接倾倒于沟槽内，填埋后应及时用土壤覆盖。

（三）地面式填埋工艺

1. 工艺分类

地面式填埋适用于地下水位及岩床较高的情况。由于地面式填埋不像挖沟式有边坡的支撑，因此，污泥的含固率要求较高，一般要求高于20%。同时，作业机械要在污泥上行驶，为保证有足够的稳定性及抗剪切能力，需要在污泥中添加一定比例的土壤，需要的土壤量较多，需要从填埋场外部运入。

地面式填埋有三种基本形式：堆垛法、层铺法、围堤法。

（1）堆垛法：污泥和土壤充分混合，以便形成更大的剪切力和承载力，土壤与污泥的比例为0.5:1~2:1。污泥与土壤充分混合后，在填埋区域内的，土壤/污泥混合物的堆高可达到1.8m。堆高完成后，在堆垛上覆盖厚度为0.9~1m的土壤。

（2）层铺法：处理场地应平坦。当污泥含固率<32%时，必须与土壤混合，以便增加剪切力和承载力，土壤与污泥的比例为0.25:1~2:1。混合物料先均匀摊铺0.15~0.9m厚，再碾压覆土。填埋场通常可以分为几层，每层之间需要覆盖0.15~0.3m厚的土壤，最终层覆盖0.6~1.2m厚的土壤。

（3）围堤法：围堤法填埋区域一般为宽15~30m、长30~60m、高3~9m。污泥完全放置于地面，周围用堤围住。当填埋场地位于陡峭的山脚下时，污泥可填埋在由堤及天然斜坡围成的场地内，污泥由堤上倾倒入填埋场地内。填埋过程中需要覆盖土壤，填埋结束后，需要覆盖终场土壤。

2. 设计参数比较

三种地面式填埋场的设计参数比较见表3-1。

表3-1　三种地面式填埋场的设计参数

项目	工艺	含固率（%）	参数选择
土壤掺加比例（土壤:污泥，质量比）	堆垛法	20~28	2:1
		28~32	1:1
		≥32	0.5:1
	层铺法	15~20	1:1
		20~28	0.5:1
		28~32	0.25:1
		≥32	不需要
	围堤法	20~28	0.5:1
		28~32	0.25:1
		≥32	不需要

项目	工艺	含固率（％）	参数选择
每一升层高度	堆垛法	≥20	1.8288m
	层铺法	15～20	0.3048m
		≥20	0.6096～0.9144m
	围堤法	20～28	1.2192～1.8288m
		≥28	1.8288～3.0488m
升层数量	堆垛法	20～28	1层
		≥28	3层
	层铺法	≥15	1～3层
	围堤法	≥20	1～3层
覆土过程	堆垛法	≥20	污泥上方
	层铺法	≥15	污泥上方
	围堤法	20～28	地表上方
		≥28	污泥上方
填埋高度	地表		低于堤坝0.9144m
	污泥		低于堤坝1.2192m

注：资料来源于美国国家环保局 Process Design Manual：Surface Disposal of Sewage Sludge and Domestic Seepages。

（四）污泥单独填埋案例

污泥单独填埋在我国应用不多，部分案例如下：

（1）上海桃浦：1991年，上海市在桃浦建设了第一座污泥填埋场。该填埋场占地 3500m²，主要承接曹杨污水处理厂的脱水污泥。

（2）上海白龙港：2004年，上海白龙港污水处理厂建成了污泥专用填埋场。该填埋场占地43hm²。

（3）深圳下坪：深圳下坪填埋场污泥处理项目于2008年建成，主要对市区内各污水处理厂产生的含水率为80％的污泥进行加药固化后，再分区、分层填埋。处理量为700t/d。

（4）天津咸阳路：2017年，天津咸阳路污水处理厂建成了污泥专用填埋场。该填埋场占地13.2hm²，填埋量为720m³/d。

四、污泥混合填埋

（一）混合物料

污泥混合填埋有两种常用的方式：污泥与垃圾混合填埋、污泥与土壤混合填埋。

1. 污泥与垃圾混合填埋

污泥与垃圾混合填埋工艺，要求污泥的含固率应高于 20%，使用的机械设备与生活垃圾填埋使用的设备相同。湿污泥与生活垃圾的混合比例为 1：4。

采用污泥与生活垃圾混合填埋的工艺，污泥的处置量为 $900\sim7900m^3/hm^2$。

2. 污泥与土壤混合填埋

污泥与土壤混合后，常作为填埋场的覆盖用土。相比于污泥与垃圾混合填埋工艺，污泥与土壤混合填埋工艺可以减少操作中的机械设备陷入污泥、车辆打滑、污泥带出厂外等弊端。不足之处在于，污泥与土壤混合填埋工艺需要更多的人力和物力。

采用污泥与土壤混合填埋的工艺，污泥的处置量约为 $300m^3/hm^2$。

此外，污泥还可以与含水率较低的一般工业固体废物、建筑垃圾、矿化垃圾等固体废物混合填埋。

（二）混合方式

污泥与其他固体废物混合物的混合可以采用挖掘机混合、翻堆机混合、专用混合设备混合等方式。

1. 挖掘机或装载机混合

可采用普通的挖掘机或装载机，节省投资，但混合效果不佳，处理能力较小。

挖掘机、装载机如图 3-1 所示。

挖掘机　　　　　　　　装载机

图 3-1　挖掘机、装载机

2. 翻堆机混合

采用挖掘机或装载机，将污泥和混合物料按照掺加比例摊铺，每层厚度 30cm 左右，然后用翻堆机翻堆，达到混合效果。该方法处理能力大，混合效果好。

翻堆机如图 3-2 所示。

图 3-2　翻堆机

3. 专用混合设备混合

配置污泥和混合物料储仓、输送设备和专用的混合设备，将污泥和混合物料按照掺加比例通过输送设备输送至混合设备进行混合。该方法混合效果好，但投资较大，运行费用高，处理量适中。

部分混合设备如图 3-3 所示。

图 3-3　部分混合设备

（三）混合填埋工艺

1. 混合填埋工艺分类

在填埋场内，污泥与混合物料混合填埋时，可以采用先混合，后填埋的工艺，也可采用污泥与混合物料分层混合填埋的工艺。

2. 先混合，后填埋工艺流程

先混合，后填埋工艺流程如图 3-4 所示。

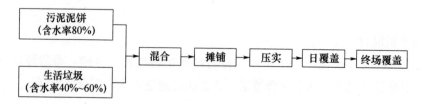

图 3-4　先混合，后填埋工艺流程

3. 分层混合填埋工艺流程

分层混合填埋工艺流程如图3-5所示。

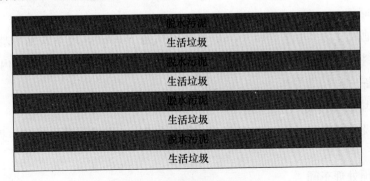

图 3-5　分层混合填埋工艺流程

(四) 污泥混合填埋案例

1. 上海长兴岛生活垃圾综合处理厂一期工程

(1) 项目概况

上海长兴岛生活垃圾综合处理厂,主要处理对象为长兴岛的生活垃圾、一般工业固体废物和市政脱水污泥。

该填埋场的设计规模150t/d,其中,生活垃圾处理量为115t/d、一般工业固体废物处理量为28t/d、市政脱水污泥处理量为39t/d。

(2) 混合及填埋工艺流程

将污泥和混合物料(生活垃圾、一般工业固体废物)先用推土机摊铺成600～800mm厚,然后采用翻堆机进行混合。

采用分层混合填埋工艺。按照3m高差分层。

混合及填埋作业流程如图3-6所示。

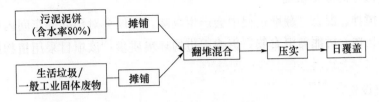

图 3-6　混合及填埋作业流程

2. 上海老港矿化垃圾与脱水污泥混合填埋工程

(1) 项目概况

上海老港矿化垃圾与脱水污泥混合填埋工程是利用老港填埋场的现有垃圾,处理白龙港污水处理厂的脱水污泥。

该项目的处理规模为4年,处理的污泥总量为$100×10^4$t。

（2）混合预处理

① 预处理工程设计

a. 污泥储池

污泥储池尺寸为 $20m \times 15m \times 4m$，有效容积为 $1110m^3$，地下式钢混凝土结构，顶板设 2 个卸料口。污泥储池顶板设有检修人孔和涡流通风器。污泥储池内设 3 台螺杆泵，两用一备。

b. 矿化垃圾堆料场

矿化垃圾堆料场尺寸为 $55m \times 20m$，底部做 20cm 高的混凝土地坪，四周做 0.3m 宽的排水沟。

c. 混合预处理车间

混合预处理车间占地面积为 $9760m^2$，层高 6m，轻钢结构，底部为 1m 高砖砌围护，侧墙顶部为 2m（4～6m 标高）镂空。车间分两个区域：混合区和翻堆混合区。混合区内设置混合搅拌机、皮带输送机和无轴螺旋输送机等输送及混合设备。翻堆稳定区共 4 个隔间（中间用 1.2m 高的混凝土隔墙分隔），混合条堆总长度 960m，条堆形状为等腰三角形，底宽×高度＝5m×2.4m。

d. 停车库、备件仓库及管理用房

主要包括停车库、配件仓库、更衣房和管理用房，建筑总面积为 $1144m^2$，与预处理车间做成一体化车间。停车库用于停放翻堆机和装载机等作业机械。车库单层结构层高为 6.0m，室内外高差 0.30m，建筑物总高约为 7.5m。

e. 集水池

集水池外形尺寸为 $6m \times 6m \times 3m$，地下式钢混凝土结构。冲洗水、垃圾污泥混合时产生的污水自流进入集水池，利用耐腐蚀不锈钢潜污水泵泵入污水处理系统调节池。

泵参数为 $Q = 10m^3/h$，$H = 8m$（水柱），$P = 1.1kW$，一用一备。

f. 预处理车间除臭系统

污泥在搅拌、混合、翻堆过程中会产生臭味，不仅会对预处理车间内的环境和空气产生污染，还有可能溢出车间，影响周边的环境质量。该项目采用植物提取液对臭气进行治理。

② 建筑设施

a. 污泥暂存池

污泥由船运至港口后，采用短驳车辆将污泥由码头运至预处理区，污泥卸入污泥暂存池。污泥暂存池尺寸为 $20m \times 15m \times 4m$，有效容积为 $1110m^3$，地下式钢筋混凝土结构，顶部设 2 个卸料口。污泥储存池内有 3 台螺杆泵，两用一备。

b. 矿化垃圾堆放场

矿化垃圾堆放场尺寸为 $55m \times 20m$，底部做 20cm 高的混凝土地坪，四周做 0.3m 宽的排水沟。

c. 混合预处理车间

混合预处理车间占地面积为 9760m²，层高 6m，轻钢结构。混合预处理车间分为两个区域：混合区和翻堆稳定区。混合区内设置混合搅拌机、皮带输送机及无轴螺旋输送机等设备。翻堆稳定区被 1.2m 高的混凝土隔墙分割成 4 个隔间，混合条垛总长度为 960m，条垛截面形状为等腰三角形，底部宽 5m，高 2.4m。

d. 污水收集池

污水收集池是用来收集冲洗水和渗滤液等废水，外形尺寸为 6m×6m×3m，地下式钢筋混凝土结构。收集池内所收集的废水定期泵入污水处理系统。

e. 除臭系统

预处理车间采用定期喷淋植物提取液的方式对臭气进行处理。该技术对恶臭气体的降解反应时间一般为 2～50s。

f. 其他附属设施

其他附属设施包括停车库、配件仓库、更衣室、办公室等，建筑面积为 1144m²，与预处理为一体化车间。停车库用来停放翻堆机、装载机、短驳车辆、叉车等设备。车库为单层结构，层高 6m。

③ 预处理操作流程

a. 将矿化垃圾进行筛分，筛分后的筛下物存放在预处理区域的矿化垃圾堆放区。

b. 采用短驳车辆将污泥由码头运至预处理区，卸入污泥储池。

c. 分别采用污泥泵和装载机将污泥和筛分后的矿化垃圾筛下物泵送/运送到预处理车间混合区。

d. 污泥和矿化垃圾分别通过五轴螺旋输送机和皮带输送机定量给料，按照 2∶1 的配比混合，进入混合搅拌机，充分混合搅拌，同时喷入 0.1% 的专用植物提取液，混合后的物料由装载机运送至预处理车间翻堆稳定化区域。

e. 混合料在预处理车间翻堆稳定化区域铺成 12 条长 80m、宽 5m 的条垛，利用挖掘机和装载机整理成宽 5m、高 2.4m、有效面积为 6m² 的物料堆垛。

f. 利用 BACKHUS16.50 跨翻式翻堆机，每天在物料堆垛上翻堆一次，每天工作 5～6h。经过 4d 的翻堆稳定化后，成品物料用装载机送至污泥填埋区填埋。

g. 物料特性

以 800t/d 污泥计，需要矿化垃圾 400t/d，经混合后，产生污水（含冲洗废水）约 50t/d，污泥混合物料出料量约为 1170t/d。

经混合和翻堆后，污泥出料含水率约为 59%，容重为 1.0t/m³。

（3）填埋工程设计

① 库底开挖及地基处理工程

库底开挖面标高为 −1.1～1.1m。对库底的杂草、淤泥清理后回填非表层土，压实。排水方向为双向边坡，纵坡坡度为 2%，以单元中间主盲沟末端为控制高程，向南北两侧围堤方向整平。横坡以主盲沟为主控制线整平，坡度也为2%。

② 围堤

围堤顶标高吴淞零点+8.00m；围堤顶宽4.5m，围堤边坡1：1.5，每隔3.5m增加2m平台。

错车平台宽5m、长10～16m。

③ 地下水导排工程

本项目地质勘探资料表明：库区底部地下水标高为3.08～3.97m，填埋区地下水收集与导排设计主要包括周边围堤的垂直防渗墙和地下水的导排盲沟。

地下水导排盲沟系统包括主（副）盲沟、导排井、集水管、排水管等。主（副）盲沟以16～32mm碎石作为导流层，以5mm复合土工排水网作为地下水排水通道。主盲沟断面为2m×0.3m，副盲沟断面为1.5m×0.3m，盲沟上覆盖150g/m³ 机织土工布。在每个单元地下水导流主盲沟末端设置集水设施，在主盲沟末端设置集水井，井内设置导排泵将地下水导出，共需ϕ1500mm×10m集水井2座。

地下水导流主盲沟末端汇集到集水井，通过导排泵将地下水排入三、四期库区之间的界河。在围堤内侧设（9.2～19.2）m×5m平台，上设地下水导排井和渗滤液导排井各1座，阀门井1座，井体为钢筋混凝土结构。井内设导排泵、阀门和管道等设备。

④ 水平防渗工程

场地采用厚度为0.6m、渗透系数<10⁻⁷cm/s的黏土，压实度≥0.9。

⑤ 渗滤液收集与导排工程

渗滤液收集系统由6.3mm厚的复合土工网格、30cm厚的矿化垃圾筛上物、碎石盲沟和导排井构成。过渡期填埋单元设置2条主盲沟和2座导排井，主盲沟中$D_e=$315mm的HDPE管将收集到的渗滤液排入末端的导排井中。

主盲沟末端设置渗滤液导排井，井内设置导排泵。渗滤液由导排井提升，泵后阀门井内设置2个阀门，分别通过雨水排放管和渗滤液输送管。在填埋库区围堤内铺设$D_e=$63mm的HDPE管，将收集到的渗滤液排入渗滤液调节池。

⑥ 地表水导排工程

采用1mmHDPE膜+150g/m²土工布建设预制混凝土雨水明沟。排水明沟边坡1：1，底宽300mm，深300～1100mm，与东侧和南侧已有的雨水明沟连接。

⑦ 填埋气体导排工程

填埋气体采用垂直导气石笼导排。石笼内径为800mm，石笼内碎石粒径为32～100mm，外围钢筋ϕ8，钢筋外裹150g/m²机织土工布防止堵塞。石笼内管道为$D_N=$160mm的PVC管、表面轴向开孔间距为100mm，导气石笼和导气管底部与渗滤液导排盲沟底部平齐，分段构筑，每段顶面均高出相应的覆盖层表面1.0m。单元内每隔30～50m安装导气石笼，共设置12个导气石笼。填埋气采用自然导排方式。

⑧ 封场工程设计

封场覆盖表面积为 $3.05 \times 10^4 \mathrm{m}^2$，封场覆盖工程量为 30cm 厚的压实黏土层 $0.92 \times 10^4 \mathrm{m}^2$。

第二节　污泥堆肥处理

一、污泥堆肥处理相关规范

与发达国家完善的污泥处置标准体系相比，我国关于污水污泥处置标准体系的建设起步较晚，我国较早的农用污泥堆肥是参照 1984 年制定的《农用污泥中污染物控制标准》(GB 4284—1984) 执行，一直到 2002 年才出台《城镇污水处理厂污染物排放标准》(GB 18918—2002)，主要指标也是基于 GB 4284—1984 的标准制定的。因为缺乏科学健全的污泥处理处置标准体系和规范，所以一直难以有效指导污泥处置工作的实践，各城市污水处理厂污泥无序外运，随意弃之不管的现象非常严重。随着污泥引起的生态环境问题的进一步突出，各有关部委陆续颁布出台了相关标准和规章。从 2007 年开始，住房城乡建设部先后颁布实施了《城镇污水处理厂污泥泥质》(CJ 247—2007)、《城镇污水处理厂污泥处置分类》(CJ/T 239—2007)、《城填污水处理厂污泥处置 园林绿化用泥质》(CJ 248—2007)、《城镇污水处理厂污泥处置混合填埋泥质》(CJ/T 249—2007) 等四项标准，加快了我国污泥处理处置的技术导则和标准规范的编制进程。2008 年、2009 年，住房城乡建设部、国家标准化委员管理会、国家质量监督检验检疫总局相继出台了《城镇污水处理厂污泥处置农用泥质》(CJ/T 309—2009)、《城镇污水处理厂污泥处置 土地改良用泥质》(CJ/T 291—2008、GB/T 24600—2009)、《城镇污水处理厂污泥泥质》(GB 24188—2009) 等相关规范和标准，对进一步规范我国的污泥处置工作，指导镇污水处理厂妥善处置产生的污泥，提高污泥资源化利用率，最终实现污泥的稳定化、减量化和无害化，起到了一定的推动作用。

污泥堆肥相关的标准和规范如下：

(1)《城镇污水处理厂污泥处置分类》(GB/T 23484—2009)；

(2)《城镇污水处理厂污泥处置 园林绿化用泥质》(GB/T 23486—2009)；

(3)《城镇污水处理厂污泥处置 混合填埋用泥质》(GB/T 23485—2009)；

(4)《城镇污水处理厂污泥泥质》(GB 24188—2009)；

(5)《城镇污水处理厂污泥处置 土地改良用泥质》(GB/T 24600—2009)；

(6)《城镇污水处理厂污泥处理技术规程》(CJJ 131—2009)；

(7)《城镇污水处理厂污泥处置 农用泥质》(CJ/T 309—2009)；

(8)《城镇污水处理厂污泥处理处置污染防治最佳可行技术指南（试行）》(HJ-BAT-002)；

（9）《城镇污水处理厂污泥处理处置及污染防治技术政策（试行）》（建城〔2009〕23 号）。

二、好氧堆肥概述

（一）堆肥概念

堆肥化：在控制条件下，利用自然界广泛分布的细菌、放线菌、真菌等微生物，使可被生物降解的有机物转化为稳定的腐殖质的生物化学过程。

堆肥化的产物称为堆肥。它是一种深褐色、质地疏松、有泥土气味的物质，类似于腐殖质土壤，故也称为"腐殖土"。它是一种具有一定肥效的土壤改良剂和调节剂。

根据堆制过程的需氧程度，可以把堆肥化分成好氧堆肥和厌氧堆肥。

（1）好氧堆肥：通常好氧堆肥堆温高，一般在 55～60℃，极限可达 80～90℃，堆制周期短，所以也称为高温快速堆肥。

（2）厌氧堆肥：通气条件差、氧气不足的条件下借助厌氧微生物的发酵堆肥。周期长，3～12 个月。厌氧堆肥也称为厌氧发酵。

传统的堆肥化技术采用厌氧的野外堆积法，占地大、时间长。现代堆肥生产一般采用好氧堆肥工艺。好氧堆肥是各种有机固体废物无害化与资源化的有效处理途径之一。本书中的堆肥也是指好氧堆肥。

（二）堆肥发展概况

堆肥化处理因具有经济、实用、不需要外加能源、无二次污染等优点，近年已成为世界各国资源、环保领域的一个研究热点。

据报道，美国 1997 年共有 8500 余座堆肥设施，其中 15 座用于处理市镇混合垃圾，250 座处理城市污泥，138 座处理食品垃圾，3316 座处理园林垃圾，5700 余座处理农场废弃物。到 2009 年，美国每年产生养殖粪便 6600 万 t（干）、污泥 700 万 t（干）和 5500 万 t（湿）有机垃圾；一般估计美国仍有 4500～5000 座堆肥设备，而且总的趋势是随着填埋场对有机物的限制以及食品垃圾等有机物处理的兴起，堆肥产业呈现持续发展态势。

从"八五"时期，我国着手污泥工业化堆肥技术的研究。"九五"期间在唐山、秦皇岛和北京密云等地建立了 23 项污水处理厂污泥堆肥示范工程。后来，陆陆续续在北京、太原、烟台、洛阳、天津等地建设了市政污泥堆肥工程和一些工业污泥堆肥项目，但到目前为止，正常运行的总数加起来不足 20 座，处置规模为 10～300t/d，并且运行项目也存在产出物料用途不明确、处理标准不统一、技术水平参差不齐以及其重金属、臭气排放等问题，这些因素都严重影响了污泥堆肥产业的发展。另外，经济因素也是制约污泥堆肥产业发展的另一重要因素。我国的污泥处理处置费用（包括污泥浓缩脱水）一般占污水处理厂工程总投资和运行费的 24%～45%，而欧美等发达国家的这一比率达到 50%～70%。由于投资及运行费用高昂，我国绝大部分污水处理厂污泥处理配套设施不完善，或者干脆不进行污泥的稳定化处理，即使部分污水处理厂建有完善的污泥处理设施，也因其运行费用高而难以正常运行。

（三）好氧堆肥原理

高温堆肥的本质就是在好氧条件下群落结构演替非常迅速的多个微生物群体共同作用而实现的动态过程。

在通风有氧的情况下，好氧微生物利用秸秆、垃圾、粪便、污泥等堆肥物料，通过自身的分解代谢和合成代谢过程，将一部分有机物分解氧化成简单的无机物，从中获得微生物新陈代谢所需要的能量，同时将一部分的有机物转化合成新的细胞物质，使微生物生长繁殖，产生更多的生物体。高温堆肥的养分损失少、质量高，易于被作物吸收，同时，释放的热能能有效杀灭病原菌和杂草种子，减轻病虫害对作物的危害，使有机物达到稳定化。高温堆肥温度一般在 55℃ 以上，可维持 7~11d，极限可达 80℃ 以上。由于具有堆肥周期短、无害化程度高、卫生条件好、易于机械化操作等优点，在污泥、城市垃圾、畜禽粪便和农业秸秆等堆肥中被广泛采用。由于高温堆肥可以最大限度地杀灭病原菌，同时对有机物的降解速度快，为了大量而快速处理有机废物，高温好氧堆肥方法是处理有机固体废物最常用的方法，也是发展最快的技术。

好氧堆肥工艺原理如图 3-7 所示。

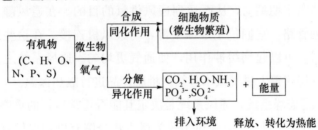

图 3-7　好氧堆肥工艺原理

（四）好氧堆肥工艺

传统的堆肥工艺分为动态堆肥和静态堆肥，种类有很多，如隧道式、烟道式、塔式、槽式、滚筒式、堆垛式等。目前有用多种分类方式同时并用的形式描述堆肥工艺，如高温好氧静态堆肥、高温好氧连续式动态堆肥、高温好氧间歇式动态堆肥等。国外用较为直观的分类方法，即按照堆肥技术的复杂程度，将堆肥系统分为条垛式堆肥系统、通风静态垛系统、发酵仓系统（或反应器系统）等。

1. 条垛式堆肥系统

条垛堆肥是将混合好的固体废物堆成条垛，在好氧状态下进行分解。采用机械或人工翻堆，保持好氧状态。条垛堆肥的堆体规模要适当。堆体太小，则保温性差，易受气候影响，尤其在雨天和冬季时；与大堆体相比，处理等量的废物所需土地面积更大，堆体太大，易在堆体中心发生厌氧发酵，产生强烈臭味，影响周围环境。条垛系统的堆体适宜规模参数：底宽 2~6m，高 1~3m，长度不限。最常见的料堆尺寸为底宽 3~5m，高 2~3m，其横截面大多呈三角形。

条垛堆肥示意如图 3-8 所示。

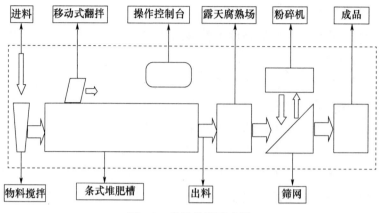

图 3-8　条垛堆肥示意图

2. 通风静态垛系统

通风静态垛是在条垛堆肥基础上增加通风系统而得到的。通风静态垛与条垛式堆肥系统的不同之处在于：堆肥过程中前者的料堆静止不动，通过强制通风方式给堆体供氧，后者的堆体需定期翻动，从而达到通风供氧的目的。在通风静态垛堆肥中，通气系统包括一系列管路，它们位于堆体下部，与鼓风机连接。在这些管路上铺一层木屑或者其他填充料，可以起到缓冲作用，使通气更均匀。通风系统之上堆放堆肥物料构成堆体，在最外层覆盖上过筛或未过筛的堆肥产品进行隔热保温。

对于强制通风静态垛系统，通风系统是决定其能否正常运行的重要因素，也是温度控制的主要手段。在堆肥过程中，通风不仅为微生物分解有机物提供氧气，同时也去除二氧化碳和氨气等气体、散热并蒸发水分。水分蒸发是散热的主要途径。根据通风需求和堆料组成，大部分堆料所需氧的理论值是 $1.2 \sim 2.0 gO_2/gBVS$（Biodegradable Volatile Solids，生物挥发性固体）。通风速率可分为最小、平均和最高速率。最高通风速率通常是平均通风速率的 $4 \sim 6$ 倍，其对间歇堆肥过程的影响大于对连续堆肥过程的影响。

通风静态垛示意如图 3-9 所示。

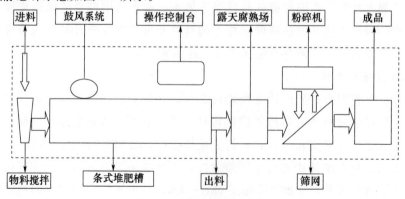

图 3-9　通风静态垛示意图

3. 发酵仓堆肥

发酵仓堆肥是使物料在部分或全部封闭的容器内，控制通气和水分条件，使物料进行生物降解和转化的堆肥方法。发酵仓系统与其他两类系统的根本区别在于：在一个或几个容器内进行，机械化和自动化程度较高。堆肥基本步骤与上述两类系统类似。作为反应器堆肥，堆肥的整个工艺要能够实现机械化大生产。

发酵仓堆肥示意如图 3-10 所示。

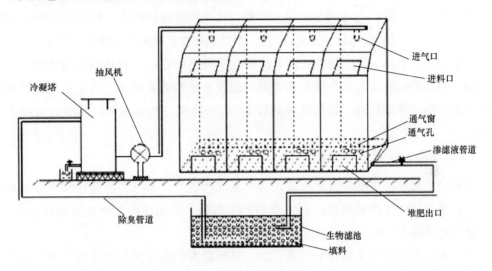

图 3-10 发酵仓堆肥示意图

（五）堆肥物料选择

适合堆肥的固体废物主要有有机生活垃圾、植物废物（蔬菜瓜果废物，作物废物等）、污泥、动物废物（粪便、骨骼、食物残渣、皮革废物等）。

有机生活垃圾堆肥的成败在很大程度上取决于源头分离的程度。对于源头分离较好的生活垃圾，其中的有机生活垃圾有机质含量高，采用堆肥方法不需要复杂的前处理和后处理，降低建设成本和运行成本，堆肥产物品质好，易于获得成功。反之，对于没有经过源头分离的生活垃圾，有机质含量不高，采用堆肥方法还需要复杂的前处理和后处理，提高建设成本和运行成本，而且垃圾中的重金属容易对土壤造成新的污染，不易获得成功。在欧美各国，随着生活垃圾源头分类政策的实施，有机生活垃圾堆肥作为废物资源化的一种手段，比填埋、焚烧等处理技术更受到越来越多的青睐。我国正在推广垃圾源头分类，堆肥法处理生活垃圾也会逐渐得到重视。

植物废物包括蔬菜瓜果废物和作物废物等，含有丰富的有机质，是堆肥较好的原料。然而，在蔬菜类废物的堆肥过程中，酵母菌的大量繁殖会抑制好氧微生物的生长，在这种环境条件下，废物会散发出难闻的气味，导致最后的堆肥产品不稳定且有大量病菌存活。而且，蔬菜类废物堆肥时易释放出富含 N 的物质，引起养分损失和气味问题。这些可以通过添加木屑等膨胀剂改善堆肥物料的孔隙度进行调节。

污泥堆肥建设和运行成本低，堆肥产品是良好的肥料，在欧美许多国家都获得了成功。然而，污泥本身含水率高、颗粒较细，是影响堆肥效果的不利因素，可以采用有效的脱水设备并添加 C/N 较高且粒径较大的木屑、稻壳等调理剂来改善物料的堆肥特性。污泥中重金属含量多少也是影响堆肥品质和应用效果的重要因素，需要侧重加以考虑。

动物废物主要有动物粪便、骨骼、动物的食物残渣、皮革废物等。动物废物的丢弃一方面产生了严重的环境污染问题，另一方面这些废物含有丰富的氮元素和其他营养元素（如 S、K 等），它是堆肥的良好原料。将动物废物和秸秆、木屑等废物共堆肥，可以改善物料的孔隙度、pH 值和 C/N 比，最终的堆肥产物和污泥堆肥产物类似。

综上所述，不同固体废物堆肥技术的研究主要集中在以一种物料作为堆肥主要原料方面，另一种物料要么作为结构调理剂，起改善物料的孔隙度，防止发生厌氧的作用；要么作为能源调理剂，起到改善物料 C/N、pH 值，加速发酵，减少养分损失的作用。

（六）影响好氧堆肥的条件

堆肥的成功与否与很多因素有关，其中系统内氧气、水分和能量迁移的管理是关键。许多学者研究了堆肥过程中最主要的四个参数：底物中的生物挥发性固体含量、氧气量或通风速率、水分、能量或温度。

C/N 是影响堆肥效果的重要因素，碳、氮源影响着酶分泌及酶活性，微生物的生长需要合适的碳氮比。碳是发酵过程中的动力和热源。在微生物的新陈代谢中约 2/3 转化成 CO_2 被消耗掉，1/3 用于细胞膜的合成，而氮素主要用于细胞原生质的合成，是控制生物合成的决定性因素，也是控制反应速度的决定性因素。在堆肥过程中，物料的 C/N 对分解速度有重要影响。根据微生物 C/N 的平均计算结果：每合成一份基质 C 素，约需四份 C 素作能源。如细菌的 C/N＝4～5，需 16～20 份 C 素来提供合成作用的能量，故细菌生长繁殖的 C/N 为 20～25 较适宜；对真菌而言，合适的 C/N 为 26～30。C/N 偏低，分解速度快，温度上升迅速，堆肥周期短，但过量的 N 转化成氨气，N 损失大；C/N 偏高时，分解速度慢，温度上升缓慢，堆肥周期长，造成 N 源不足，堆肥成品 C/N 过高，会引起土壤 N 饥饿。考虑堆肥过程中热量的散失，C/N＝25～35 较适宜。

生物挥发性固体中的能量是堆肥过程的驱动力。这些能量的多少及其释放速率取决于底物类型及其他因素的变化，如堆体温度、水分、pH 值等。文献表明：新鲜混合垃圾的 CO_2 产生速率为 1～8mol/day/g BVS。类似地，微生物种群也能显著改变降解速率。堆肥降解速率取决于其他变量如温度、水分和底物的可利用性。温度对 BVS 降解速率具有显著的影响，温度对 BVS 降解速率符合三种经验曲线：对数曲线、二次曲线、扁平-尖曲线。

通风在提供氧气的同时会带走有机物发酵产生的二氧化碳、热和水蒸气。相对于厌氧发酵而言，好氧呼吸迅速产生热量导致自产热。而且，采用不同的通风速率可以控制堆体温度，较高的氧浓度对提高产热及形成对流降温至关重要。一些学者考虑将氧气或二氧化碳浓度作为反馈变量控制堆肥过程。在假设条件下，气体流速已知，通过测量二氧化碳或氧气的浓度可以确定降解速率。一般认为，氧浓度低于5%就会限制好氧微生物的生长，影响好氧环境。

堆肥系统中，水是必不可少的物质。水既是微生物活性所必需的物质，同时也是其产物。水分影响孔隙度和气体扩散，同时通过微生物产热作用而蒸发。堆肥中过多的水分可减少空气流导致降解速率的降低。水分含量与孔隙度也密切相关，随着水分含量的提高，孔隙度降低，减少了氧气的可利用性，降低了降解速率。对于多高的含水率会出现好氧呼吸限制，不同学者的研究结果并不一致。有的学者认为，含水率为50%～70%时，可达到最大耗氧速率的95%。也有学者坚持，含水率大于65%时可能发生厌氧而产生气味、降低温度、排走空气、淹没堆体、冲走营养物等问题。关于多低的含水率会出现好氧呼吸限制，研究者的结果也不相同。有人指出，无论何种堆肥系统，水分均不应小于40%。水分低于40%，营养不再是水相的，就不能被微生物所利用，微生物活性降低，降解缓慢；水分低于20%微生物几乎完全失去活性。堆肥水分含量影响材料的结构特性、热力学特性和生物降解速率，太少的水分会延缓降解，影响堆体升温。

堆体温度是代谢产热的函数，反过来温度决定了代谢活性。堆肥温度在很大程度上是微生物产热与通风散热、堆体表面冷却和水分散失等因素动态平衡的表现。有的学者认为，最有效的堆肥温度是45～59℃。如果温度低于20℃，微生物不能增殖，降解缓慢；如果温度超过59℃，一些微生物会被抑制或杀死，微生物的多样性减少，降解速度也会受到限制。微生物在耐温范围的上限降解效果较好，因此，堆肥过程在不抑制微生物活性的前提下，应尽可能维持堆体较高的温度。一般认为，堆肥过程中，堆体温度应控制在45～65℃，55～60℃时比较好。温度控制对于杀灭致病菌、优化呼吸速率、去除水分和稳定堆肥物料至关重要。在堆肥中，达到高温阶段可以有效杀灭致病菌，提供安全的堆肥产品。微生物活动产热是达到高温条件的必要条件。而且，保持高温状态一定时间是杀灭致病菌的必要条件。根据美国国家环保局（USEPA）的规定：对于发酵仓系统和强制通风静态垛系统，堆体内部温度高于55℃的时间必须达到3d；对于条垛系统，堆体内部温度高于55℃的时间至少为15d，且在操作过程中，至少翻堆5次。同时，高温阶段保持最佳降解温度可以使堆肥过程更快、更完全。然而，在极端高温条件下，微生物体内的蛋白质遭到破坏，微生物活性会由于种群的死亡而降低。强制通风能显著提高堆体散热效果，使热传导占据次要地位，大约98%的热量损失通过通风机制实现，剩下的是传导损失。在强制通风系统中，散热所需的空气远大于供氧所需的空气量。

空隙率是堆体中可由流体（空气、水）自由占据的空间体积与堆体总体积之比。空隙率过低，将使外部的氧气很难扩散到堆料内部，造成厌氧状态。一般静态堆肥的空隙率不应低于40%，动态堆肥应不小于35%。污水厂的污泥大多进行了脱水处理，非常黏稠和致密，同时泥饼本身的强度很差，在堆积过程中由于自重压紧，很容易形成大团块，因此，污泥单独堆肥是很难满足堆肥空隙率要求的，必须加入膨胀剂如秸秆、塑料以及木屑等，构起支撑作用的骨架，保证污泥与空气的充分接触。

除了上述的 BVS、氧气、水分和温度等参数外，还有一些参数也很重要，如物料的物理、化学和生物学性质等。细菌生存繁殖的合适 pH 值为 6～7.5，真菌为 5.5～8。如果 pH 值低于 6，微生物特别是细菌将死亡，导致降解缓慢；如果 pH 值高于 9，氮将转化为氨气逸出，微生物就无法利用，这也将延缓降解速度。在堆肥的最初阶段，由于可利用的能量物质较多，微生物繁殖很快，其活动产生的有机酸使物料的 pH 值下降，这时耐酸性的真菌起主要作用，有机酸一部分被微生物利用，另一部分随温度升高而挥发，同时含氮有机质所产生的氨使物料的 pH 值又开始回升到中性，甚至达到微碱性。随着 pH 值的升高，细菌开始起主要作用。

物料性质的变化对堆肥过程也有显著影响。物料特性包括密度、蓬松性、回流比和粒径等。堆体过高会产生压缩作用，减少空气的流动和氧气的可利用性，提供同样的空气将需要更大功率的风机。很多文献表明：综合考虑堆体高度和密度增加造成的气流减少问题，静态好氧垛的最佳堆高应为 2～3m。

（七）好氧堆肥产品性能

堆肥的最后产物应该是不含致病菌和异味气体的稳定腐殖质。对于静态好氧堆肥而言，堆体温度在 55℃ 以上的持续时间应为 3d 或更长，以便杀灭致病菌。但是由于存在温度梯度和水分梯度，堆体中物料的腐熟度和稳定性会存在一定差异。同时温度梯度又使各层处于不同的温度之下，从而致病菌的杀灭程度也会不同。所以，底物必须进行必要的混合，确保所有的物料都经历了高温阶段的处理。

堆肥产品的生物稳定性通常用耗氧速率这一指标来反映。堆体中的水分梯度会影响其生物稳定性。在干燥速率大于降解速率的位置，降解受到水分可利用性的限制，降解和稳定过程就容易进行得不彻底。堆肥物料的降解速率受堆肥过程中温度、氧浓度、水分、营养及其他因素的影响而变化。如果这些影响因子随空间位置变化，在堆体内就会造成降解的不均匀性。

1. 表观经验指标

好氧堆肥后期温度自然降低，不再吸引蚊蝇，不会有令人讨厌的臭味。由于真菌的生长堆肥出现白色或灰白色，堆肥产品呈现疏松的团粒结构等。但这些表观指标只是经验的定性总结，难以进行定量分析。

2. 化学指标

常见的表征堆肥产品的化学指标包括 pH 值、电导率、E_4/E_6、固相 C/N 等。

pH 值可以作为评价堆肥腐熟度的一个指标。一般认为 pH 值在 7.5～8.5 时，可获得最大堆肥速率。腐熟的堆肥一般呈弱碱性，pH 值在 8～9，但因原料和堆肥条件的影响而变化很大。

电导率反映了堆肥浸体液中的离子浓度，即可溶性盐的含量。堆肥中的可溶性盐是堆肥对作物产生毒害作用的重要因素之一，主要由有机酸盐类和无机盐等组成。鲍士旦等根据土壤浸出液的电导率与盐分含量和作物生长的关系，得出抑制作物生长的限定电导率值为 $0.4 \times 10^4 \mu S \cdot cm^{-1}$。

堆肥腐殖酸在 465nm 和 665nm 的吸光度的比值，称为 E_4/E_6。E_4/E_6 与腐殖酸分子数量无关而与腐殖酸的分子大小或分子的缩合度大小有直接的关系，通常随腐殖酸分子量的增加或缩合度增大而减小，因此 E_4/E_6 可以用来作为堆肥腐殖化作用大小的重要指标。

在堆肥过程中，随着 NH_3 的挥发和微生物的固定作用，NH_4^+-N 的含量不断下降；新鲜堆肥物料中几乎不含水溶性 NO_3^--N，随着堆肥的进行，硝化作用增强，大量的 NH_4^+-N 转化为 NO_3^--N，NO_3^--N 含量逐渐增高，NH_4^+-N 和 NO_3^--N 的这种明显的规律性变化成为堆肥的特征之一。

固相 C/N 是最常用于评价腐熟度的参数，学者指出：腐熟的堆肥 C/N 应小于 20。文献中也有报道，对起始 C/N 为 25～30 的堆肥原料，当该值降到 16 左右时，则可认为堆肥基本腐熟。

3. 生物学指标

植物在未腐熟的堆肥中生长受到抑制，在腐熟的堆肥中生长受到促进。一般认为：如果发芽指数 GI>50％，就可认为堆肥基本无毒性，当 GI 为 80％～85％时，这种堆肥就可以认为对植物完全没有毒性了。

三、污泥好氧堆肥工艺

（一）污泥好氧堆肥工艺选择

污泥堆肥可采用条垛式堆肥系统、通风静态垛系统、发酵仓系统（或反应器系统）等。在实际生产中，应用最广泛的污泥微氧堆肥系统有两类：一类是强制通风静态垛系统，另一类是发酵仓系统。其中，强制通风静态垛系统是通过风机和埋在地下的通风管道进行强制通风供氧的系统。对于强制通风静态垛系统，通风系统决定其能否正常运行，也是温度控制的主要手段。

发酵仓系统是使物料在部分或全部封闭的容器内，控制通风和水分条件，使物料进行生物降解和转化。发酵仓系统有很多分类方法，美国环保局（USEPA）把发酵仓系统分为推流式（plug flow）和动态混合式（dynamic）。在推流式系统中，系统是按入口进料、出口出料的原则工作的，每个物料颗粒在发酵仓中的停留时间是相同的。在动态混合式系统中，堆肥物料在堆肥过程中被搅拌机械不停地搅拌至均匀。

连续封闭发酵仓式系统是目前国际上较为先进的污泥处理系统，其连续发酵工艺在日本、韩国以及欧美一些国家普遍使用。这种系统采用机械方式进料、通风和排料，具有自动化程度高、周期短、日处理污泥量较大、处理后的污泥质量稳定，以及能有效控制臭气和其他环境污染因素等优点。

（二）污泥好氧堆肥工艺流程

污泥堆肥主要分为前预处理、一次发酵、二次发酵、后处理四个过程。

1. 预处理

目的：调整脱水污泥的含水率和碳氮比，也可添加菌种以促进发酵过程快速进行。

方法：添加有机膨松剂和调理剂，如农作物秸秆屑、花生壳、玉米芯、木屑、稻壳、蘑菇渣等。堆肥物料中加入这些干燥、质量较轻而易分解的物料，可以降低物料的堆比重，并加大疏松程度，增加与空气的接触面积，有利于微氧发酵；另外添加一些干燥的物质如粉煤灰、膨润土等，以降低含水率，改善透气性。

2. 堆肥（一次发酵）

目的：使污泥中的挥发性物质降低，臭气减少，杀灭寄生虫卵和病原微生物，使污泥含水率降低，变得疏松、分散，便于储存和使用。

方法：在微氧条件下，好氧细菌对污泥中的有机物进行吸收、氧化、分解，并通过高温（>55℃）杀灭病原菌。

3. 陈化（二次发酵）

目的：发酵后的污泥尚未达到腐熟，需要继续进行陈化。陈化的目的是将污泥中剩余有机物进一步分解、稳定、干燥，以满足后续制肥工艺的要求。

方法：陈化可采用自然堆放的方式，不需要强制通风供氧。陈化过程中堆肥温度逐渐下降，陈化后的污泥含水率可降低至40%左右，污泥呈粉状、深棕色。

4. 后处理（制肥）

目的：堆肥产品还要根据用途和市场需要进行干燥加工，如制有机肥或复混肥。

方法：直接将腐熟堆肥进行粉碎、造粒、烘干冷却、筛分分级后包装，作为有机肥销售，用于农田、菜园、果园或作为土壤改良剂；或再添加氮磷钾等化肥生产有机、无机复混肥。

污泥堆肥流程示意如图 3-11 所示。

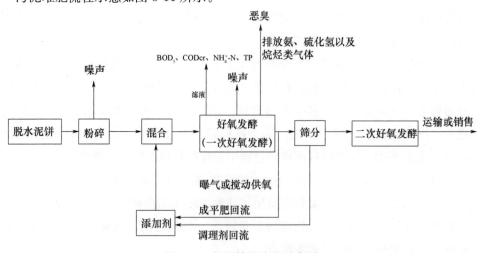

图 3-11　污泥堆肥流程示意图

四、污泥好氧堆肥厂建设

污泥堆肥厂的建设包括选址、设计与施工、堆肥作业、环境监测等方面的程序。

（一）堆肥厂选址

污泥堆肥厂的选址原则：

（1）远离人群居住地区和环境敏感地区；

（2）交通便捷，水力供应和电力供应方便，节省建设费用；

（3）在城市或村庄的下风向。

（二）堆肥厂设计

1. 设计内容

堆肥厂工程设计内容主要包括规模确定、工艺选择、辅助系统等。

2. 工艺选择

污泥堆肥可采用强制通风静态垛系统和发酵仓系统。

3. 辅助系统包括储存库、堆肥车间通风系统、渗滤液收集与处理系统、臭气收集与处理系统、成品库等。

（1）储存库

按照工艺选择污泥储存库大小。固体废物储存坑设置在半地下，采用钢筋混凝土制造，要求耐压防水并能够承受起重机的冲击。坑底部分横截面为梯形，坡度为1/3～1/2，按照地形设计斜面高差，并设置集水沟，排出固体废物堆肥过程中产生的渗滤液。此外，为方便在必需情况下工作人员进入仓内进行清理和排除故障，还需设置一定的通风口与风机、管道、除臭装置组成除臭换气系统，且在卸料台处需配置除臭除尘的装置防止车辆倒料时产生的扬尘和恶臭气体。

（2）通风系统

微生物发酵过程中，通风具有不同的作用与目的。发酵初期通风是提供氧气；发酵中期起供氧、散热冷却作用，冷却散热可通过装置向外排风时带走水分实现，从而控制堆体的适宜温度；发酵后期通风的目的在于降低堆肥的含水率，通过增加通风次数和延长通风时间实现。因此，堆肥过程中的通风主要从供氧、散热两个方面进行考虑。

① 供氧所需通风量

在发酵周期中，微生物的种类、繁殖速度和代谢快慢程度不同，耗氧速率也不一样，为了满足发酵过程中最大需氧量，根据单位时间、单位体积耗氧量经验值［一般为 $0.05\sim0.20 m^3/(min\cdot m^3)$］求供氧所需的风量，见式（3-1）。

$$Q_1 = \mu nqV \tag{3-1}$$

式中　Q——供氧所需的风量，m^3/min；

　　　μ——发酵仓充满系数，0.75；

n——堆体个数；

q——单位时间、单位体积耗氧量经验值，$0.1m^3/(m^3 \cdot min)$；

V——单个堆件的体积，m^3。

② 冷却通风所需空气量

由热力学第一定律可知，在一个平衡系统内能量的输入与输出是守恒的。在堆肥化的实际应用工程中，当温度上升到超过适宜温度后必须对堆体进行冷却通风，考虑发酵装置的保温性能较好时，发酵装置内堆肥过程中的生化反应产生的反应热 q 主要来源于装置内气体升温吸热 q_a 和水蒸发吸收的热量 q_w。

$$q = q_a + q_w \qquad (3-2)$$

据资料显示，当强制通风的风量是为系统散热以达到适宜的发酵温度时，其所需的通风量是有机物分解所需空气量的 9 倍，即用于冷却的风量需求要远远大于供氧所需求的风量，因此选择风机时只需考虑冷却所需的通风量即可。

工程当中常采用负压抽风或正压鼓风的供风方式作为通风方式。堆肥中，以正压鼓的供风方式为主，其优点为供风均匀，有利于堆肥物料中气孔的形成，使得物料保持蓬松状，供风管道不易堵塞，能有效散热和去除水分，其效率要比负压抽气的供风方式高 1/3。

（3）渗滤液收集与处理系统

堆肥过程中的废水主要来源于微生物分解有机物产生的水分以及物料本身的水分。堆肥厂堆肥过程中生产的废水一部分在堆肥时回喷，用以补充堆体水分；多余的废水则排到渗滤液处理池中进行处理，达标后排放。

污水的处理工艺采用水解——二级接触氧化工艺，成本较低，效果好，可以解决污水处理问题，出水达标排放。工艺如图 3-12 所示。

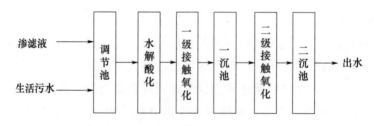

图 3-12　堆肥渗滤液处理工艺

（4）臭气收集及处理系统

物料在堆放过程中会腐烂变质，分解后会散发难闻臭味，且臭气成分复杂，不免会产生一些可燃性气体，为避免发生火灾等危害，必须对堆肥厂臭气进行合理处理。

① 臭气处理工艺对比

臭气处理工艺对比见表 3-2。

表 3-2　臭气处理工艺对比

工艺名称	适用范围	优点	缺点	去除效果
活性炭吸附	低浓度臭气处理	初期投资较低,运行、维护简单	活性炭易饱和,需再生或更换,所以后续运行费用较高;易产生二次污染	只是对臭气进行转移
湿式化学吸收	排放量大、高浓度臭气处理	反应快,运行可靠	配置附属设施较多、运行管理较复杂、运行费用高	对单一成分臭气处理效果较好
植物液分解	开放环境中、低浓度臭气处理	初期投资极低,运行维护简单	运行费用较高,不能较好解决冬季结冰问题	适用于不能完全收集的开放空间或作应急使用。对中、低浓度臭气去除效果较明显
土壤法	适用于臭气浓度低且土地较充裕的地方	设备简单、运行费用极低、维护操作方便	占地面积较大,对高浓度和浓度变化较大的臭气处理效率有限	对低浓度难溶性臭气处理效果较好
生物法	适用于各类恶臭气体处理	总投资和运行费用较低,基本无二次污染	对温度、湿度、pH值等过程参数控制要求较高	对含 N、S 成分的臭气处理效率较高
等离子	适用于各类恶臭气体处理	成套设备、维护操作方便	一次性投资较大,对高浓度和浓度变化较大的臭气处理效率有限	对低浓度臭气处理效果较好

② 生物除臭法

堆肥厂多采用生物法除臭。

生物滤池除臭装置是目前研究最多、技术成熟、在实际中也最常用的一种处理恶臭气体的方法。其处理流程:含恶臭物质的气体经过去尘增湿或降温等预处理工艺后,从滤床底部由下往上穿过滤床,通过滤层时恶臭物质从气相转移至水-微生物混合相(生物层),由附着生长在滤料上的微生物的代谢作用而被分解掉。这一方法主要是利用微生物的生物化学作用,使污染物分解,转化为无害的物质。微生物利用有机物作为其生长繁殖所需的基质,通过不同的转化途径将大分子或结构复杂的有机物经异化作用最终氧化分解为简单的水、二氧化碳等无机物,同时经同化作用并利用异化作用过程中所产生的能量,使微生物的生物体得到增长繁殖,为进一步发挥其对有机物的处理能力创造有利的条件。污染物去除的实质是有机物作为营养物质被微生物吸收、代谢及利用。这一过程是物理、化学、物理化学以及生物化学所组成的一个复杂过程。

生物除臭的工作原理如图 3-13 所示。

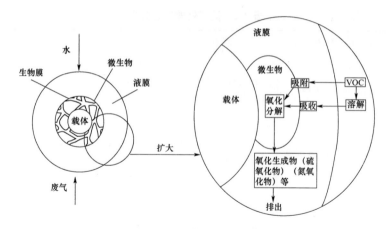

图 3-13　生物除臭工作原理

生物填料是生物法处理废气工艺中的核心部件，一种好的填料必须满足允许生长多种微生物，提供微生物生长的表面积大，营养充分合理或允许营养物质附着其上，吸水性好，吸附性好，结构均匀，孔隙率大，自身气味小，腐烂慢。单一组分的填料一般只能满足上述部分要求，提供合理搭配或特殊处理后，可以获得性能优异的生物填料。可采用树皮、木屑和聚氨酯泡沫按一定比例混合搭配且分层堆码的安装方式，充分利用各自的优点，避免缺点。

③ 堆肥厂也可采用其他方法除臭，如植物液吸收法、高能离子法等。

a. 植物液吸收法：通过专用设备使植物液形成雾状，在微小的液滴表面形成极大的表面能。液滴在空间扩散的半径≤0.04mm。液滴有很大的比表面积，形成巨大的表面能，能有效地吸附空气中的异味分子，同时也能使吸附的异味分子立体结构发生改变，变得不稳定，此时，溶液中的有效分子可以向臭气分子提供电子，与臭气分子发生氧化还原反应，同时，吸附在液滴表面的臭气分子也能与空气中氧气发生反应。经过植物作用，臭气分子将生成无毒无味的分子，如水、无机盐等，从而消除臭气。

b. 高能离子法：指共振量子协同技术，其核心原理是"基于低功率光诱发的分子快速反应"。该技术由两个基本单元组成，每个单元本身已经具有相当的除臭与氧化能力，同时，当两个单元以某种方式耦合且耦合方式符合共振条件时，会发生协同作用，使得性能效果得到极大提高，试验证明一般可得到几万倍至几十万倍的效果。

（三）工程建设

堆肥厂建设工程由主体工程与设备、配套工程和生产管理与生活服务设施等构成。

（1）主体工程与设备主要包括场区道路，主发酵车间，后熟化区域，通风工程，渗滤液收集、处理和排放工程，臭气导出、收集及处理工程，计量设施，成品储存设施等。

（2）配套工程主要包括进场道路（码头）、机械维修、供配电、给排水、消防、通信、监测化验、加油、冲洗和洒水等设施。

（3）生产管理与生活服务设施主要包括办公、宿舍、食堂、浴室等。

（四）堆肥作业

堆肥的作业流程如图 3-14 所示。

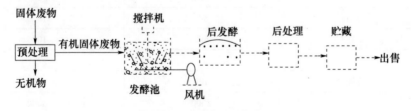

图 3-14　堆肥的作业流程

（五）污泥好氧堆肥稳定化指标

（1）污泥堆肥稳定化指标

污泥中含有致病微生物、重金属物质与毒性有机物。因此，必须采取必要的控制措施，提出安全性要求。保证污泥土地利用的安全性最经济有效的策略是源头控制，需将生活污水和工业废水严格分开收集，单独处理，其污泥处置也相应简单有效。对此，我国颁布了污泥堆肥稳定化控制国家标准《城镇污水处理厂污染物排放标准》（GB 18918—2002），对污泥堆肥稳定化做了权威而科学的要求（表 3-3），污泥好氧堆肥产品的含水率、有机物降解率、粪类大肠杆菌群菌值、蛔虫卵死亡率必须满足此指标才表示已稳定腐熟。

表 3-3　污泥堆肥稳定化指标

项目	含水率（%）	有机物降解率（%）	粪类大肠菌群菌值（g^{-1}）	蛔虫卵死亡率（%）
标准	<65	>50	>0.01	>95

（2）污泥农用指标

为保证土地利用的安全性，各国都对污泥农用有严格规定。欧盟规定污泥农用前必须以巴氏消毒，中温、高温厌氧消化，堆肥或石灰稳定等方式处理。美国 EPA 制定 503 法律条文，根据污泥所含病原微生物种类进行分类。A 类含有沙门氏菌种、病毒、蠕虫卵粪类大肠杆菌等污泥需经过巴氏消毒，并规定消毒的时间和温度。B 类只含有粪类大肠杆菌。污泥中若含有较高浓度的金属，则不能直接利用。日本学者对日本某地污泥施用于农田造成的环境影响进行研究，试验结果表明，若污泥施用量超过 30～50t/hm²，则会造成土壤 pH 值改变，土壤中微生物数量下降。我国政府对污泥农用也有严格的限制标准，颁布了《城镇污水处理厂污染物排放标准》（GB 18918—2002），对污泥中重金属浓度、有毒有机物含量和污泥稳定化都有相关标准（表 3-4），并要求干污泥每年每亩施用量不得超过 2000kg，连续在同一块土壤上施用不得超过 20 年。

表 3-4　农用时污染物控制标准限值

序号	控制项目	最高允许含量（mg/kg 干污泥）	
		在酸性土壤上（pH<6.5）	在中性和碱性土壤上（pH≥6.5）
1	总镉	5	20
2	总汞	5	15
3	总铅	300	1000
4	总铬	600	1000
5	总砷	75	75
6	总镍	100	200
7	总锌	2000	3000
8	总铜	800	1500
9	硼	150	150
10	石油类	3000	3000
11	苯并（a）芘	3	3
12	多氯代二苯并二噁英/多氯代二苯并呋喃（PCDD/PCDF 单位：ng，毒性单位/kg，干污泥）	100	100
13	可吸附有机卤化物（AOX）（以 Cl 计）	500	500
14	多氯联苯（PCB）	0.2	0.2

五、污泥好氧堆肥案例

唐山市 400t/d 城市污泥好氧堆肥项目

（1）项目概况

唐山市城市污泥无害化处置工程坐落于丰润污水处理厂老厂院内，是唐山市重点工程。项目建设单位为唐山城市排水有限公司，设计单位为机科发展科技股份有限公司、机械工业第一设计研究院设计联合体，核心工艺设备均为国产。项目建设目的是解决唐山市西郊污水处理二厂、北郊污水处理厂、东郊污水处理厂和丰润污水处理厂每日所产 360t 脱水污泥无害化处理问题，考虑丰南、唐海、玉田等周边县区污泥消纳，设计处理规模为 400t/d（含水率为 80%）。项目建设地点为丰润污水处理厂老厂拆除污泥脱水机房、污泥消化池等设施后空地，总占地面积约 16300m²，建设内容包括生产车间、生物滤池、生料库、成品库、变配电间等车间设施，综合楼及其他附属设施利用丰润污水处理厂老厂原有设施。项目于 2010 年 9 月开工建设，2011 年 10 月投产运行。

（2）工艺参数

项目采用全机械化隧道仓好氧堆肥工艺（SACT 工艺），双层发酵仓结构形式。具体工艺流程如图 3-15 所示。

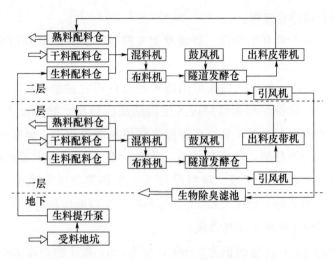

图 3-15 唐山市 400t/d 城市污泥堆肥工艺流程

根据物料平衡计算：每日污泥处理能力为 400t（含水率为 80%），产出营养土 80t（含水率为 40%）。按 330 个工作日计算，年处理 132000t 脱水污泥，年产营养土 26400t，产品可用于园林绿化或作为有机无机复混肥基质。

污泥处理厂分成三个区，即生产管理区、污泥处理区及辅助设施区。其中污泥处理区包括 1 座生产车间、2 座生物滤池、1 座生料库、1 座成品库。

项目共设置 1 座生产车间，包括好氧发酵车间、混料车间/维修平台等功能区。平面尺寸为 119.22m×66.5m，占地面积约 7900m²。

生产车间两侧设置上下两层共 4 座好氧发酵车间，每座好氧发酵车间内设置隧道式好氧发酵仓 8 座，单仓尺寸为 45m×5m×6m。好氧发酵车间工艺设计参数如下：生料处理量为 100t/d，回填料量为 100t/d，物料进仓量为 200t/d（全返混工艺），混合物料含水率为 60%，发酵仓物料最大深度为 2.2m，发酵周期为 14d。

每座好氧发酵车间设 1 台翻堆机和 1 台自动转仓机。好氧发酵车间设有相对独立的维修平台，供翻堆机、转仓机出仓检修。发酵仓底铺设防止堵塞的曝气管路，曝气量根据发酵阶段分别设置。每座好氧发酵车间设置 9 台鼓风机和 8 台引风机，出料采用自动出仓系统，最靠近仓尾的熟料落入位于仓尾出料皮带输送机上，熟料经皮带输送机输送至熟料配料的料仓。生产车间中部设置混料车间 1 座，包括受料地坑、混配料系统、维修平台等。

经过机械脱水含水率 80% 的污泥运入处理厂后，直接卸于混料车间受料地坑内，然后由螺杆泵系统输送至生料配料料仓，回填料通过回料皮带输送至熟料配料料仓。在工艺调试前期，由于回填料量有限，需要添加辅料，因此设干料配料仓，在生料配料料仓、干料配料料仓、熟料配料料仓下分别设置计量螺旋定量配料至预混螺旋输送机进行预混，然后由上料螺旋输送机输送至混料机，混料机完成混料过程后，含水率为 55%~66% 的混合物料由上料皮带输送机输送至组合式布料机，在指定仓位上方卸料入仓，完成自动进仓过程。

项目的除臭区域主要有生料库、好氧堆肥发酵仓、受料地坑和料仓。发酵仓采用集中收集＋生物除臭滤池的处理方式。废气通过玻璃钢收集主管在引风机作用下送入水洗池内，在水洗池内，气体与喷头喷出的水经填料相向接触，去除一部分氨气并提高气体湿度，然后经设备底部配气层进入生物滤池滤料层，滤料层上部安装有喷头，用于浇灌滤床，增加滤床湿度，臭气在穿过生物填料的过程中，异味分子和填料表面的生物膜作用，被生物分解，达标后排放。生物除臭滤池系统主要由收集管路系统、水洗池、生物滤池和排放管组成。项目设置 2 个生物除臭滤池系统，总占地面积约 2000m²，单池尺寸为 40m×25m×3.05m。生料库、受料地坑和料仓采用风机抽气＋离子除臭工艺，采用模块化离子除臭系统。

生料库为加盖地坑，占地面积约 240m²，深为 3m，配 1 台跨度为 18m、起重 5t 的门式起重机。地坑臭气配置离子除臭装置。

（3）技术特点

① 节省占地及时间：隧道仓结构，与传统发酵仓相比，采用全部发酵仓壁共用设计，节省占地面积；翻抛机和曝气系统完美结合，使得物料深度最大可达 2.2m；隧道仓结构自身包含了全部建筑结构，配合机科专有二维转仓技术能够经济地实现多层模块结构；唐山西郊污泥处理项目 13 年稳定运行数据证明：SACT 堆肥工艺周期不超过 14d（传统需要 20d 以上），出料含水率稳定小于 35％。

② 高效除臭：隧道式发酵仓替代臭气收集管道，节省了投资，且确保臭气在低能耗（微负压）状态下经指定线路（隧道一端进、一端出）被完全收集。容积效率高达 45％；每个模块自由空间容积仅 675m³（传统工艺相同处理能力系统自由空间容积约 2000m³）；除臭换气量较传统工艺减少 60％以上。

③ 操作环境安全：系统集成与优化改进相结合，使操作员工与污泥彻底隔离，保证了员工的安全。

④ 无须干料：通过干污泥的返混调节进料的含水率，另外，动态翻抛次数多，通过机械作用改善物料的孔隙结构。

（4）主要设备

生产车间主要设备如下：翻堆机 4 台；装仓机 4 台；鼓风机 36 台；引风机 32 台；15m³/h 螺杆泵 4 台；回填料料仓 4 套，容积为 30m³；生料料仓 4 套；容积为 30m³；干料料仓 4 套；容积为 30m³；预混螺旋输送机 4 台；上料螺旋输送机 4 台；10m³/h 斗式提升机 4 台；50m³/h 混料机 4 台；上料皮带机 4 台；组合式皮带布料机 4 套；出料皮带机 4 台；回流皮带 4 台。

（5）经济指标

投资成本 20 万元/t 污泥左右，直接运行成本 30～90 元/t 污泥，每吨污泥占地 20～30m²（多层仓减半）。

第三节 污泥厌氧消化

一、污泥厌氧消化相关规范

污泥厌氧产沼气相关的标准和规范：

(1)《城镇污水处理厂污泥处置分类》(GB/T 23484—2009)；

(2)《城镇污水处理厂污泥泥质》(GB 24188—2009)；

(3)《城镇污水处理厂污泥处理处置污染防治最佳可行技术指南（试行）》(HJ-BAT-002)；

(4)《城镇污水处理厂污泥处理处置及污染防治技术政策（试行）》(建城〔2009〕23 号)；

(5)《大中型沼气工程技术规范》(GB/T 51063—2014)。

二、污泥厌氧消化概述

（一）厌氧消化概念

(1)厌氧消化

厌氧消化又称为沼气发酵、厌氧发酵、甲烷发酵，是指有机物质（如人畜家禽粪便、秸秆、杂草等）在一定的水分、温度和厌氧条件下，通过种类繁多、数量巨大且功能不同的各类微生物的分解代谢，最终形成甲烷和二氧化碳等混合性气体（沼气）的复杂的生物化学过程。

(2)沼气

厌氧消化产生的气体称为沼气。沼气是有机物质在厌氧条件下，经过微生物的发酵作用而生成的一种混合气体。沼气，顾名思义就是沼泽里的气体。人们经常看到，在沼泽地、污水沟或粪池里，有气泡冒出来，如果人们划着火柴，可把它点燃，这就是自然界天然发生的沼气。由于这种气体最先是在沼泽中发现的，所以称为沼气。人畜粪便、秸秆等各种有机物在密闭的沼气池内，在厌氧（没有氧气）条件下发酵，被种类繁多的沼气发酵微生物分解转化，从而产生沼气。

沼气是多种气体的混合物，一般由 50%～80% 的甲烷（CH_4）、20%～40% 的二氧化碳（CO_2）、0%～5% 的氮气（N_2）、小于 1% 的氢气（H_2）、小于 0.4% 的氧气（O_2）与 0.1%～3% 的硫化氢（H_2S）等气体组成。其特性与天然气相似。

沼气除直接燃烧用于炊事、烘干农副产品、供暖、照明和气焊等外，还可作内燃机的燃料以及生产甲醇、福尔马林、四氯化碳等化工原料。经沼气装置发酵后排出的料液和沉渣，含有较丰富的营养物质，可用作肥料和饲料。

（二）厌氧消化发展概况

沼气是由意大利物理学家 A. 沃尔塔于 1776 年在沼泽地发现的。1916 年俄国人

В. П. 奥梅良斯基分离出了第一株甲烷菌（但不是纯种）。中国于 1980 年首次分离甲烷八叠球菌成功。世界上已分离出的甲烷菌种近 20 株。

德国每年可用沼气发电 6×10^{10} kW·h，相当于全部产电量的 11%。瑞典利用沼气部分取代天然气作为车用燃气，规模为车用燃气总量的 45% 左右，已有超过 4000 辆沼气驱动的汽车，并研制出首辆沼气驱动火车。英国微生物厌氧发酵产生的沼气可以替代全国 25% 的煤气消耗量。

我国的沼气应用起步于 20 世纪 50 年代，1964 年，河南南阳天冠集团建成了一座 2000m³ 的工业沼气池，20 世纪 80 年代又增建了 2 个容积为 5000m³ 的厌氧接触圆柱形发酵池，利用酒精废糟年产沼气达 2×10^7 m³。2006 年，河南修武兴建的酒糟废液发酵沼气示范工程省内最大，包括 4 个 5000m³ 发酵罐、2 个 1700m³ 升流式厌氧污泥床（Upflow Anaerobic Sludge Bed，UASB）二次发酵罐，日产沼气高达 60000m³，年发电量达 36MW·h。工业沼气主要集中在酒精淀粉行业，反应器规模较大，几千到几万立方米，主要采用 UASB 工艺。相比之下，农业沼气工程规模较小，几百到几千立方米。1982 年农业部沼气科学研究所设计的成都凤凰山畜牧园艺场沼气工程是我国最早的农场大型沼气工程，该工程隧道式装置总容积 4×300 m³，中温发酵，日产沼气约 900m³。目前在美国北方寒冷地区（纽约州、明尼苏达州）运行良好的 6 个奶牛场沼气工程中，有 5 个采用推流式发酵工艺，处理规模分别是 1000～2400 头牛的粪污。全混合或推流式工艺主要用于规模 5000 头牛以下的养殖场，优点在于投资低、运行管理方便、沼气产率高，但单元效率低，配套所占土地多。因此，对于日污水量达 50～1500t 的 5000～100000 头牛规模的大型养殖场，多采用效率更高的 UASB 工艺，像济南佳宝乳业有限公司 2005 年建成的大型沼气发电工程，采用 UASB 工艺，反应器达 2000m³，单元效率较高，管理方便，出水浓度低，但粪便固液分离后直接生产有机肥，沼气获得量相对低。

污泥的厌氧消化是一种具备可持续性的污泥处理技术，其优点包括能降低生物质总量，消除气味，提高卫生化水平，改善脱水性能，能耗低，还可以回收肥料元素，回收甲烷能源。污泥的厌氧消化技术在发达国家已经有几十年的应用，尤其在欧洲得到了大规模采用，污泥厌氧消化技术也是当前污泥处理研究领域的热点。

（三）厌氧消化原理

生物质的有机物组成主要为三类：碳水化合物、蛋白质及脂肪。碳水化合物由 C、H、O 三种元素组成，主要包括淀粉类物质、纤维素类物质、多糖及单糖等，大分子糖降解生成小分子单糖。蛋白质是一种复杂的有机化合物，主要是由 C、H、O、N 组成，一般还会含有 P、S 等元素。氨基酸是蛋白质的基本单位，通过脱水缩合肽链连接组成。脂肪由 C、H、O 三种元素组成。脂肪是由甘油和脂肪酸组成的三酰甘油酯，其中甘油组成比较简单，而脂肪酸的种类和长短却不相同。在厌氧消化过程中，不同的有机物的降解途径不同。四阶段理论的反应机理将整个过程分为水解、酸化、乙酸化和甲烷。

1. 水解阶段

水解过程是指复杂的固体有机物在水解酶的作用下被转化为简单的溶解性单体或二聚体。微生物无法直接代谢碳水化合物（如淀粉、木质纤维素等）、蛋白和脂肪等生物大分子，必须先降解为可溶性聚合物或者单体化合物才能被酸化菌群利用。淀粉在淀粉酶作用下被水解成麦芽糖、葡萄糖和糊精。纤维素是由糖苷键结合成纤维二糖再聚合而成的，在多种纤维素酶的协同作用下水解成糖。由于自然状态下的纤维素一般都与木质素结合成高度聚合状态，以抵抗微生物的分解，所以纤维素降解是沼气发酵限速步骤之一。蛋白质是植物合成的一种重要产物，它在蛋白酶作用下肽键断裂生成二肽和多肽，再生成各种氨基酸。脂肪首先在脂肪水解酶的作用下水解为长链脂肪酸及甘油，甘油在甘油激酶的催化下生成磷酸甘油，继而被氧化为磷酸二烃基丙酮，再经异构化生成磷酸甘油酸，经糖酵解途径转化为丙酮酸，最终进入糖酵解途径实现彻底氧化及利用。

2. 厌氧消化酸化阶段

产酸发酵过程是指将溶解性单体或二聚体形式的有机物转化为以短链脂肪酸或醇为主的末端产物。这些水解成的单体会进一步被微生物降解成挥发性脂肪酸、乳酸、醇、氨等酸化产物和氢、二氧化碳，并分泌到细胞外。产酸菌是一类快速生长的细菌，它们倾向于生产乙酸，这样能获取最高的能量以维持自身生长。末端产物组成取决于厌氧降解条件、底物种类和参与生化反应的微生物种类，同时氨基酸的降解首先通过氧化还原氮反应实现脱氨基作用，生成有机酸、氢气及二氧化碳。

主要的反应过程如下：

$$CH_3CH_2COOH + 2H_2O \longrightarrow CH_3COOH + CO_2 + 3H_2$$

$$CH_3CH_2OH + H_2O \longrightarrow CH_3COOH + 2H_2$$

3. 产氢产乙酸阶段

该阶段主要是将水解产酸阶段产生的两个碳以上的有机酸或醇类等物质，转化为乙酸、氢气和二氧化碳等可为甲烷菌直接利用的小分子物质的过程。标准情况下，有机酸的产氢产乙酸过程不能自发进行，氢气会抑制此步反应的进行，降低系统的氢分压有利于产物产生。如果氢分压超过大气压，有机酸浓度增大，甲烷产量受到抑制。避免氢气在此阶段的积累尤其重要。在厌氧过程中，氢分压的降低必须依靠氢营养菌来完成。

$$2CO_2 + 4H_2 \longrightarrow CH_3COOH + 2H_2O$$

$$C_6H_{12}O_6 \longrightarrow 3CH_3COOH$$

4. 甲烷化阶段

产甲烷阶段是由严格专性厌氧的产甲烷细菌将乙酸、一碳化合物和 H_2、CO_2 等转化为 CH_4 和 CO_2 的过程。大部分的甲烷来自乙酸的分解，是由乙酸歧化菌通过代谢乙酸盐的甲基基团生成，剩下的 28% 由 CO_2 和 H_2 合成。产甲烷细菌的代谢速率一般较慢，对于溶解性有机物厌氧消化过程，产甲烷阶段是整个厌氧消化工艺的限速。一般来说，碳水化合物的降解最快，其次是蛋白质、脂肪，最慢的是纤维素和木质素。

生成 CH_4 的主要反应如下：

$$CH_3COOH \longrightarrow CH_4 + CO_2$$
$$CH_3COONH_4 + H_2O \longrightarrow CH_4 + NH_4HCO_3$$
$$4H_2 + CO_2 \longrightarrow CH_4 + 2H_2O$$
$$4HCOOH \longrightarrow CH_4 + 3CO_2 + 2H_2O$$
$$4CH_3OH \longrightarrow 3CH_4 + CO_2 + 2H_2O$$

在此过程中，可降解的有机物逐渐被厌氧菌群分解利用，产生沼气，有机氮被分解形成氨氮，有机磷分解形成磷酸盐，导致厌氧消化液的高氨氮高磷特性。

（四）厌氧消化物料

大多数的厌氧消化系统中，污泥的含水率较高，有机质的含量较低，且含有一定量难降解有机物，难以最大限度提高沼气产量。因此，为强化厌氧消化效能，获得高的生物质能，采用将有机质含量高的有机垃圾与城市污泥混合后厌氧发酵，成为国内外重要的研究课题。

（五）厌氧消化工艺

常见的污泥厌氧发酵工艺流程如图 3-16 所示。

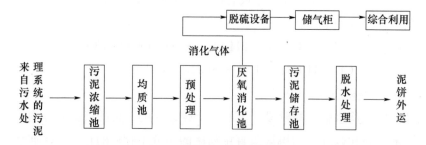

图 3-16　厌氧消化工艺流程

（六）影响厌氧消化的条件

1. 温度

在厌氧消化过程中，温度的范围是很宽泛的，从低温到高温都存在。例如，在北极下水道中发现有极低温度下存活的甲烷菌。通常依据微生物活性把温度范围分为三类：一类是嗜寒的，温度范围为 $10 \sim 20℃$；一类是嗜温的，温度范围为 $20 \sim 45℃$，通常是 $37℃$；一类是嗜热的，温度范围为 $50 \sim 65℃$，通常是 $55℃$。

2. 碳氮比

碳氮比的关系是指有机原料中总碳和总氮的比例。厌氧消化过程中碳氮比最适范围一般是 20 : 1～30 : 1，既不能太高也不能太低，否则会对厌氧发酵过程产生影响。不合适的碳氮比会造成大量的氨态氮的释放或是挥发性脂肪酸的过度累积，而氨态氮和挥发性脂肪酸都是厌氧消化中重要的中间产物，不合适的浓度都会抑制甲烷发酵过程。

3. 酸碱度

pH 值是反映水相体系中酸浓度的重要指标之一。厌氧发酵菌尤其是产甲烷菌对反应体系中的酸浓度是极为敏感的。在较低 pH 值条件下，甲烷菌的生长会受到抑制。许多研究者已经研究厌氧消化中不同阶段的最佳 pH 值。甲烷菌的最佳 pH 值是 7.20 左右。

4. 有机负荷量

有机负荷是指消化反应器单位容积单位时间内所承受的挥发性有机物量，它是消化反应器设计和运行的重要参数。有机负荷的高低与处理物料的性质、消化温度、所采用的工艺等有关。研究表明，对于处理蔬菜、水果、厨余等易降解的有机垃圾，有机负荷一般为 1～6.8kgVS/ (m³ · d)。

5. 水解速度

厌氧消化主要受水解作用限制，使污泥的生物降解非常缓慢。通过污泥在厌氧消化之前设置预处理工艺，促进初始的水解，可克服这一现实因素。

（1）酶水解技术

水解酶的最适温度为 50℃，因此，酶处理适用于中、高温条件下的厌氧消化。水解酶有利于促进水解阶段到酸化阶段，这是厌氧消化的控制阶段。

运用多种工业酶，如蛋白酶、脂肪酶等，对厌氧消化进行预处理，其目的是用来改善污泥的减量技术，同时提高沼气产量。将水解酶加入厌氧反应器，可以发现污泥絮凝体的分解作用有所提高，它减少了胞外聚合物的产生，提高了沼气的产量。脱水性能也有所改善，减少了污泥的总量，并且可以减少脱水环节的药量。酶水解具有应用简便（只是需要混合均匀）、改善污泥脱水性能、成本低等优点。然而酶水解也存在一定成本较高及规模化应用时最佳运行条件未进行充分研究等缺点。

（2）机械破解技术

机械破解可以降低生物絮凝体颗粒大小和密实程度，加强细菌、基质、酶之间的反应。因此，污泥的生物降解能力的提高必然会引起厌氧消化过程中沼气产量的增加。较强的机械破解可以使污泥的脱水性能有所提高，并获得更高的含固率。但是，机械处理后，污泥的调理和脱水需要添加更多的絮凝剂，这是因为机械处理增加了胶体表面电荷量，这需要絮凝剂来中和。根据一般经验，在厌氧消化过程中由丝状菌膨胀引起的泡沫现象可通过机械破解预处理来减少。

（3）超声波破解技术

在污泥处理单元中融合超声波破解技术，作为厌氧消化的预处理，从而实现污泥的减量化并且增加沼气产量。液相中含固率较高时，空穴点的产生就会增多，其爆破时产生的气泡与固体接触也会增多。然而，在实践中将超声波技术运用于含固率太高的污泥也是不合适的，因为这样可能会导致过度加热，加速电极的腐蚀。

超声波破解具有装置紧凑、停留时间短、可控制泡沫、无臭气产生等优点。然而超声波破解电极易被腐蚀，需定时替换声电极，此外，能耗较大。超声波破解能够加强污泥絮凝体与细菌、基质、酶之间的反应，从而提高污泥絮凝体生物降解率和沼气的产量，虽然超声波破解需要很高的能量，但这一缺点已通过简易设备方便管理所补偿。

（4）热处理技术

在厌氧消化前增加热处理作为预处理，增加的产沼量可涵盖污泥加热所需的能量。热处理可以破坏细胞壁促进蛋白质释放而得以降解，热处理应用于实际中通常是在160～180℃加热 0.5～1h。较高的温度会使生物降解的产物生成减慢或者变得困难，从而限制甲烷的产量。经过热水解处理的污泥具有较好的脱水性能（污泥的含固率达到35%）、较低的黏附性，即使固体含量在 12%左右也呈现液相。

（5）微波技术

近年来，在污泥处理过程中，微波放射（频率 2450MHz）被建议代替传统的热处理。这主要是因为减少了污泥加热的时间并且降低了加热过程中所需能量。将微波处理作为厌氧消化的预处理，目的是提高污泥的消化能力，改善脱水性能，杀灭病原菌。

与传统加热相类似，微波加热具有以下作用：絮凝体分解，细胞消散溶解，胞外聚合物溶解。从理论上讲，由于潜在的非热作用，在相同温度下比起传统的加热，微波作用更易于使细胞趋于破裂。然而，这两种作用不是很容易分辨的，到目前为止，哪种作用占优势也并不明朗。在 50～120℃范围内，运用以上两种加热方式对物质COD进行加热消解，结果表明，微波非热作用不明显，而在较高温度时传统加热作用较为突出。然而，在污泥的中温厌氧消化过程中，沼气的产量是与微波非热作用有关的。

虽然在污泥消化方面微波处理的一些数据是可参考的，但是到目前为止，微波技术还没有成功运用于工程的范例。

（6）酸碱热水解技术

酸碱热水解技术常用于厌氧消化的预处理，来改善污泥的生物降解能力，减少消化池的体积，提高沼气的产量。在浓缩污泥脱水之前对其进行处理，从而减少固体的处理，增加污泥在脱水过程的含固率。在热处理中，热化学预处理所需的部分能量被厌氧中高温消化加热过程所涵盖。

由于产甲烷菌的活性及其产甲烷能力受 pH 值的影响较大，最适 pH 值范围为6.6～7.6，在酸碱预处理后需调为中性。污泥消化预处理时的温度高达 170～175℃时，可增加甲烷的产量，然而当温度高于 180℃时，甲烷的产量将不会有更大的增加。在 100~120℃范围内进行酸碱预处理，可以改善浓缩污泥（含固率 5%~6%）的脱水性能，提高污泥的含固率。

（七）厌氧消化产品性能

污泥厌氧发酵的主要产物是以甲烷为主的污泥气（沼气）。

污泥厌氧消化产生的可燃气体热值可由公式（3-3）计算：

$$LHV = (30.0 \times CO + 25.7 \times H_2 + 85.4 \times CH_4 + 151.3 \times C_n H_m) \times 4.2 \qquad (3-3)$$

式中，CO、H_2、CH_4 和 $C_n H_m$ 分别是气体产物中 CO、H_2、CH_4 和碳氢化合物的体积比率。

沼气的热值也可通过燃烧进行测定。

三、污泥厌氧消化工艺

（一）污泥厌氧消化工艺选择

按照厌氧消化罐（反应器）的操作条件如进料的固含率、运行温度等，厌氧消化处理工艺可按照以下参数进行选择。

1. 温度

污泥厌氧消化的温度根据消化池内生物作用的温度分为中温消化和高温消化。中温消化的温度一般控制在 33~35℃，最佳温度为 34℃。而高温消化的温度一般控制在 55~60℃。

高温消化比中温消化分解速率快，产气速率高，所需的消化时间短（气量达到总产气量 90%时所需要的天数），消化池的容积小。高温消化对寄生虫卵的杀灭率可达 90%以上。但高温消化加热污泥所消耗热量大，耗能高。因此，只有在卫生要求严格，或对污泥气产生量要求较高时才选用。

目前国内外常用的都是中温消化池。中温消化在国内外均已使用多年，技术上比较成熟，有一定的设计运行经验。

2. 消化等级

污泥厌氧消化的等级按其消化池的串联使用数量分为单级消化和二级消化。单级消化只设置一个池子，污泥在一个池中完成消化过程。而二级消化，消化过程分在两个串联的消化池内进行。一般地，在二级消化的一级消化池内主要进行有机物的分解，只对一级消化池进行混合搅拌和加热，不排上清液和浮渣。污泥在一级消化池内完成主要分解后，排入二级消化池。二级消化池不再进行混合搅拌和加热，使污泥在低于最佳温度的条件下完成进一步的消化。在二级消化的过程中排上清液和浮渣。

单级消化的土建费用较低；可分解的有机物的分解率可达 90％；由于不能在池内分离上清液，为减少污泥体积需要设浓缩池，浓缩池还起到释气作用。二级消化的土建费用较高；有机物的分解率略有提高，产气率一般比单级消化约高 10％；二级消化的运行操作比单级消化复杂。

为了减少污泥处理总的投资，二级消化的形式目前在国内及国外用的相对较少，一般均采用单级消化。

3. 消化池的池形

好的消化池池形应具有结构条件好、防止沉淀、没有死区、混合良好、易去除浮渣及泡沫等优点。消化池的池形，各个国家采用的样式较多。但常用的基本形状有龟甲形、传统圆柱形、卵形、平底圆柱形等。

（1）龟甲形消化池

龟甲形消化池在英国、美国采用得较多，此种池形的优点是土建造价低、结构设计简单。但要求搅拌系统具有较好的防止和消除沉积物的效果，因此配套设备投资和运行费用较高。

（2）传统圆柱形消化池

在中欧及中国，常用的消化池的形状是圆柱状中部、圆锥形底部和顶部的消化池池形。这种池形的优点是热量损失比龟甲形小，易选择搅拌系统。但底部面积大，易造成粗砂的堆积，因此需要定期进行停池清理。更重要的是在形状变化的部分存在尖角，应力很容易聚集在这些区域，使结构处理较困难。底部和顶部的圆锥部分，在土建施工浇筑时混凝土难密实，易产生渗漏。

（3）卵形消化池

卵形消化池在德国从 1956 年就开始采用，并作为一种主要的形式推广到全国，应用较普遍。卵形消化池最显著的特点是运行效率高，经济实用。其优缺点可以总结为以下几点：

① 其池形能促进混合搅拌的均匀，单位面积内可获得较多的微生物。用较小的能量即可达到良好的混合效果。

② 卵形消化池的形状有效地消除了粗砂和浮渣的堆积，池内一般不产生死角，可保证生产的稳定性和连续性。根据有关文献介绍，德国有的卵形消化池已经成功地运转了 50 年而没有进行过清理。

③ 卵形消化池表面积小，耗热量较低，很容易保持系统温度。

④ 生化效果好，分解率高。

⑤ 上部面积少，不易产生浮渣，即使生成也易去除。

⑥ 卵形消化池的壳体形状使池体结构受力分部均匀，结构设计具有很大优势，可以做到消化池单池池容的大型化。

⑦ 池形美观。

卵形消化池的缺点是土建施工费用比传统消化池高。然而卵形消化池运行上的优点直接提高了处理过程的效率，因此节约了运行成本。如果需要设置 2 个以上的卵形消化池，运行费用比较下来则更具有优势。节省下的运行费用，很容易弥补造价的差额，用户从高效的运行中受益更多。对大体积消化池采用卵形池更能体现其优点。

（4）平底圆柱形消化池

平底圆柱形消化池是一种土建成本较低的池形。圆柱部分的高度和直径比≥1。这种池形在欧洲已成功用于不同规模的污水厂。它要求池形与装备和功能之间有很好的相互协调性。当前可配套使用的搅拌设备较少，大多采用可在池内多点安装的悬挂喷入式沼气搅拌技术。

多年来在我国，消化池的形状大多采用传统的圆柱形，随着搅拌设备的引进，我国污泥消化池池形也变得多样化。近几年，我国先后设计并施工了多座卵形消化池，改变了国内消化池池形单一状况。例如，杭州四堡污水处理厂已建成 3 座容积为 $10500m^3$ 的卵形池；济南盖家沟污水厂建成 3 座容积为 $10500m^3$ 的卵形池；济宁污水处理厂新近建成 2 座容积为 $12700m^3$ 的卵形池；漳州污水处理厂 2 座容积为 $11000m^3$ 的卵形池正在施工中。

4. 消化池污泥搅拌设备的选择

在污泥消化池中进行污泥混合搅拌，对于提高分解速度和分解率，即增加产气量很重要。

（1）消化池中污泥搅拌的作用

① 通过对消化池中污泥的充分搅拌，使生污泥与消化污泥充分接触，提高接触效果。

② 通过搅拌，调整污泥固体与水分的相互关系，使中间产物与代谢产物在消化池内均匀分布。

③ 通过搅拌及搅拌时产生的振动能更有效地进行气体分离，使气体逸出液面。

④ 消化菌对温度和 pH 值的变化非常敏感，通过搅拌使池内温度和 pH 值保持均匀。

⑤ 对池内污泥不断地进行搅拌还可防止池内产生浮渣。

（2）消化池搅拌方式的分类

消化池搅拌方式大致可分为气体搅拌法、机械搅拌法、泵循环法、综合搅拌法。

现国内外常用的搅拌方法是沼气搅拌法和机械搅拌法。

（二）污泥厌氧消化工艺流程

典型的污泥厌氧消化工程，其工艺流程如图 3-17 所示。

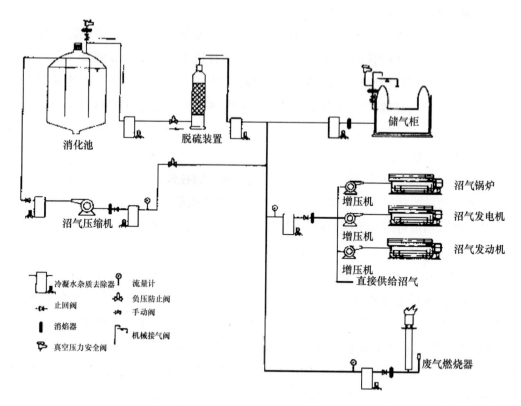

消化池

脱硫装置

储气柜

沼气压缩机

增压机 沼气锅炉

增压机 沼气发电机

增压机 沼气发动机

直接供给沼气

废气燃烧器

冷凝水杂质去除器 流量计

止回阀 负压防止阀

消焰器 手动阀

真空压力安全阀 机械接气阀

图 3-17 污泥厌氧消化工艺流程

四、污泥厌氧消化案例

上海市白龙港污水处理厂污泥厌氧消化工程

1. 工艺流程

上海市白龙港污泥厌氧消化工程的工艺流程如图 3-18 所示。

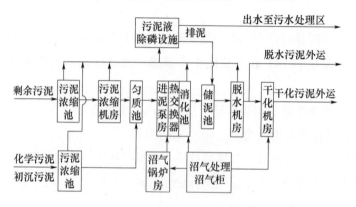

污泥液除磷设施 排泥 出水至污水处理区

脱水污泥外运

剩余污泥 污泥浓缩池 污泥浓缩机房 匀质池 进泥泵房 热交换器 消化池 储泥池 脱水机房 干化机房 干化污泥外运

化学污泥 初沉污泥 污泥浓缩池 沼气锅炉房 沼气处理沼气柜

图 3-18 上海白龙港污泥厌氧消化工程的工艺流程

2. 污泥处理工程系统

污泥处理工程系统由 6 个系统组成：

（1）浓缩系统。对污水处理工程产生的化学污泥、初沉污泥和剩余污泥进行浓缩处理，将污泥含固率提高到约 5％，减小污泥消化池容积，降低工程造价。为达到含固率目标，初沉污泥和化学污泥采用重力浓缩，剩余污泥经重力浓缩后再进行机械浓缩。

（2）厌氧消化系统。对浓缩污泥进行中温一级厌氧消化，降解污泥中的有机物，产生污泥气供消化系统和干化系统利用，使污泥得到稳定化和减量化。

（3）污泥气利用系统。对消化产生的污泥气进行处理、储存和利用，作为污泥消化系统的污泥加热热源和脱水污泥干化处理系统的干化热源。污泥气脱硫采用生物脱硫和干式脱硫分级串联组合工艺。

（4）脱水系统。对消化污泥进行脱水，降低污泥含水率，减小污泥体积，并将脱水后的污泥输送至污泥干化处理系统进行干化处理，或直接输送至存料仓储存后外运。

（5）干化系统。利用污泥消化产生的污泥气对部分脱水污泥进行干化处理，进一步提高污泥含固率。污泥干化处理系统采用消化处理产生的污泥气作为能源，以天然气作为备用能源，污泥干化能力按在满足消化处理条件下可利用的气量确定。

（6）配套水系统。配套水系统分两部分：一部分是回用水处理系统，从污水处理排放管中取水，经混凝、前加氯、过滤、后加氯处理，提供污泥干化处理系统的冷却用水；另一部分是污泥液处理系统，对污泥处理过程中产生的污泥液，包括浓缩池上清液、离心浓缩滤液、消化池上清液、离心脱水滤液等，经调节池后水泵提升至高效沉淀池处理，去除污泥液中的磷，出水排至污水处理区进行处理。

第四节　污泥焚烧处理

一、污泥焚烧处理相关规范

污泥焚烧相关的标准和规范有：

（1）《城镇污水处理厂污泥处置分类》（GB/T 23484—2009）；

（2）《城镇污水处理厂污泥泥质》（GB 24188—2009）；

（3）《城镇污水处理厂污泥处置 单独焚烧用泥质》（GB/T 24602—2009）；

（4）《城镇污水处理厂污泥处理处置污染防治最佳可行技术指南（试行）》（HJ-BAT-002）；

（5）《城镇污水处理厂污泥处理处置及污染防治技术政策（试行)》。

二、污泥焚烧概述

（一）污泥焚烧概念

污泥焚烧（sludge incineration）是污泥处理的一种工艺。它利用焚烧炉将脱水污泥加温干燥，再用高温氧化污泥中的有机物，使污泥成为少量灰烬。

（二）污泥焚烧发展概况

焚烧是一种常见的污泥处置方法，它可破坏全部有机质，杀死一切病原体，并最大限度地减量。当污泥自身的燃烧热值较高，城市卫生要求较严格，或污泥有毒物质含量高，不能被综合利用时，可采用污泥焚烧处理处置。

但是，由于污泥中的含水率较高、热值较低，污泥在焚烧前，一般应先进行干化预处理，以减少负荷和能耗，还应同步建设相应的烟气处理设施，保证烟气的达标排放。

（三）我国污泥焚烧的主要方式

污泥焚烧方式主要有污泥单独焚烧和混合焚烧两大类。混合焚烧是指利用垃圾焚烧炉焚烧、工业用炉焚烧、火力烧煤发电厂，将污泥与垃圾、煤以及其他燃料混合焚烧的方式。

由于污泥含水率较高，单独焚烧前必须经过干化预处理，因此，目前运行的均为污泥经干化预处理后焚烧或污泥与垃圾、煤炭混合焚烧方式。

三、污泥焚烧工艺

（一）污泥干化预处理后焚烧

1. 污泥干化焚烧工艺系统组成

污泥干化焚烧工艺系统由三个子系统组成，分别为干化预处理子系统、焚烧子系统、烟气处理与余热利用子系统。

（1）污泥干化预处理子系统

污泥干化技术详见本书第五章。

（2）污泥焚烧子系统

污泥单独焚烧设备有多段炉、回转窑炉、流化床炉、喷射式焚烧炉、热解燃烧炉等。应用较多的污泥焚烧炉形式主要是流化床和回转窑两类。

① 流化床炉：气、固相的传递条件十分优越；气相湍流充分，固相颗粒小，受热均匀，已成为城市污水厂污泥焚烧的主流炉型。但流化床内的气流速度较高，为维持床内颗粒物的粒度均匀性，也不宜将焚烧温度提升过高，因此对于有特定的耐热性有机物分解要求的工业源污水厂污泥或工业与城市污水混合处理厂污泥而言，在满足其温度、气相与固相停留时间要求方面，会有一些困难。因此，对此类污泥的焚烧，回转窑炉成为较适宜的选择。

② 回转窑炉：污泥在窑内因窑体转动和窑壁抄板的作用而翻动、抛落，动态地完成干燥、点燃、燃尽的焚烧过程。污泥固相停留时间一般多于1h，很少会出现"短流"现象，气相停留时间易于控制，设备在高温下操作的稳定条件较好。但逆流操作的回转窑炉，尾气中含臭味物质多，另有部分挥发性的毒害物质，需要配置消耗辅助燃料

的二次燃烧室进行处理;顺流操作回转窑炉则很难利用窑内烟气热量实现污泥的干燥与点燃,需配置炉头燃烧器来使燃烧空气迅速升温,达到污泥干燥与点燃的目的。因此,回转窑炉焚烧的成本一般较高。

(3) 烟气处理与余热利用子系统

污泥焚烧烟气的余热利用,主要方向是以预干燥污泥或预热燃烧空气为主,很少有余热发电的实例。焚烧烟气余热用于污泥干燥等时,既可采用直接换热方式,也可通过余热锅炉转化为蒸汽或热油能量间接利用。

污泥焚烧烟气处理子系统的技术单元主要包括脱酸、除尘、脱硝等。烟气脱酸单元主要采用喷入干石灰粉(干式除酸)、喷入石灰浆(半干式除酸)等方法。除尘多采用布袋式过滤除尘器。为了达到对重金属蒸气、二噁英类物质和NO_x的有效控制,多采用洗涤塔(降温冷凝洗涤重金属)、喷粉末活性炭和尿素(氨水)还原脱氮等单元环节。在污泥充分燃烧的前提下,联合应用这些烟气净化单元技术,使尾气排放达到相应的排放标准。

2. 污泥干化预处理后焚烧案例

(1) 项目概况

浙江萧山某污泥干化焚烧项目。项目占地80亩,于2018年2月投运。建设规模为4000t/d(以含水率80%污泥计),服务萧山区、钱塘新区与杭州主城区。污泥性质为城市生活污水与工业污水处理污泥。

项目的整体工艺流程如图3-19所示。

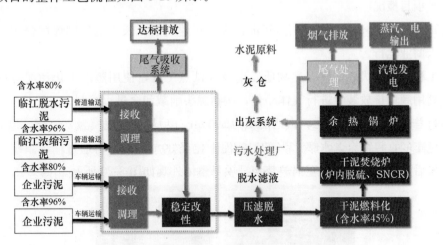

图3-19 浙江污泥焚烧项目工艺流程

(2) 干化工艺

干化工艺分为两部分:来自临江污水厂的含水率95%左右的污泥,直接深度脱水至45%以下;来自其他污水厂的含水率80%污泥泥饼,加入调理剂后,脱水至含水率40%左右。

（3）焚烧工艺

脱水干泥的焚烧量 1800t/d，配 3 台 600t/d 循环流化床焚烧炉。

（4）烟气处理与余热利用

项目配套建设 2 台 15MW 发电装置。采用三级脱硫、三级除尘、低氮燃烧与 SNCR 脱硝等烟气净化工艺。

（二）污泥混合焚烧

1. 污泥混合焚烧方式

污泥混合焚烧有以下 3 种方式：

（1）利用现有垃圾焚烧炉混合焚烧：现有垃圾焚烧炉大多采用了先进的技术，配有完善的尾气处理装置，可以在垃圾中混入一定量的污泥一起焚烧。

（2）在火力烧煤发电厂焚烧污泥：在燃煤发电厂掺烧一定比例的污泥。经过发电厂焚烧污泥研究证明，污泥占耗煤总量的 10％ 以内，对尾气净化以及发电站的正常运转没有不利影响。

（3）利用现有工业用炉焚烧污泥

主要利用现有的工业炉窑，如水泥窑、重油焚烧炉等，掺烧一定量的污泥。通过高温焚烧至 1000℃ 以上，污泥中有机有害物质被完全分解，焚烧后的灰渣一并进入水泥产品中。

2. 污泥混合焚烧案例

（1）项目概况

2019 年 12 月 30 日，由中国能建浙江火电承建的浙江长兴电厂燃煤耦合污泥发电工程投入商业运行。

该工程是国家级燃煤耦合生物质发电技改试点工程，使用蒸汽干化污泥后耦合发电，并利用超低排放装置进行气体净化，达到源头削减和全过程控制。

项目总投资约 6688 万元，占地面积为 2000m²。项目处置规模为 200t/d。包括 1 座污泥干化车间，将综合含水率 75％ 的湿污泥干化至 30％ 左右，再通过输煤系统与燃煤混合，最后通过给煤系统送至锅炉焚烧。项目整体外观如图 3-20 所示。

图 3-20　浙江长兴电厂燃煤耦合污泥发电工程

（2）干化工艺

采用2台圆盘式污泥烘干机，将来自嘉兴联合污水处理厂、平湖东片污水处理厂和嘉兴港区工业集中区污水处理厂的含水率80％左右的污泥，脱水至含水率40％左右后送至焚烧炉。

（3）焚烧工艺

掺入的污泥量为250t/d，煤炭用量为246.82t/h。

（4）烟气处理与余热利用

项目配套建设2台330MW发电装置。烟气采用低氮燃烧＋SCR＋静电除尘＋湿法脱硫＋GGH净化工艺。

（5）除臭系统

采用2套除臭系统。来自污泥干化冷凝废气、圆盘干化机废气等的高浓度臭气导入炉内焚烧。来自污泥卸料、暂存及输送的低浓度臭气经生物除臭设施处理后排放。

（6）污水处理系统

干化冷凝废水采用AO生化处理＋MBR＋膜处理后排放。

（7）出渣系统

采用干式出渣系统，排出的废渣综合利用。

第五节　水泥窑协同处置污泥

水泥窑焚烧处理固体废物在发达国家中已经得到了广泛的认可和应用。随着水泥窑焚烧危险废物的理论与实践的发展与各国相关环保法规的健全，该项技术在经济和环保方面显示出了巨大优势，形成产业规模，在发达国家危险废物处理中发挥着重要作用。

中国是水泥生产和消费大国，受资源、能源与环境因素的制约，水泥工业必须走可持续发展之路；同时中国各类废物产生量巨大，无害化处置率低，尤其是危险废物，由于其处理难度大，处理设施投资与处理成本高，是中国固体废物管理中的薄弱环节。因此，水泥窑协同处置固体废弃物在中国有着广泛的发展前景。

水泥窑协同处置是一种新的废弃物处置手段，它是指将满足或经过预处理后满足入窑要求的固体废物投入水泥窑，在进行水泥熟料生产的同时实现对固体废物的无害化处置过程。

在固废处置方式中，水泥窑协同处置近期得到行业内人士广泛关注，它是一种新的废弃物处置手段，适用范围广，可处理危险废物、生活垃圾、工业固废、污泥、污染土壤等。水泥窑协同处置发展趋势不可避免，可以作为一般城市固体废弃物处置、一般工业固体废弃物处置和危险固体废弃物处置的重要补充。

污泥进入水泥窑协同处置，原则上也属于污泥焚烧的处置方式。

一、水泥窑协同处置发展

（一）水泥窑协同处置发展历程

国外水泥窑协同处置废弃物经历了起步、发展、广泛应用三个阶段。在《巴塞尔公约》中，水泥窑生产过程中协同处置危险废物的方法已经被认为是对环境无害的处理方法，即最佳可行性技术。

1. 起步阶段

水泥窑协同处置技术历史悠久，起源于20世纪70年代。1974年，加拿大Lawrence水泥厂首先将聚氯苯基等化工废料投入回转窑中进行最终处置获得成功，开启了水泥窑协同处置废物的序幕。

2. 发展阶段

由于水泥窑协同处置不仅可以实现废物处理的减量化、无害化和稳定化，而且可以将废物作为燃料利用，实现废物处理的资源化，所以此项技术逐渐在发达国家得到推广应用。到20世纪80年代，水泥窑协同处置危险废物技术在欧洲的德国、法国、比利时、瑞士等，美洲的美国和加拿大，亚洲的日本等国家得到有效推广。例如，1994年，美国共37家水泥厂用危险废物作为水泥窑的替代燃料，处理了近300万t危险废物。二十世纪八九十年代，日本水泥工业已从其他产业接收大量废弃物和副产品。

3. 广泛应用

2000年后，Holcim、Lafarge、CE.MEX、Heidelberg等著名国际水泥企业大规模开展废弃物处置利用工作。美国水泥厂一年焚烧的工业危险废物是焚烧炉处理的4倍多，全美国液态危险废物的90%在水泥窑进行焚烧处理；2000年后，挪威协同处置危险废物的水泥厂覆盖率为100%；2001年，日本水泥厂的废物利用量已达到355kg/t水泥；2003年，欧洲共250多个水泥厂参与协同处置固体废物业务。

（二）发达国家水泥窑协同处置现状

经过40多年发展，水泥窑协同处置技术相对比较成熟，早已成为发达国家普遍采用的处置技术，对水泥工业可持续发展和固体废弃物处置提供了广阔市场空间。

1. 欧洲

瑞士、法国、英国、意大利、挪威、瑞典等国家利用水泥窑焚烧废物约有20年的历史。瑞士赫尔辛姆（HOLCIM）公司是强大的水泥生产跨国公司，HOLCIM公司从20世纪80年代起开始利用废物作为水泥生产的替代燃料，近几年该公司在世界各大洲水泥厂的燃料替代率都在迅速增长，设在欧洲的水泥厂燃料替代率最高，1999年已经达到28%；设在亚洲和大洋洲的水泥厂燃料替代率最低，1999年仅为2%。1999年该公司设在比利时的某个世界上最大的湿法水泥厂中，燃料替代率已达到80%，其余约20%的燃料为回收的石油焦，目前该厂的燃料成本已降为2%左右。2000年，HOL-

CIM 公司设在欧洲的 35 个水泥厂处理和利用的废物总量就达 150 万 t。法国 Lafarge 公司从 70 年代开始研究推进废物代替自然资源的工作，经过近 30 年的研究和发展，危险废物处置量稳步增长。Lafarge 公司在法国处置的废物类型主要有水相、溶剂、固体、油、乳化剂和原材料等。目前该公司设在法国的水泥厂焚烧处置的危险废物量占全法国焚烧处置的危险废物量的 50%，燃料替代率达到 50% 左右。2001 年，Lafarge 公司由于处置废物而实现了以下目标：节约 200 万 t 矿物质燃料；降低燃料成本达 33% 左右；收回了约 400 万 t 的废料；减少了全社会 500 万 t CO_2 气体的排放。

2012 年，欧洲各国水泥厂燃料替代率如图 3-21 所示。

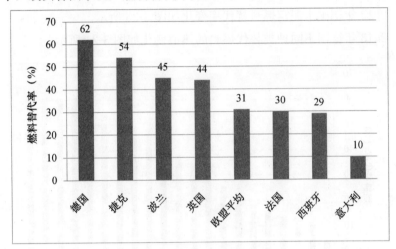

图 3-21 欧洲水泥燃料替代率

2009 年，欧盟 27 国不同替代燃料所占的比率如图 3-22 所示。

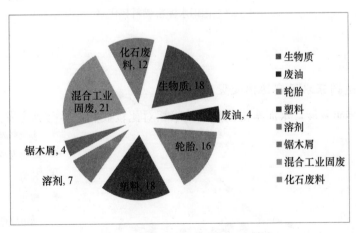

图 3-22 欧盟不同类别燃料所占比率

（1）德国

德国水泥生产始于 1877 年，20 世纪的前 50 年受"二战"及战后重建的影响，水泥产量快速增长。德国水泥行业有 34 个综合水泥厂，综合水泥产能总计 3200 万 t/a。

在德国水泥工业历史的前 100 年，煤炭是水泥厂的首选燃料。20 世纪 70 年代的石油危机对德国水泥工业产生重大影响，导致了行业的两次重大转变。第一次是生产线转变为更大、更高热效率的干法生产线，水泥产量从 350t/d 提高至 2400t/d；第二次是水泥生产替代燃料的初步研究，现在研究成果显著。

德国拥有全世界现代化程度最高、高效及环保意识最强的水泥工业，也是世界上较早进行水泥厂废物处理和利用的国家。自 20 世纪 70 年代煤炭逐渐被石油焦和替代燃料所取代，90 年代替代燃料的应用得到蓬勃发展。由于相对较早的应用替代燃料，德国成为全球替代燃料替代率最高的国家。

1987—2013 年德国水泥窑燃料替代率变化如图 3-23 所示。

1998—2013 年德国不同种类替代燃料的热值变化如图 3-24 所示。

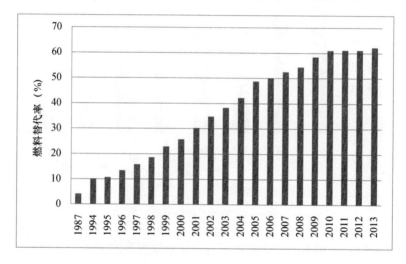

图 3-23　德国水泥窑燃料替代率

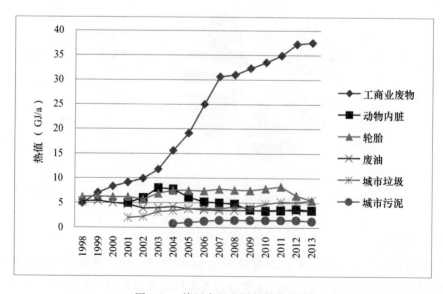

图 3-24　德国水泥窑燃料替代热值

（2）意大利

意大利水泥厂燃料替代率逐年增加。2011—2013年，燃料替代率分别为7.2%、10.2%和11.4%。2011—2013年，意大利水泥厂不同替代燃料种类用量如图3-25所示。

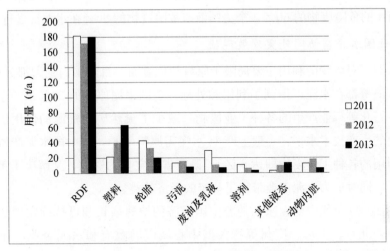

图3-25　意大利水泥厂替代燃料用量

2. 日本

日本拥有水泥生产企业20家，共计36家工厂，拥有64台窑体，全部为新型干法预热回转窑，熟料年生产能力为8030万t。

由于日本资源匮乏，而水泥生产技术先进，日本水泥企业在废物利用和处理方面处于世界前列，水泥企业的废物利用量持续增长。替代原料中高炉矿渣最多，占全日本高炉矿渣总量的50%；其次是粉煤灰，占全日本粉煤灰总量的60%；副产石膏利用量相当于全日本水泥企业所需石膏用量的90%。替代燃料中，废旧轮胎最多，相当于日本废旧轮胎总量的35%。日本水泥协会的目标是每生产1t水泥利用废物量达400kg。总体而言，日本水泥企业原料替代率较高，燃料替代率仅为5%，尚有较大的上升空间。

日本一般对危险废物采用先焚烧处理，然后通过生料配比计算，将其焚烧灰按比例加入水泥原料中，在水泥回转窑中烧制。

3. 美国

美国拥有庞大且非常完善的水泥产业，2016年其水泥产量为1.205亿t。据美国地质调查局公布的数据显示，美国2016年的熟料产能为1.09亿t，生产熟料8290万t。该国庞大的水泥产能来自97座综合水泥厂，较之前减少2座。

美国水泥市场上有着众多的跨国水泥生产商，如拉法基豪瑞、西麦斯、CRH和Buzzi水泥，部分公司通过美国品牌来运行当地的水泥公司，如海德堡水泥的Essroc，但是美国自身掌控的水泥企业已经逐渐减少，很可能会很快全部消失。

美国环保署也大力提倡水泥窑焚烧处理废物。自 20 世纪 80 年代中期以来，随着美国联邦法规对废物管理，尤其危险废物处理要求的加强，废物焚烧处理量迅速增加，由于上述诸多优点，水泥窑处理危险废物发展迅速。1994 年美国共有 37 家水泥厂或轻骨料厂得到授权用危险废物作为替代燃料烧制水泥，处理了近 300 万 t 危险废物，占全美国 500 万 t 的危险废物的 60％。全美国液态危险废物的 90％在水泥窑进行焚烧处理。

（三）我国水泥窑协同处置发展现状

中国水泥厂对废物的利用主要局限于原料替代方面。目前国内绝大部分的粉煤灰、矿渣、硫铁渣等都在水泥厂得到了利用和处理。全国水泥原料的 20％来源于冶金、电力、化工、石化等行业产生的各种工业废物，减少了天然矿物资源的使用量。根据中国水泥行业的生产技术水平，一般生产 1t 水泥需原料 1.6t，按中国水泥产量 25 亿 t/a 计，每年利用的各种工业废物即达 8 亿 t，既节省了宝贵的资源，又解决了工业废物环境污染问题，同时也为水泥工业带来了一定的经济效益。

自 20 世纪 90 年代中期以来，随着中国经济的快速增长和可持续发展战略在中国的贯彻实施，北京、上海、广州等特大型中心城市的政府和水泥企业，开始了关于"水泥工业处置和利用可燃性工业废物"问题的研究和工业实践，引起了国家有关部委和水泥行业的重视。1995 年 5 月，北京金隅集团旗下的北京水泥厂开始用水泥回转窑试烧废油墨、废树脂、废油漆、有机废液等，研发了全国第一条协同处置工业废物环保示范线。2000 年 1 月，北京水泥厂取得了北京市环保局颁发的"北京市危险废物经营许可证"。可处理的废弃物的种类涵盖了《国家危险废物名录》中列出的 47 类危险废弃物中的 37 类，如废酸碱、废化学试剂、废有机溶剂、废矿物油、乳化液、医药废物、涂料染料废物、含重金属废物（不含汞）、有机树脂类废物、精（蒸）馏残渣、焚烧处理残渣等。为保证各类废弃物的稳定处置，北京水泥厂自主研发了八套废弃物处置系统：浆渣制备系统、废液处置系统、化学试剂处置系统、废酸处置系统、飞灰处置系统、垃圾筛上物处置系统、玻璃钢处置系统、污泥处置系统，是北京市危险废弃物无害化处置、固废利用等领域实践循环经济的典范。经过多年的发展，公司已逐步成为危险废弃物无害化处置、固废利用等领域实践循环经济的典范，处置的废弃物类别涵盖了危险废物、生活垃圾、市政污泥、污染土壤等。

上海万安企业总公司（原上海金山水泥厂）于 1996 年开始处置上海先灵葆制药有限公司生产氟洛芬产品过程中产生的废液。上海万安也是我国 20 世纪少有的几家已取得危险废物处置经营许可证的水泥企业之一，该公司在 1996 年就取得了上海市环保局颁发的 9 种危险废物的处置经营许可证。

宁波科环新型建材有限公司（原宁波舜江水泥有限公司）于 2004 年开展了电镀污泥的水泥窑协同处置业务，年处置电镀污泥 2 万～3 万 t。2011 年，烟台山水水泥有限公司、太原狮头集团废物处置有限公司、太原广厦水泥有限公司、陕西秦能资源科技开发有限公司、柳州市金太阳工业废物处置有限公司等 5 家企业获得了危险废物经营许可证。

华新水泥（武穴）有限公司是目前我国另一家较为成功开展水泥窑协同处置危险废物工程的水泥企业，2007年建成了协同处置工业废物的水泥生产线，取得了湖北省颁发的15类危险废物的处置经营许可证，2011年处置危险废物2762.79t。

近几年，我国水泥窑协同处置危险废物发展很快。截至2017年9月底，全国获得危险废物经营许可证的水泥企业共计39家，占全国危险废物处理资质企业总数的不足2%；涉及的新型干法水泥生产线约40条；核准经营规模229.61万t，占全国危险废物核准处置规模的3.5%。

随着国内水泥窑协同处置危险废物项目的陆续实施，其在经济性、适应性、安全性等方面已显现出比现有的高温焚烧和安全填埋等传统方式更为明显的优势。目前，我国4000t/d及以上的新型干法水泥窑已实现全国布局，在国家大力推进生态文明建设大背景下，环保和生态环境治理成为当前供给侧结构性改革"补短板"的重要内容，水泥窑协同处置危险废物作为一种新兴的危险废物无害化处置方式，今后将得到国家进一步的政策鼓励和支持，一批相对落后的传统处置方式或将逐步被这一新兴处置方式替代。

二、水泥窑协同处置危险废物的途径

根据固体废物的成分与性质，不同的废物在水泥生产过程中的处置途径不同，主要包括以下四个方面：

替代燃料：主要为高热值有机废物；

替代原料：主要为无机矿物材料废物；

混合材料：适宜在水泥粉磨阶段添加的成分单一的废物；

工艺材料：可作为水泥生产某些环节，如火焰冷却、尾气处理的工艺材料的废物。

（一）替代燃料

1. 替代燃料定义

替代燃料，也称作二次燃料、辅助燃料，是使用可燃废物生产水泥窑熟料，替代天然化石燃料。可燃废物在水泥工业中的应用不仅可以节约一次能源，同时也有助于环境保护，具有显著的经济、环境和社会效益。发达国家自1970年开始使用替代燃料以来，替代燃料的数量和种类不断扩大，而水泥工业成为这些国家利用废物的首选行业。根据欧盟的统计，欧洲18%的可燃废物被工业领域利用，其中有1/2是水泥行业，水泥行业的利用量是电力、钢铁、制砖、玻璃等行业的总和。发达国家政府已经认识到替代燃料对节能、减排和环保的重要作用，都在积极推动。

2. 替代燃料使用原则

（1）最低热值要求。用废弃物作替代燃料时应有最低热值要求。因为水泥窑是一个敏感的热工系统，无论是热流、气流还是物料流稍有变化都会破坏原有的系统平衡，使用替代燃料时系统应免受过大的干扰。一些欧洲国家从能量替换比上考虑将11MJ/kg的热值作为替代燃料的最低允许热值。同时需要考虑使用替代燃料时，达到部分取代常规燃料后所节省的燃料费用足以支付废料的收集、分类、加工、储运的成本。

（2）必须适应水泥窑的工艺流程需要。可燃废料的形态、水分含量、燃点等都会决定使用过程的工艺流程设计，而这个设计必须与原有水泥窑的工艺流程有很好的配合。另外，新型干法窑需严格控制钾、钠、氯这类有害成分的含量应以不影响工艺技术要求为准。

（3）符合环保的原则。废弃物中含有的有害物质通常比常规原燃料高，水泥回转窑在利用和焚烧废弃物（包括危险废弃物）时，除应控制有害物质排放量不会有明显提高外，更主要的是应注意所生产水泥的生态质量。因为水泥是用来配制混凝土的胶凝材料，而混凝土建筑物，如公路、房屋建筑、水处理设施、水坝及饮用水管道等，必须确保对土壤、地下水以及人的健康不会产生危害，对废弃物带入的有害物质必须根据混凝土所能接受的最大量加以限定。

3. 常规替代燃料种类

含有一定热量的危险废物可用作水泥熟料生产过程中的燃料。水泥窑替代燃料种类繁多，数量及适用情况各异，常见的替代燃料种类大概可分为以下几种：

（1）废轮胎；

（2）使用过的各种润滑油、矿物油、液压油、机油、洗涤用柴油或汽油、各种含油残渣等废油；

（3）木炭渣、化纤、棉织物、医疗废物等。这类废物比较特殊，可能含各种病菌较多，往往都须在喂泥窑之前都由废料回收公司进行预处理，如消毒、杀菌、封装、打包等；

（4）纸板、塑料、木屑、稻壳、玉米杆等。这些废料热值较低，密度小，体积大，须采用专门的称量喂料装置将其喂入水泥窑内燃烧；

（5）废油漆、涂料、石腊、树脂等；

（6）石油渣、煤矸石、油页岩、城市下水污泥等。

4. 危险废物替代燃料种类

（1）液态危险废物：醇类、酯类、废化学试剂、废溶剂类、废油、油墨、废油漆等；

（2）半固态危险废物：使用过的各种废润滑油、各种含油残渣、油泥、漆渣等；

（3）固态危险废物：活性炭、石蜡、树脂、石油焦等。

（二）替代原料

从理论上说，含有 CaO、SiO_2、Al_2O_3、Fe_2O_3 的水泥原料成分的废弃物都可作为水泥原料。根据固体废弃物自身的化学成分，一般用于代替以下水泥的原料组分。

1. 常见的替代原料种类

（1）代替黏土作组分配料：用以提供二氧化硅、氧化铝、三氧化二铁的原料，主要有粉煤灰、炉渣、煤矸石、金属尾矿、赤泥、污泥焚烧灰、垃圾焚烧灰渣等。根据实际情况可部分替代或全部替代。煤矸石、炉渣不仅带入化学组分，而且还可以带入部分热量。

（2）代替石灰质原料：用以提供氧化钙的原料，主要有电石渣，氯碱法碱渣、石灰石屑、碳酸法糖滤泥、造纸厂白泥、高炉矿渣、钢渣、磷渣、镁渣、建筑垃圾等。

（3）代替石膏作矿化剂：磷石膏、氟石膏、盐田石膏、环保石膏、柠檬酸渣等，因其含有三氧化硫、磷、氟等都是天然的矿化成分，且 SO_3 含量高达 40％以上，可全部代替石膏。

（4）代替熟料作晶种：炉渣、矿渣、钢渣等，可全部代替。

（5）校正原料：用以替代铁质、硅质等的校正原料，替代铁质的校正原料主要有低品位铁矿石、炼铜矿渣、铁厂尾矿、硫铁矿渣、铅矿渣、钢渣；替代硅质校正原料主要有碎砖瓦、铸模砂、谷壳焚烧灰等。

2. 常见的危险废物替代原料种类

一般为不含有机物的危险废物，如电镀污泥、氟化钙、重金属浸出浓度超过国家危险废物鉴别标准限值的重金属污染土壤等。

三、水泥窑协同处置废物的工艺及优势

（一）水泥窑协同处置污泥工艺

水泥窑协同处置污泥，一般采用两种工艺：干化后入窑或者直接喷入的方式。

（二）水泥窑协同处置废物的优势

1. 焚烧温度高

水泥窑内物料温度一般高于 1450℃，气体温度则高于 1750℃左右；甚至可达更高温度 1500℃和 2200℃。在此高温下，废物中有机物将产生彻底的分解，一般焚毁去除率达到 99.99％以上，对于废物中有毒有害成分将进行彻底的"摧毁"和"解毒"。

2. 停留时间长

水泥回转窑筒体长，废物在水泥窑高温状态下持续时间长。根据一般统计数据，物料从窑头到窑尾总停留时间在 40min 左右，气体在温度 950℃以上的停留时间在 8s以上，高于 1300℃停留时间大于 3s，可以使废物长时间处于高温之下，更有利于废物的燃烧和彻底分解。

3. 焚烧状态稳定

水泥工业回转窑有一个热惯性很大、十分稳定的燃烧系统。它是由回转窑金属筒体、窑内砌筑的耐火砖以及在烧成带形成的结皮和待煅烧的物料组成，不仅质量巨大，而且由于耐火材料具有的隔热性能，因此，更使得系统热惯性增大，不会因为废物投入量和性质的变化，造成大的温度波动。

4. 良好的湍流

水泥窑内高温气体与物料流动方向相反，湍流强烈，有利于气固相的混合、传热、传质、分解、化合、扩散。

5. 碱性的环境气氛

生产水泥采用的原料成分决定了在回转窑内是碱性气氛，水泥窑内的碱性物质可以和废物中的酸性物质中和为稳定的盐类，有效地抑制酸性物质的排放，便于其尾气的净化，而且可以与水泥工艺过程一并进行。

6. 没有废渣排出

在水泥生产的工艺过程中，只有生料和经过煅烧工艺所产生的熟料，没有一般焚烧炉焚烧产生炉渣的问题。

7. 固化重金属离子

利用水泥工业回转窑煅烧工艺处理危险废物，可以将废物成分中的绝大部分重金属离子固化在熟料中，最终进入水泥成品中，避免了再度扩散。

8. 全负压系统

新型干法回转窑系统是负压状态运转，烟气和粉尘不会外逸，从根本上防止了处理过程中的再污染。

9. 废气处理效果好

水泥工业烧成系统和废气处理系统，使燃烧之后的废气经过较长的路径和良好的冷却和收尘设备，有着较高的吸附、沉降和收尘作用，收集的粉尘经过输送系统返回原料制备系统可以重新利用。

10. 焚烧处置点多，适应性强

水泥工业不同工艺过程的烧成系统，无论是湿法窑、半干法立波尔窑，还是预热窑和带分解炉的旋风预热窑，整个系统都有不同高温投料点，可适应各种不同性质和形态的废料。

11. 减少社会总体废气排放量

由于可燃性废物对矿物质燃料的替代，减少了水泥工业对矿物质燃料（煤、天然气、重油等）的需求量。总体而言，比单独的水泥生产和焚烧废物产生的废气排放量大为减少。

12. 建设投资较小，运行成本较低

利用水泥回转窑来处置废物，虽然需要在工艺设备和给料设施方面进行必要的改造，并需新建废物贮存和预处理设施，但与新建专用焚烧厂比较，还是大大节省了投资。在运行成本上，尽管由于设备的折旧、电力和原材料的消耗，人工费用等使得费用增加，但是燃烧可燃性废物可以节省燃料，降低燃料成本，燃料替代比率越高，经济效益越明显。

利用新型干法水泥熟料生产线在焚烧处理可燃性工业废物的同时产生水泥熟料，

属于符合可持续发展战略的新型环保技术。在继承传统焚烧炉的优点时，有机地将自身高温、循环等优势发挥出来。既能充分利用废物中的有机成分的热值实现节能，又能完全利用废物中的无机成分作为原料生产水泥熟料；既能使废弃物中的有机物在新型回转式焚烧炉的高温环境中完全焚毁，又能使废物中的重金属固化到熟料中。

四、水泥窑协同处置固体废物的类别

水泥窑之所以能够成为废物的处理方式，主要是因为废物能够为水泥生产所用，可以以二次原料和二次燃料的形式参与水泥熟料的煅烧过程，二次燃料通过燃烧放热把热量供给水泥煅烧过程，而燃烧残渣则作为原料通过煅烧时的固、液相反应进入熟料主要矿物，燃烧产生的废气和粉尘通过高效收尘设备净化后排入大气中，收集到的粉尘则循环利用，达到既生产了水泥熟料又处理了废弃物，同时减少环境负荷的良好效果。

水泥窑可以处理的废物包括：

（1）生活垃圾（包括废塑料、废橡胶、废纸、废轮胎等）；

（2）各种污泥（下水道污泥、造纸厂污泥、河道污泥、污水处理厂污泥等）；

（3）工业固体废物（粉煤灰、高炉矿渣、煤矸石、硅藻土、废石膏等）；

（4）危险废物；

（5）农业废物（秸秆、粪便）；

（6）动植物加工废物；

（7）受污染土壤；

（8）应急事件废物等固体废物。

第四章　水泥生产工艺

第一节　水泥起源与发展

一、水泥起源与发展概述

（一）胶凝材料

1. 胶凝材料定义

水泥起源于胶凝材料，是在胶凝材料的发展过程中逐渐演变和发明的。胶凝材料是指在物理、化学作用下，能从浆体变成坚硬的石状体，并能胶结其他物料而具有一定机械强度的物质，又称胶结料。胶凝材料分为无机胶凝材料和有机胶凝材料两大类，如沥青和各种树脂属于有机胶凝材料。无机胶凝材料按照硬化条件又可分为水硬性胶凝材料和非水硬性胶凝材料两种。水硬性胶凝材料在拌水后既能在空气中硬化，又能在水中硬化，通常称为水泥，如硅酸盐水泥、铝酸盐水泥等。非水硬性胶凝材料只能在空气中硬化，故又称气硬性胶凝材料，如石灰、石膏等。

2. 胶凝材料的发展

胶凝材料的发展史很悠久，可以追溯到人类的史前时期。它先后经历了天然的黏土、石膏-石灰、石灰-火山灰、天然水泥、硅酸盐水泥、多品种水泥等各个阶段。

远在新石器时代，距今 4000～10000 年前，由于石器工具的进步，劳动生产力的提高，人类为了生存开始在地面挖穴建造居住的屋室。当时的人们利用黏土和水后具有一定的可塑性，而且水分散失后具有一定强度的胶凝特性，来砌筑简单的建筑物，有时还在黏土浆中掺入稻草、稻壳等植物纤维，以起到加筋和提高强度的目的。黏土是最原始的、天然的胶凝材料。但未经煅烧的黏土不抗水且强度低。这个时期称为天然黏土时期。

随着火的发现，在公元前 2000—3000 年，石膏、石灰及石灰石开始被人类利用。人们利用石灰岩和石膏岩在火中煅烧脱水、在雨中胶结产生胶凝特性，开始用经过煅烧所得的石膏或石灰来调制砌筑砂浆。这个阶段可称为石膏-石灰时期。

随着生产的发展，在公元初，古希腊人和古罗马人都发现，在石灰中掺加某些火山灰沉积物，不仅强度提高，而且具有一定的抗水性。在中国古代建筑中所大量应用的石灰、黄土、细砂组成的三合土实际上也是一种石灰-火山灰材料。随着陶瓷生产的需要，人们发现将碎砖、废陶器等磨细后代替天然的火山灰与石灰混合，同样能制成具有水硬性的胶凝材料，从而将火山灰质材料由天然发展到人工制造，将煅烧过的黏土与石灰混合可以获得具有一定抗水性的胶凝材料。这个阶段可称为石灰-火山灰时期。

随着港口建设的需要，在18世纪下半叶，英国人J. Smetetonf发现掺有黏土的石灰石经过煅烧后获得的石灰具有水硬性。他第一次发现了黏土的作用，制成了"水硬性石灰"。例如，英国伦敦港口的灯塔建设，就是用水硬性石灰作为建筑材料。随后又出现的罗马水泥，都是将含有适量黏土的黏土质石灰石经过煅烧而成。在此基础上，发展到用天然水泥岩（黏土含量为20%～25%的石灰石）煅烧、磨细而制成天然水泥。这个阶段可称为天然水泥时期。

（二）水泥的发明

在19世纪初期（1810—1825年），人们开始组织生产以人工配合的石灰石和黏土为原料，再经过煅烧，磨细的水硬性胶凝材料。1824年，英国人J. Aspdin将石灰石和黏土配合烧制成块，再经磨细成水硬性胶凝材料，加水拌和后能硬化成人工石块，且具有较高强度，因为这种胶凝材料的外观颜色与当时建筑工地上常用的英国波特兰岛上出产的岩石颜色相似，所以称为"波特兰水泥（Portland Cement，中国称为硅酸盐水泥）"。J. Aspdin于1824年10月首先取得了该项产品的专利权。例如，1825—1843年修建的泰晤士河隧道工程就大量使用波特兰水泥。这个阶段可称为硅酸盐水泥时期，也可称为水泥的发明期。

随着现代工业的发展，到20世纪初，仅仅有硅酸盐水泥、石灰、石膏等几种胶凝材料已经远远不能满足重要工程建设的需要。生产和发展多品种、多用途的水泥是市场的客观需求，如铝酸盐水泥、快硬水泥、抗硫酸盐水泥、低热水泥以及油井水泥等。后来，又陆续出现了硫铝酸盐水泥、氟铝酸盐水泥、铁铝酸盐水泥等特种水泥品种，从而使水硬性胶凝材料发展成更多类别。多品种、多用途水泥的大规模生产，形成了现代水泥工业。这个阶段可称为多品种水泥阶段。

由此可见，胶凝材料的发展经历了天然黏土、石膏-石灰、石灰-火山灰、天然水泥、多品种水泥等各个阶段。随着科学技术的进步和社会生产力的提高，胶凝材料将有更快的发展，以满足日益增长的各种工程建设和人们物质生活的需要。

（三）水泥的定义和分类

水泥是指磨细成粉状、加入一定量的水后成为塑性浆体，既能在水中硬化，又能在空气中硬化，能把砂、石等颗粒或纤维材料牢固地胶结在一起，具有一定强度的水硬性无机胶凝材料。英文为cement，由拉丁文caementum发展而来。

1. 水泥按用途及性能分类

（1）通用水泥：一般土木建筑工程通常采用的水泥。通用水泥主要是指：《通用硅酸盐水泥》（GB 175—2007）规定的六大类水泥，即硅酸盐水泥、普通硅酸盐水泥、矿渣硅酸盐水泥、火山灰质硅酸盐水泥、粉煤灰硅酸盐水泥和复合硅酸盐水泥。

（2）专用水泥：专门用途的水泥。例如，G级油井水泥、道路硅酸盐水泥。

（3）特性水泥：某种性能比较突出的水泥。例如，快硬硅酸盐水泥、低热矿渣硅酸盐水泥、膨胀硫铝酸盐水泥、磷铝酸盐水泥和磷酸盐水泥。

2. 水泥按其主要水硬性物质名称分类

（1）硅酸盐水泥，即国外通称的波特兰水泥；又分为：

Ⅰ型硅酸盐水泥：不掺加任何掺合料的纯熟料水泥，代号为P·Ⅰ。

Ⅱ型硅酸盐水泥：由纯熟料掺入5％的石灰石或粒化高炉矿渣的水泥，代号为P·Ⅱ。

普通硅酸盐水泥：由纯熟料、6％～15％的掺合料、适量石膏磨制的水泥，代号为P·O。

（2）铝酸盐水泥。

（3）硫铝酸盐水泥。

（4）铁铝酸盐水泥。

（5）氟铝酸盐水泥。

（6）磷酸盐水泥。

（7）以火山灰或潜在水硬性材料及其他活性材料为主要组分的水泥。例如：

矿渣水泥：由水泥熟料、20％～70％粒化高炉矿渣、适量石膏磨制的水泥，代号为P·S。允许用石灰石或其他活性掺合料代替一部分矿渣，替代后水泥中的粒化高炉矿渣不得少于20％。

火山灰质水泥：由水泥熟料、20％～50％火山灰质掺合料、适量石膏磨制的水泥，代号为P·P。

粉煤灰水泥：由水泥熟料、20％～40％的粉煤灰、适量石膏磨制的水泥，代号为P·F。

3. 水泥按主要技术特性分类

（1）快硬性（水硬性）：分为快硬和特快硬两类；

（2）水化热：分为中热和低热两类；

（3）抗硫酸盐性：分中抗硫酸盐腐蚀和高抗硫酸盐腐蚀两类；

（4）膨胀性：分为膨胀和自应力两类；

（5）耐高温性：铝酸盐水泥的耐高温性以水泥中氧化铝含量分级。

（四）水泥的命名

水泥的命名按不同类别分别以水泥的主要水硬性矿物、混合材料、用途和主要特性进行，并力求简明准确，名称过长时，允许有简称。

通用水泥以水泥的主要水硬性矿物名称冠以混合材料名称或其他适当名称命名。

专用水泥以其专门用途命名，并可冠以不同型号。

特性水泥以水泥的主要水硬性矿物名称冠以水泥的主要特性命名，并可冠以不同型号或混合材料名称。

以火山灰性或潜在水硬性材料以及其他活性材料为主要组分的水泥是以主要组成成分的名称冠以活性材料的名称进行命名的，也可再冠以特性名称，如石膏矿渣水泥、石灰火山灰质水泥等。

几种水泥的命名举例如下：

（1）水泥：加水拌和成塑性浆体，能胶结砂、石等材料既能在空气中硬化又能在水中硬化的粉末状水硬性胶凝材料。

（2）硅酸盐水泥：由硅酸盐水泥熟料、0％～5％石灰石或粒化高炉矿渣、适量石膏磨细制成的水硬性胶凝材料，称为硅酸盐水泥，分 P·Ⅰ和 P·Ⅱ，即国外通称的波特兰水泥。

（3）普通硅酸盐水泥：由硅酸盐水泥熟料、6％～15％混合材料，适量石膏磨细制成的水硬性胶凝材料，称为普通硅酸盐水泥（简称普通水泥），代号：P·O。

（4）矿渣硅酸盐水泥：由硅酸盐水泥熟料、20％～70％粒化高炉矿渣和适量石膏磨细制成的水硬性胶凝材料，称为矿渣硅酸盐水泥，代号：P·S。

（5）火山灰质硅酸盐水泥：由硅酸盐水泥熟料、20％～50％火山灰质混合材料和适量石膏磨细制成的水硬性胶凝材料，称为火山灰质硅酸盐水泥，代号：P·P。

（6）粉煤灰硅酸盐水泥：由硅酸盐水泥熟料、20％～40％粉煤灰和适量石膏磨细制成的水硬性胶凝材料，称为粉煤灰硅酸盐水泥，代号：P·F。

（7）复合硅酸盐水泥：由硅酸盐水泥熟料、20％～50％两种或两种以上规定的混合材料和适量石膏磨细制成的水硬性胶凝材料，称为复合硅酸盐水泥（简称复合水泥），代号：P·C。

（8）中热硅酸盐水泥：以适当成分的硅酸盐水泥熟料、加入适量石膏磨细制成的具有中等水化热的水硬性胶凝材料。

（9）低热矿渣硅酸盐水泥：以适当成分的硅酸盐水泥熟料、加入适量石膏磨细制成的具有低水化热的水硬性胶凝材料。

（10）快硬硅酸盐水泥：由硅酸盐水泥熟料加入适量石膏，磨细制成早强度高的以3天抗压强度表示强度等级的水泥。

（11）抗硫酸盐硅酸盐水泥：由硅酸盐水泥熟料，加入适量石膏磨细制成的抗硫酸盐腐蚀性能良好的水泥。

（12）白色硅酸盐水泥：由氧化铁含量少的硅酸盐水泥熟料加入适量石膏，磨细制成的白色水泥。

（13）道路硅酸盐水泥：由道路硅酸盐水泥熟料，0％～10％活性混合材料和适量石膏磨细制成的水硬性胶凝材料，称为道路硅酸盐水泥（简称道路水泥）。

（14）砌筑水泥：由活性混合材料，加入适量硅酸盐水泥熟料和石膏，磨细制成主要用于砌筑砂浆的低强度等级水泥。

（15）油井水泥：由适当矿物组成的硅酸盐水泥熟料、适量石膏和混合材料等磨细制成的适用于一定井温条件下油、气井固井工程用的水泥。

（16）石膏矿渣水泥：以粒化高炉矿渣为主要组分材料，加入适量石膏、硅酸盐水泥熟料或石灰磨细制成的水泥。

二、水泥工业的发展概况

自从波特兰水泥诞生、形成水泥工业性产品批量生产并实际应用以来，水泥工业的发展历经多次变革，工艺和设备不断改进，品种和产量不断扩大，质量和管理水平不断提高。

（一）世界水泥的发展概况

第一次产业革命，催生了硅酸盐水泥的问世。第二次产业革命的兴起，推动了水泥生产设备的更新。世界水泥生产的发展历史节点如下：

（1）1756年，英国工程师 J.斯米顿在研究某些石灰在水中硬化的特性时发现：要获得水硬性石灰，必须采用含有黏土的石灰石来烧制；用于水下建筑的砌筑砂浆，最理想的成分是由水硬性石灰和火山灰配成。这个重要的发现为近代水泥的研制和发展奠定了理论基础。

（2）1796年，英国人 J.帕克用泥灰岩烧制出了一种水泥，外观呈棕色，很像古罗马时代的石灰和火山灰混合物，命名为罗马水泥。因为它是采用天然泥灰岩作原料，不经配料直接烧制而成的，故又名天然水泥。其具有良好的水硬性和快凝特性，特别适用于与水接触的工程。

（3）1813年，法国土木技师毕加发现了石灰和黏土按 3：1 混合制成的水泥性能最好。

（4）1824年，英国建筑工人约瑟夫·阿斯谱丁（Joseph Aspdin）发明了水泥并取得了波特兰水泥的专利权。他用石灰石和黏土为原料，按一定比例配合后，在类似于烧石灰的立窑内煅烧成熟料，再经磨细制成水泥。因水泥硬化后的颜色与英格兰岛上波特兰地方用于建筑的石头相似，被命名为波特兰水泥。它具有优良的建筑性能，在水泥史上具有划时代意义。

（5）1825年，人类用间歇式的土窑烧成水泥熟料。

（6）1871年，日本开始建造水泥厂。

（7）1877年，英国的克兰普顿发明了回转炉，取得了回转窑烧制水泥熟料的专利权。并于1885年经兰萨姆改革成更好的回转炉。

（8）1893年，日本远藤秀行和内海三贞二人发明了不怕海水的硅酸盐水泥。

（9）1905年，发明了湿法回转窑。

（10）1907年，法国比埃利用铝矿石的铁矾土代替黏土，混合石灰岩烧制成了水泥。由于这种水泥含有大量的氧化铝，因此称之为"矾土水泥"。

（11）1910 年，立窑实现了机械化连续生产，发明了机立窑。

（12）1928 年，德国人发明了立波尔窑，使窑的产量明显提高，热耗降低。

（13）1950 年，悬浮预热器的发明，更使熟料热耗大幅度降低，熟料冷却设备也有了较大发展，其他的水泥制造设备也不断更新换代。该年全世界水泥总产量为 1.3 亿 t。

20 世纪，人们在不断改进波特兰水泥性能的同时，研制成功了一批适用于特殊建筑工程的水泥，如高铝水泥、特种水泥等。全世界的水泥品种已发展到 100 多种。

（14）1971 年，日本将德国的悬浮预热器技术引进之后，开发了水泥窑外分解技术，从而带来了水泥生产技术的重大突破，掀开了现代水泥工业的新篇章。各具特色的预分解窑相继发明，形成了新型干法水泥生产技术。

随着原料预均化、生料均化、高功能破碎与粉磨和 X 射线荧光分析等在线检测方法的发展，以及计算机及自动控制技术的广泛应用，新型干法水泥生产的质量明显提高，在节能降耗方面取得了突破性的进展，生产规模不断扩大，熟料质量明显提高，体现出新型干法水泥工艺独特的优越性。

20 世纪 70 年代中叶，水泥厂的矿山开采、原料破碎、生料制备、熟料煅烧、水泥制备以及包装等生产环节均实现了自动控制。新型干法水泥窑开始逐步取代湿法、普通干法和机立窑等生产设备和水泥生产工艺。

1980 年，全世界水泥产量为 8.7 亿 t；2000 年，全世界水泥产量为 16 亿 t；2007 年水泥年产量约 20 亿 t。

（二）世界水泥工业现状

2007—2017 年全球水泥产量走势如图 4-1 所示。

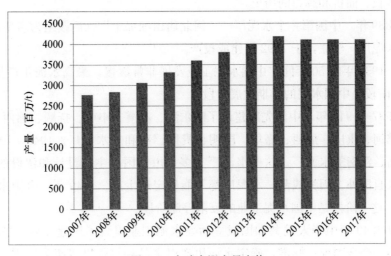

图 4-1　全球水泥产量走势

根据相关资料显示，2017 年，全球有 159 个国家和地区生产水泥，或在综合水泥厂或在粉磨站。2017 年，全球（除中国）水泥总产能为 24.9 亿 t，这 159 个国家中有

141 个国家拥有熟料工厂，有 18 个国家只有粉磨站，需要进口熟料进行水泥生产。全球（除中国外）总计拥有 671 家企业在从事水泥生产加工工作，其中，综合水泥工厂有 1523 座，粉磨站有 564 家。全球（除中国外）产量位于前三甲的水泥集团分别是法国瑞士的拉法基-豪瑞（LH）、德国的海德堡（HC）和墨西哥的西麦克斯（Cemex）。

当前世界上水泥产量最大的 10 个国家如图 4-2 所示。该排名统计截至 2017 年 11 月，包含了所有已建成的综合水泥厂和粉磨站，那些还在建设或者拟建的工厂产能暂未统计在内。

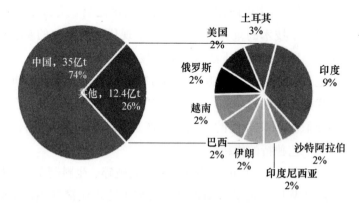

图 4-2　当前世界上水泥产量最大的 10 个国家

（三）中国水泥的发展概况

中国水泥工业自 1889 年开始建立水泥厂，迄今已有 100 多年的历史。水泥工业先后经历了初期创建、早期发展、衰落停滞、快速发展及结构调整等阶段，展现了中国水泥工业漫长、曲折和辉煌的历史。

（1）1889 年，中国第一个水泥厂——河北唐山细绵土厂（后改组为启新洋灰公司，现为启新水泥厂）建立，于 1892 年建成投产。

1889—1937 年的 50 年间，中国水泥工业发展非常缓慢，最高水泥年产量仅为 114 万 t。这一阶段是中国水泥的早期发展阶段。

（2）1937—1945 年，中国先后建设了哈尔滨、本溪、小屯、抚顺、锦西、牡丹江、工源、琉璃河、重庆、辰西、嘉华、昆明、贵阳、泰和等水泥厂。1946—1949 年，又建设了华新、江南等水泥厂。这些水泥厂大多是由外国人主持设计和建设的，生产设备也主要来自国外。因为战乱，水泥厂都不能稳定地生产。1949 年，全国水泥总产量为 66 万 t。这一阶段是中国水泥工业的衰落停滞阶段。

（3）自 1949 年中华人民共和国成立后，水泥工业得到了迅速发展。中国在 1952 年制定了第一个全国统一标准，确定水泥生产以多品种多强度等级为原则，并将波特兰水泥按其所含的主要矿物组成改称为矽酸盐水泥，后又改称为硅酸盐水泥至今。二十世纪五六十年代，中国开始研制湿法回转窑和半干法立波尔窑成套设备，并进行预热器窑的试验，使中国水泥生产技术和生产设备取得了较大进步。其间，先后新建、扩建了30多个重点大中型湿法回转窑和半干法立波尔窑生产企业，同期还建设了一批立窑水泥企业。在七八十年代，中国自行研制的日产700t、1000t、1200t、2000t熟料的预分解窑生产线分别在新疆、江苏、上海、辽宁和江西建成投产。到20世纪80年代末，中国新型干法水泥生产能力已占大中型水泥厂生产能力的1/4。自改革开放以来，中国水泥生产年产量平均增长12％以上，1985年，中国水泥产量跃居世界第一并保持至今。2000年，中国水泥总产量达5.5亿t。

（四）中国水泥工业现状

多年以来，中国一直是世界上水泥产能最大的国家。2017年，中国的水泥产能仍然是世界排名第一。根据美国地质调查局（USGS）的数据显示，中国目前的水泥产能在25亿t左右，但是其他的一些来源则指出中国目前的水泥产能已经高达35亿t。虽然中国水泥产能巨大，但是中国水泥市场仍然主要由一些大型的本土水泥生产企业所掌控，国外跨国水泥企业对中国水泥市场的影响非常有限。

根据中国发展改革委的数据显示，2017年前8个月中国总计生产水泥15亿t，较2016年同期下降0.5％，而2016年前8个月的水泥产量较2015年则同比增长2.5％。如果根据2016年生产水泥24亿t的产量进行推算，2017年中国全年的水泥产量预计在23.8亿t。

2017年3月，中国发展改革委的报告显示中国考虑削减全国水泥产能10％。中国国家规划机构在2017年3月6日宣布，国家正推进削减包括煤炭、钢铁和水泥在内的一些行业的产能。水泥计划削减10％，但是政府尚未公布实现这一目标的具体方法和时间表。大规模的合并可能是方法之一，此外，大批量的小型生产商可能将被迫关闭。目前，中国一些省份已经拆除了大量的水泥厂，以使得其水泥产能恢复到更加适当的水平。

2017年，中国水泥熟料产能前十名如图4-3所示。

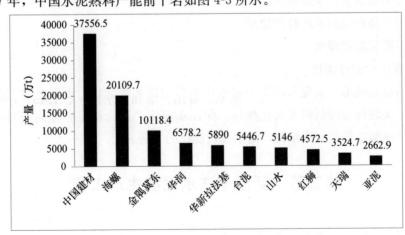

图4-3 2017年中国水泥熟料产能排名

三、水泥工业的发展趋势

现今，世界水泥工业的主体仍是新型干法水泥窑。未来发展的趋势如下：

1. 水泥生产线能力的大型化

20 世纪 70 年代，世界水泥生产线的建设规模为 1000～3000t/d；80 年代发展为 3000～5000t/d；在 90 年代达到 4000～10000t/d。目前，最大生产线为 12000t/d。

2. 矿山数字化

矿山数字化包括：矿山采场实时可视化监控；矿山地测采数字化；在线品位分析仪联网使用；矿山统一通信技术；采矿生产调度自动化；矿山能源管理自动化；矿山水、气、油、电消耗采集自动化；矿山生产、安全软件系统；矿山其他软件系统；矿山管控一体化平台等。

3. 水泥工业的生态化

从 20 世纪 70 年代开始，欧洲一些水泥公司就开始进行采用废弃物替代水泥生产所用的自然资源的研究。随着科学技术的发展和人们环保意识的增强，可持续发展的问题越来越得到重视。越来越多的水泥厂采用了不可燃废弃物代替混合材、可燃废弃物替代煤炭的技术，而且原材料的替代率也越来越高。例如，瑞士 HOLCIM 水泥公司使用可燃废弃物替代燃料已达 80％以上，法国 LAFARGE 水泥公司的燃料替代率达 50％以上；美国大部分水泥厂利用可燃废物替代煤炭；日本有 1/2 的水泥厂处理各种废弃物；欧洲的水泥公司每年都要焚烧处理 100 多万 t 有害废弃物。

为实现可持续发展，与生态环境和谐共存，世界水泥工业的发展动态如下：

(1) 最大限度地减少粉尘、SO_2、NO_x、CO_2 等污染物排放；

(2) 加强余热利用，最大限度减少水泥热耗及电耗，最大限度地节能降耗；

(3) 不断提高原燃料替代比率；

(4) 努力提高窑系统运转率；

(5) 实现高智能的生产自动控制；

(6) 不断提高管理水平。

4. 水泥生产的智能化

运用信息化技术，实现水泥生产过程中的自动化和智能化，创新各种工艺过程的专家系统，实现远程控制和无人化操作，保证水泥生产运行稳定，提高熟料品质，实现销售网络逐渐电子化、网络化，是水泥智能化的发展方向。

第二节　新型干法水泥窑生产工艺

一、新型干法水泥生产工艺概述

20 世纪 50～70 年代出现的悬浮预热和预分解技术（即新型干法水泥技术）大大提

高了水泥窑的热效率和单机生产能力，以其技术先进性、设备可靠性、生产适应性和工艺性能优良等特点，促进水泥工业向大型化进一步发展，也是实现水泥工业现代化的必经之路。

新型干法水泥生产技术是指以悬浮预热和窑外预分解技术为核心，把现代科学技术和工业生产的最新成果广泛地应用于水泥生产的全过程，形成一套具有现代高科技特征和符合优质、高产、节能、环保以及大型化、自动化的现代水泥生产方法。

新型干法水泥生产的工艺过程按主要生产环节论述为：矿山采运（自备矿山时，包括矿山开采、破碎、均化）、生料制备（包括物料破碎、原料预均化、原料的配比、生料的粉磨和均化等）、熟料煅烧（包括煤粉制备、熟料煅烧和冷却等）、水泥的粉磨（包括粉磨站）与水泥包装（包括散装）等。其中，生料制备是指石灰质原料、黏土质原料和少量的铁铝校正材料经破碎后，按一定比例配合、磨细并调配成成分合适、质量均匀的生料。生料在水泥窑内煅烧至部分熔融所得到的以硅酸钙为主要成分的硅酸盐水泥熟料。熟料加适量石膏或适量混合材、外加剂等共同磨细而成水泥，包装出厂或散装出厂。

由于生料制备的主要工序是生料粉磨，水泥制成及出厂的主要工序是水泥的粉磨，中间有个烧制的过程，因此，也可将水泥的生产过程即生料制备、熟料煅烧、水泥制成及出厂三个环节概括为"两磨一烧"。

新型干法水泥生产的工艺流程如图4-4所示。

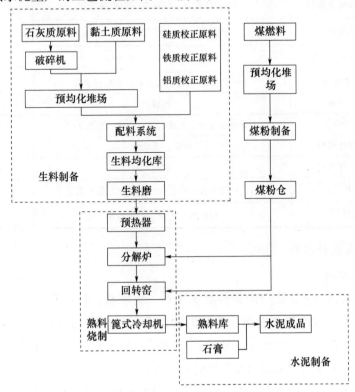

图4-4　新型干法水泥生产的工艺流程

二、新型干法水泥生产原料

（一）水泥生产原材料种类

生产硅酸盐水泥熟料的原材料分为主要原料和辅助材料。其主要原料有石灰质原料（主要提供 CaO）和黏土质原料（主要提供 SiO_2、Al_2O_3、Fe_2O_3）。此外，还需要补足某些成分不足的校正原料，称为辅助材料。辅助材料有校正材料、外加剂、燃料、缓凝剂和混合材料。在实际生产过程中，根据具体生产情况有时还需要加入一些其他材料，如加入矿化剂、助熔剂以改善生料的易烧性和液相性质等；加入助磨剂以提高磨机的粉磨效果等。在水泥的制成过程中，还需要在熟料中加入缓凝剂以调节水泥凝结时间，加入混合材共同粉磨以改善水泥性质和增加水泥产量。

通常，生产 1t 硅酸盐水泥熟料约消耗 1.6t 干原料，其中，干石灰质原料占 80% 左右，干黏土原料占 10%～15%。

生产水泥的各种原材料种类见表 4-1。

表 4-1　生产硅酸盐水泥的原材料种类

类别		名称	备注
主要原料	石灰质原料	石灰石、白垩、贝壳、泥灰岩、电石渣等	生产水泥熟料
	黏土质原料	黏土、黄土、页岩、千枚岩、河泥、粉煤灰等	
校正原料	铁质校正原料	硫铁矿渣、铁矿石、铜矿渣	生产水泥熟料
	硅质校正原料	河砂、砂岩、粉砂岩、硅藻土等	
	铝质校正原料	炉渣、煤矸石、铝矾土等	
外加剂	矿化剂	萤石、萤石-石膏、硫铁矿、金属尾矿等	生产水泥熟料
	晶种	熟料	生产水泥熟料
	助磨剂	亚硫酸盐纸浆废液、三乙醇胺、醋酸钠	生料、水泥粉磨
燃料	固体燃料	烟煤、无烟煤	为生产水泥熟料提供热源
	液体燃料	重油	
缓凝材料		石膏、硬石膏、磷石膏、工业副产品石膏等	制作水泥
混合材料		粒化高炉矿渣、石灰石等	制作水泥

（二）水泥生料原料

1. 石灰质原料

凡是以碳酸钙为主要成分的原料都属于石灰质原料。石灰质原料可以分为天然石灰质原料和人工石灰质原料两类。常见的天然石灰质原料有石灰石、泥灰岩、白垩、大理石、海生贝壳等。中国水泥工业生产中常用的是含有碳酸钙的天然石灰石，其次是泥灰岩，个别小水泥厂采用白垩和贝壳作为原料。

中国部分水泥厂所用的石灰石、泥灰岩、白垩等化学成分见表 4-2。

表 4-2 部分水泥厂石灰质原料化学成分 (%)

厂名	名称	烧失量	SiO$_2$	Al$_2$O$_3$	Fe$_2$O$_3$	CaO	MgO	Na$_2$O+K$_2$O	SO$_3$	Cl$^-$
冀东	石灰石	38.49	8.04	2.07	0.91	48.04	0.82	0.80	—	0.00057
宁国		41.30	3.99	1.03	0.47	51.91	1.17	0.13	0.27	0.003
江西		41.59	2.50	0.92	0.59	53.17	0.47	0.11	0.02	0.0038
新疆		42.23	3.01	0.28	0.20	52.98	0.50	0.09	0.13	0.006
双阳		42.48	3.03	0.32	0.16	54.20	0.36	0.06	0.02	—
华新		39.83	5.82	1.77	0.82	49.74	1.16	0.23		
贵州	泥灰岩	40.24	4.86	2.08	0.80	50.69	0.91	—		
北京		36.59	10.95	2.64	1.76	45.00	1.20	1.45	0.02	0.001
偃师白垩		36.37	12.22	3.26	1.40	45.84	0.81	—		
浩良河大理岩		42.20	2.70	0.53	0.27	51.23	2.44	0.13	0.10	0.004

（1）原料分类

① 石灰石

石灰质原料最广泛使用的就是石灰石。石灰石是由碳酸钙组成的化学与生物沉积岩，其主要矿物由方解石（CaCO$_3$）微粒组成，并常含有白云石（CaCO$_3$·MgCO$_3$）、石英（结晶 SiO$_2$）、燧石（主要成分是 SiO$_2$）、黏土质及铁质等杂质。由于所含杂质不同，按矿物组成又可将石灰石分为白云质石灰岩、硅质石灰岩、黏土质石灰岩等。它是一种具有微晶或潜晶结构的致密岩石，其矿床的结构多为层状、块状及条带状。

纯净的石灰石在理论上含有 56% 的 CaO 和 44% 的 CO$_2$。但实际上，自然界中的石灰石常因杂质的含量不同而呈灰青、灰白、灰黑、淡黄及红褐色等不同的颜色。石灰石一般呈块状，结构致密，性脆，含水率一般不大于 1.0%，但夹杂着较多黏土杂质的石灰石，其水分含量一般较高。

石灰质原料在水泥生产中的主要作用是提供 CaO，其次还提供 SiO$_2$、Al$_2$O$_3$、Fe$_2$O$_3$，并同时带入少许杂质，如 MgO、R$_2$O（Na$_2$O+K$_2$O）、SO$_3$ 等。

石灰石的主要有害成分为 MgO、R$_2$O（Na$_2$O+K$_2$O）和游离 SiO$_2$，尤其对 MgO 含量应给以足够的注意。

② 泥灰岩

泥灰岩是由碳酸钙和黏土物质同时沉积所形成的均匀混合的沉积岩，属于石灰岩向黏土过渡的中间类型岩石。其主要矿物也是方解石，常见的为粗晶粒状结构、块状结构。

泥灰岩因含有黏土量不同，其化学成分和性质也随着变化。如果泥灰岩中的 CaO 含量超过 45%，则称为高钙泥灰岩；若其 CaO 含量小于 43.5%，则称为低钙泥灰岩。

③ 白垩

白垩是海生生物外壳与贝壳堆积而成，富含生物遗骸，主要是由隐晶或无定形细粒疏松组成的石灰岩，其主要成分是碳酸钙，含量为 80%～90%，有的碳酸钙含量可达 90% 以上。

白垩一般呈黄白或乳白色，有的因风化或含有不同的杂质而呈淡灰、浅黄、浅褐色等。白垩质地松而软，便于采掘。

白垩多藏于石灰石地带，一般在黄土层下，土层较薄，有些产地离石灰岩很近。中国河南省生产白垩。

（2）石灰质原料质量要求

石灰质原料的一般质量指标要求见表 4-3。

表 4-3　石灰质原料的质量要求　　　　　　　　　（%）

成分	CaO	MgO	f-SiO_2	SO_3	Na_2O+K_2O
含量	≥48	≤3	≤4	≤1	≤0.6

（3）石灰质原料性能测试方法

石灰质原料的性能测试方法见表 4-4。

表 4-4　石灰质原料测试方法

测试指标	分析方法	参考标准
元素含量	化学分析方法	水泥化学分析方法（GB/T 176—2017）
分解温度	差热分析法	
矿物组成	X 射线衍射	
晶粒特性	透射电子显微镜	
杂质特性	电子探针	

2. 黏土质原料

黏土质原料的主要化学成分为 SiO_2，其次是 Al_2O_3、Fe_2O_3 和 CaO。在水泥生产中，它主要提供生产水泥熟料所需的酸性氧化物（SiO_2、Al_2O_3、Fe_2O_3）。

中国水泥工业采用的天然黏土质原料有黏土、黄土、页岩、泥岩、粉砂岩及河泥等。其中使用最多的是黏土和黄土。随着国民经济的发展以及水泥厂大型化的趋势，为保护耕地，不占农田，近年来多采用页岩、粉砂岩等作为黏土质原料。

（1）原料分类

① 黏土

黏土是多种细微的呈疏松状或胶状密实的含水铝硅酸盐矿物的混合体。黏土一般是由富含长石等铝硅酸盐矿物的岩石经漫长地质年代风化而形成的。它包括华北及西北地区的红土、东北地区的黑土与棕壤、南方地区的红壤与黄壤等。

纯黏土的组成近似于高岭石（$Al_2O_3 \cdot 2SiO_2 \cdot 2H_2O$），但由于形成和产地的差别，水泥生产采用的黏土常含有各种不同的矿物，不能用一个固定的化学式来表示。根据主导矿物的不同，可将黏土分为高岭石类、蒙脱石类、水云母类。不同类别的黏土矿物，其工艺性能的比较见表 4-5。

表 4-5 不同类别的黏土矿物的工艺性能

黏土类型	主导矿物	黏粒含量	可塑性	热稳定性	结构水脱水温度（℃）	分解至最高活性温度（℃）
高岭石类	$Al_2O_3 \cdot 2SiO_2 \cdot 2H_2O$	很高	好	良好	480～600	600～800
蒙脱石类	$Al_2O_3 \cdot 4SiO_2 \cdot nH_2O$	高	很好	优良	550～750	500～700
水云母类	水云母、伊利石等	低	差	差	550～650	400～700

黏土广泛分布于中国的华北、西北、东北及南方地区。黏土中常常含有石英砂、方解石、黄铁矿、碳酸镁、碱及有机物等杂质，且因所含杂质不同而颜色不同，多呈现黄色、棕色、红色、褐色等，其化学成分也相差较大，但主要含 SiO_2、Al_2O_3 以及少量的 Fe_2O_3、CaO、MgO、R_2O（Na_2O+K_2O）、SO_3 等。

② 黄土

黄土是没有层理的黏土与微粒矿物的天然混合物。成因以风积为主，也有成因于冲积、坡积、洪积和淤积的。

黄土的化学成分以 SiO_2 和 Al_2O_3 为主，其次含有 Fe_2O_3、CaO、MgO 以及 R_2O（Na_2O+K_2O）、SO_3 等。其中 R_2O 含量高达 $3.5\%～4.5\%$。黄土以黄褐色为主，其矿物组成较复杂，黏土矿物以伊利石为主，蒙脱石次之，非黏土矿物有石英、长石以及少量的白云母、方解石、石膏等矿物。由于黄土中含有细粒状、斑点状、薄膜状和结核状的碳酸钙，因此，一般黄土中的 CaO 含量达 $5\%～10\%$，碱含量主要由白云母、长石等带入。

③ 页岩

页岩是黏土经过长期胶结而成的黏土岩。一般形成于海相或陆相沉积，或形成于海相和陆相交互沉积。

页岩的主要成分是 SiO_2 和 Al_2O_3，还有少量的 Fe_2O_3 以及 R_2O 等，化学成分类似于黏土，可作为黏土使用，但其硅酸率较低，配料时通常需要掺加其他硅质校正原料。页岩的主要矿物是石英、长石、云母、方解石以及其他岩石碎屑。

页岩颜色不定，一般为灰黄色、灰绿色、黑色及紫色，结构致密坚实，层理发育通常呈页状或薄片状，含碱量 $2\%～4\%$。

④ 粉砂岩

粉砂岩是由直径为 $0.01～0.1mm$ 的粉砂经长期胶结变硬后的碎屑沉积岩。粉砂岩的主要矿物是石英、长石、黏土等，胶结物质有黏土质、硅质、铁质及碳酸盐质。颜色呈淡黄色、淡红色、淡棕色和紫红色等。硬度取决于胶结程度，一般疏松，但也有较坚硬的。粉砂岩的含碱量为 $2\%～4\%$。

⑤ 河泥类

河泥是由于江、河、湖、泊的水流流速分布不同，夹带的泥沙分级沉降产生的。其成分取决于河岸崩塌物和流域内地表流失土的成分。如果在固定的江河地段采掘，则其化学成分相对稳定，颗粒级配均匀。使用河泥类材料不仅不占用农田，而且有利于江河的疏通。

（2）黏土质原料品质要求

黏土质原料的一般质量要求见表4-6。

表4-6　黏土质原料的质量要求

品位	硅率（n）	铝率（p）	MgO	R_2O	SO_3
一等品	2.7～3.5	1.5～3.5	<3.0	<4.0	<2.0
二等品	2.0～2.7或3.5～4.0	不限	<3.0	<4.0	<2.0

为了便于配料又不掺硅质校正材料，要求黏土质原料硅率最好为2.7～3.1，铝率为1.5～3.0，此时黏土质原料中的氧化硅含量应为55%～72%。如果黏土硅率过高（>3.5），则可能是含粗砂粒（>ϕ0.1mm）过多的砂质土；如果硅率过小（<2.3～2.5），则是以高岭石为主导矿物的黏土，此时要求石灰质原料含有较高的SiO_2，否则就要添加难磨难烧的硅质校正原料。

所选黏土质原料尽量不含碎石、卵石，粗砂含量应<5.0%，这是因为粗砂为结晶状态的游离SiO_2，对粉磨不利，未磨细的结晶SiO_2会严重恶化生料的易烧性。若每增加1%的结晶SiO_2，在1400℃煅烧时熟料中的游离CaO将提高近0.5%。

当黏土质原料n＝2.0～2.7时，一般需掺加硅质原料来提高含硅量；当n＝3.5～4.0时，一般需要搭配一级品或含硅量低的二级品黏土质原料搭配使用，或掺加铝质校正原料。

（3）黏土质原料性能测试方法

黏土质原料的性能测试方法见表4-7。

表4-7　黏土质原料测试方法

测试指标	分析方法	行业标准
元素含量	化学分析方法	《水泥用硅质原料化学分析方法》（JC/T 874—2009）
分解温度	差热分析法	
矿物组成	X射线衍射	
晶粒特性	透射电子显微镜	
杂质特性	电子探针	

另外，对黏土质原料中的粗粒石英含量、晶粒大小和形态要予以足够的重视，因为当石英含量为70.5%、粒径超过0.5mm时，就会显著影响生料的易烧性。

3.校正原料

当石灰质原料和黏土质原料配合所得的生料成分不能符合配料方案要求时，必须根据所缺少的组分掺加相应的原料，这些以补充某些成分不足为主要目的的原料成为校正原料。

校正原料分为：铁质校正原料、硅质校正原料和铝质校正原料三种。

（1）校正原料类别

① 铁质校正原料

当氧化铁含量不足时，应掺加氧化铁含量大于 40％的铁质校正原料。常用的铁质校正原料有低品位的铁矿石、炼铁厂尾矿及硫酸厂工业废渣-硫铁渣等。硫铁矿渣的主要成分为 Fe_2O_3，其含量大于 50％，棕褐色粉末，含水率较高。

有的水泥厂采用铅矿渣、铜矿渣代替铁粉，不仅可以用作校正原料，而且其中所含的 FeO 还能降低烧成温度和液相黏度，起到矿化剂作用。

几种铁质校正原料的化学成分分析见表 4-8。

表 4-8　几种铁质校正原料的化学成分分析　　　　　　　　（％）

种类	烧失量	SiO_2	Al_2O_3	Fe_2O_3	CaO	MgO	FeO	CuO
低品位铁矿石	3.25	46.09	10.37	42.70	0.73	0.14	—	—
硫铁矿渣	3.18	26.45	4.45	60.30	2.34	2.22	—	—
铜矿渣	4.09	38.40	4.69	10.29	8.45	5.27	30.90	—
铅矿渣	3.10	30.56	6.94	12.93	24.20	0.60	27.30	0.13

② 硅质校正原料

当生料中 SiO_2 含量不足时，需要掺加硅质校正原料。常用的硅质校正原料有硅藻土、硅藻石、富含 SiO_2 的河砂、砂岩、粉砂岩等。但是，砂岩中的矿物主要是石英，其次是长石，结晶 SiO_2 对粉磨和煅烧都有不利影响，所以要尽可能少采用。河砂的石英结晶更为粗大，只有在无砂岩等矿源时才采用。最好采用风化砂岩或粉砂岩，其 SiO_2 含量不太低，但易于粉磨，对煅烧影响小。

几种硅质校正原料的化学成分分析见表 4-9。

表 4-9　几种硅质校正原料的化学成分分析　　　　　　　　（％）

种类	烧失量	SiO_2	Al_2O_3	Fe_2O_3	CaO	MgO	总计	SM
砂岩	8.46	62.92	12.74	5.22	4.34	1.35	95.03	3.50
砂岩	3.79	78.75	9.67	4.34	0.47	0.44	97.46	5.62
河砂	0.53	89.68	6.22	1.34	1.18	0.75	99.70	11.85
粉砂岩	5.63	67.28	12.33	5.14	2.80	2.33	95.51	3.85

③ 铝质校正原料

当生料中的 Al_2O_3 含量不足时，需要掺加铝质校正原料。常用的铝质校正原料有炉渣、煤矸石、铝矾土等。

几种铝质校正原料的化学成分分析见表 4-10。

表 4-10　几种铝质校正原料的化学成分分析　　　　　　　　（％）

种类	烧失量	SiO_2	Al_2O_3	Fe_2O_3	CaO	MgO	总计
铝矾土	22.11	39.78	35.36	0.93	1.60	—	99.78
煤渣灰	9.54	52.40	27.64	5.08	2.34	1.56	98.56
煤渣	12.98	55.68	29.32	7.54	5.02	0.93	98.49

（2）校正原料质量要求

校正原料的一般质量要求见表 4-11。

表 4-11　校正原料的一般质量要求

校正原料	硅率	SiO_2（%）	R_2O（%）
硅质	>4.0	70～90	<4.0
铝质		Al_2O_3>30（%）	
铁质		Fe_2O_3>40（%）	

（3）校正原料测试方法

校正原料的性能测试方法见表 4-12。

表 4-12　校正原料的性能测试方法

测试指标	行业标准
硅质	《水泥用硅质原料化学分析方法》（JC/T 874—2009）
铝质	—
铁质	《水泥用铁质原料化学分析方法》（JC/T 850—2009）

三、水泥生产燃料

水泥工业是消耗大量燃料的企业。燃料按其物理形态可分为固体燃料、液体燃料和气体燃料三种。中国水泥工业生产一般采用固体燃料，以煤为主。

1. 煤的分类

煤可分为无烟煤、烟煤和褐煤。

（1）无烟煤

无烟煤又称硬煤、白煤，是一种碳化程度高、干燥无灰基挥发分含量小于 10% 的煤。其收缩基低位热值一般为 5000～7000kcal/kg。

无烟煤结构致密坚硬，有金属光泽，密度较大，含碳量高，着火温度为 600～700℃，燃烧火焰短，是立窑煅烧熟料的主要燃料。

（2）烟煤

烟煤是一种碳化程度较高、干燥灰分基挥发分含量为 15%～40% 的煤。其收缩基低位热值一般为 5000～7500kcal/kg。

烟煤结构致密，较为坚硬，密度较大，着火温度为 400～500℃，燃烧火焰短，是回转窑煅烧熟料的主要燃料。

（3）褐煤

褐煤是一种碳化程度较浅的煤，有时可清楚地看出原来的木质痕迹。其挥发分含量较高，可燃基挥发分可达 40%～60%，灰分 20%～40%，热值为 450～2000kcal/kg。褐煤中自然水分含量大，性质不稳定，易风化或粉碎。

2. 煤的质量要求

水泥工业用煤的一般质量要求见表4-13。

表 4-13 水泥工业用煤的质量要求

窑型	灰分（%）	挥发分（%）	硫（%）	低位发热量（kcal/kg）
湿法窑	≤28	18～30	—	≥5200
立波尔窑	≤25	18～80	—	≥5500
机立窑	≤35	≤15	—	≥4500
预分解窑	≤28	22～32	≤3	≥5200

3. 煤的性能测试方法

煤的性能测试方法见表4-14。

表 4-14 煤的性能测试方法

测试指标	国家标准
水分	《煤的工业分析方法》（GB/T 212—2008）
灰分	
挥发分	
固定碳	

四、水泥生料制备工艺

生料制备是水泥原料加工处理的过程，它又包括了原料的破碎及预均化和生料的粉磨及预均化等步骤。从矿山开采得到的原料都是块度很大的石料，这种原料的硬度高，难以直接进行粉磨、烧制。破碎过程就是将大块原料尽可能地破碎成粒度小且均匀的物料，以减轻粉磨设备的负荷，提高磨机产量。原料经过破碎处理后，可以尽可能地减少因运输和贮存引起的不同粒度原料分离的现象，有利于下一步对原料的均化。原料预均化是提高水泥生料成分稳定、提高生产质量的工艺。均化堆料的方法有很多种，主要的几种方式有："人"字形堆料法、水平层堆料法、波浪形堆料法、横向倾斜层堆料法。然后根据不同的堆料方法采取端面取料、侧面取料或者底部取料。这样可以尽可能降低因开采、运输等因素导致的原料成分波动。原料经过破碎和均化后按比例进行混合，然后送入生料磨中进行粉磨。粉磨过程可以进一步降低物料粒度，当提供相同热量时，物料粒度越小的生料其反应速度越快，熟料烧结越容易。生料制备的最后一个步骤是预均化处理，这也是熟料制备工艺前能有效提高生料成分稳定性的操作。生料均化一般在生料均化库中进行，采用空气搅拌，在重力的作用下产生"漏斗效应"，促使生料在下落的过程中充分混合。

水泥生产用的原材料大多需要经过一定的预处理之后才能配料、计量及粉磨。预处理工艺包括破碎、烘干、原料预均化、输送及储存等。

1. 破碎

利用机械方法将大块物料变成小块物料的过程称为破碎。也有将产品粒度大于2～

5mm 的块料变成小块料的过程称为破碎。物料每经过一次破碎，则称为一个破碎段，每个破碎段破碎前后的粒度之比称为破碎比。

一般石灰石需要经过 2 次破碎之后才能达到入磨的粒度要求。黏土原料通常只需一段破碎。

担任破碎过程的设备是破碎机。水泥工业中常用的破碎机有颚式破碎机、锤式破碎机、反击式破碎机、圆锥式破碎机、反击-锤式破碎机、立轴锤式破碎机等。

水泥厂常用的破碎设备工艺特性见表 4-15。

表 4-15　水泥厂常用的破碎设备工艺特性

破碎机类型	破碎原理	破碎比	允许物料含水率（%）	适合破碎的物料
颚式、旋回式、颚旋式破碎机	挤压	3～6	<10	石灰石、熟料、石膏
细碎颚式破碎机	挤压	8～10	<10	石灰石、熟料、石膏
锤式破碎机	冲击	10～15	<10	石灰石、熟料、石膏、煤
反击式破碎机	冲击	10～40	<12	石灰石、熟料、石膏
立轴锤式破碎机	冲击	10～20	<12	石灰石、熟料、石膏、煤
冲击式破碎机	冲击	10～30	<10	石灰石、熟料、石膏
风选锤式破碎机	冲击、磨剥	50～200	<8	煤
高速粉煤机	冲击	50～180	8～13	煤
齿辊式破碎机	挤压、磨剥	3～15	<20	黏土
刀式黏土破碎机	挤压、冲击	8～12	<18	黏土

2. 烘干

烘干是指利用热能将物料中的水分汽化并排出的过程。

在水泥生产中，所用的原料、燃料、混合材料等所含的水分大多比生产工艺要求的水分高。当采用干法粉磨时，物料水分过高会降低磨机的粉磨效率甚至影响磨机生产，同时不利于粉状物料的输送、储存和均化。在原料的准备过程中，烘干的主要对象是原料和燃料。

（1）被烘干物料的水分要求

石灰石、黏土、铁粉以及煤的水分要求见表 4-16。

表 4-16　水泥原料的水分要求　　　　　　　　（%）

	石灰石	黏土	铁粉	煤
含水率	0.5～1.0	<1.5	<5.0	<3.0

（2）烘干工艺

烘干系统有两种：一种是单独烘干系统，即利用单独的烘干设备对物料进行烘干。其主要设备是回转式烘干机、流态烘干机、振动式烘干机、立式烘干窑等。其中以回转式烘干机应用最广。

在新建的水泥厂中，一般采用另一种烘干系统，即烘干兼粉磨的烘干磨。这样可以简化工艺流程，节省设备和投资，还可以减少管理人员，抑制扬尘产生，并可以充分利用干法窑和冷却机的废气余热。

3. 预均化

通过采用一定的工艺措施达到降低物料的化学波动振幅，使物料的化学成分均匀一致的过程称为均化。

水泥厂物料的均化包括原、燃料（煤）的预均化和生料、水泥的均化。

由于水泥生料是以天然矿物作原料配制而成的，随着矿山开采层位及开采地段的不同，原料成分波动在所难免；此外，为了充分利用矿山资源，延长矿山服务期，需要采用高低品位矿石搭配或由数个矿山的矿石搭配的方法。水泥生料化学成分的均齐性，不仅直接影响熟料质量，而且对水泥窑的产量、热耗、窑运转周期及窑的耐火材料消耗等均有较大影响，因此对入窑生料的均匀性有严格的要求；以煤为燃料的水泥厂，煤灰将大部分或全部掺入熟料中，并且煤热值的波动直接影响熟料的煅烧，因此煤质的波动对窑的热工制度和熟料的产、质量都有影响，生产中有必要考虑煤的均化措施；出厂水泥质量的稳定与否，直接关系用户土建工程质量和生命财产的安全，为确保出厂水泥质量的稳定，生产工艺中必须考虑水泥的均化措施。

实际上，水泥生产的整个过程就是一个不断均化的过程，每经过一个过程都会使原料或半成品进一步得到均化。就生料制备而言，原料矿山的搭配开采与搭配使用、原料的预均化、原料配合及粉磨过程的均化，生料的均化这四个环节相互组成一条与生料制备系统并存的生料均化系统——生料均化链。四个环节的均化效果见表 4-17。

表 4-17　生料均化链中各环节的均化效果　　　　　　　　　　（%）

	原料矿山的搭配开采与搭配使用	原料的预均化	原料配合及粉磨过程的均化	生料的均化
均化工作量	10～20	30～40	0～10	40

从表 4-17 中可以看出：在生料制备的均化链中，最重要的环节，也就是均化效果最好的环节，是第二和第四两个环节，这两个环节担负着生料均化链全部工作量的 80% 左右。因此，原料的预均化和生料的均化尤其重要。

原料经过破碎后，有一个储存、再存取的过程。如果在这个过程采用不同的储取方式，使储入时成分波动较大的原料，至取出时成为比较均匀的原料，这个过程称为预均化。

粉磨后的生料在储存过程中利用多库搭配、机械倒库和气力搅拌等方法，使生料成分趋于一致，这就是生料的均化。

原料预均化的基本原理就是在物料堆放时，由堆料机把进来的原料连续地按一定的方式堆成尽可能多的相互平行、上下重叠和相同厚度的料层。取料时，在垂直于料层的方向，尽可能同时切取所有料层，依次切取，直到取完，即"平铺直取"。

4. 储存

（1）物料的储存期

某物料的储存量能满足工厂生产需要的天数，称为该物料的储存期。合理的物料储存期应综合考虑外部运输条件、物料成分波动及质量要求、气候影响、设备检修等因素后确定。物料最低可用储存期及一般储存期可按照表 4-18 选用。

表 4-18　物料最低可用储存期及一般储存期

物料名称	最低可用储存期（d）	一般储存期（d）
石灰质原料	5～10	9～18
黏土质原料	10	13～20
校正原料	20	20～30
煤	10	22～30

（2）物料的储存设施

原燃料的储存设施一般为各种储库，也有预均化设施兼储存，还有露天堆场或堆棚等。

5. 水泥生料制备

（1）配料

① 配料原则

根据水泥品种、原燃料品质、工厂具体生产条件等选择合理的熟料矿物组成或率值，并由此计算所用原料及燃料的配合比，称为生料配料，简称配料。

配料计算是为了确定各种原燃料的消耗比例，改善物料易磨性和生料的易烧性，为窑磨创造良好的操作条件，达到优质、高产、低消耗的生产目的。合理的配料方案既是工厂设计的依据，又是正常生产的保证。

设计水泥厂时，根据原料资源情况，进行合理的配料，从而尽可能地充分利用矿山资源确定各原料的配比。计算全厂的物料平衡，作为全厂工艺设计主机选型的依据。

水泥生产过程中，配料是为了确定原料消耗比例改善物料易磨性和生料的易烧性，为窑磨创造良好的操作条件，达到优质、高产、低消耗的生产目的。

配料的基本原则是：配制的生料易于粉磨和煅烧；烧出的熟料具有较高的强度和良好的物理化学性能；生产过程易于控制，便于生产操作管理，尽量简化工艺流程。并结合工厂生产条件，经济、合理地使用矿山资源。

② 配料计算

配料计算中的常用基准有三个：

A. 干燥基准：用干燥状态物料（不含物理水）作计算基准，简称干基。

如不考虑生产损失，则各种干原料之和＝干生料（白生料）。

B. 灼烧基准：生料经灼烧以后去掉烧失量之后，处于灼烧状态，以灼烧状态作计算基准称为灼烧基准。如不考虑生产损失，则灼烧生料＋煤灰（掺入熟料中的）＝熟料。

C. 湿基准：用含水物料作计算基准时称为湿基准，简称湿基。

③ 配料方案

决定配料方案的是熟料矿物组成或熟料的三率值。配料方案实际上就是选择对熟料三率值 KH（石灰饱和系数）、SM 或 n（硅率）、IM 或 p（铝率）。三率值的表达式及取值范围见表 4-19。

表 4-19　熟料三率值

名称	石灰饱和系数（KH）	硅率（SM 或 n）	铝率（IM 或 p）
表达式	$KH = \dfrac{CaO - 1.65Al_2O_3 - 0.35Fe_2O_3}{2.8SiO_2}$	$SM = \dfrac{SiO_2}{Al_2O_3 + Fe_2O_3}$	$IM = \dfrac{Al_2O_3}{Fe_2O_3}$
取值范围	0.87～0.96	1.7～2.7	0.9～1.9

④ 配料计算

生料配料的计算方法很多，有代数法、图解法、尝试误差法、矿物组成法等。随着计算机技术的发展，计算机配料已经取代了人工计算，使计算过程变得更简单，结果更准确。

生料配料计算中，应用较多的是尝试误差法中的递减试凑法。即从熟料化学成分中依次递减配合比的原料成分，试凑至符合要求为止，下面介绍该方法：

计算基准：100kg 熟料；

计算依据：原料的化学成分；煤灰的化学成分；煤的工业分析及发热量；热耗等。

计算步骤：

A. 列出原料、煤灰的化学成分，并处理成总量 Σ 为 100%。若 Σ＞100%，则按比例缩减使综合等于 100%；若 Σ＜100%，是由于某些物质没有被测定出来，此时可把小于 100% 的差值注明为"其他"项。

B. 列出煤的工业分析资料（收到基）及煤的发热量（收到基，低位）。

C. 列出各种原料入磨时的水分。

D. 确定熟料热耗，计算煤灰掺入量。

E. 选择熟料率值。

F. 根据熟料率值计算熟料化学成分。

G. 递减试凑求各原料配合比。

H. 计算熟料化学成分并校验熟料率值。

I. 将干燥原料配合比换算成湿原料配合比。

⑤ 自动配料控制

水泥厂大多采用生料成分配料控制系统自动调整原料配比。其系统框图如图 4-5 所示。

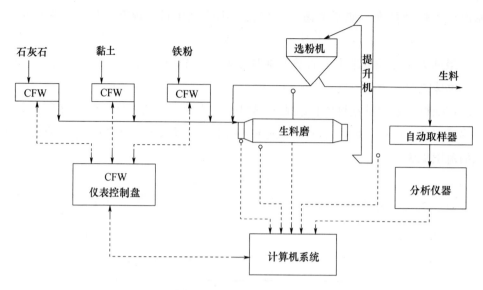

石灰石　　黏土　　铁粉　　　　选粉机　　　　　生料

CFW　　CFW　　CFW

提升机

生料磨　　　　自动取样器

CFW
仪表控制盘　　　　　　分析仪器

计算机系统

图 4-5　生料配料控制系统

（2）粉磨

生料粉磨是在外力作用下，通过冲击、挤压、研磨等克服物体变形时的应力与质点之间的内聚力，使块状物料变成细粉（<100μm）的过程。

水泥生产过程中，每生产 1t 硅酸盐水泥至少要粉磨 3t 物料（包括各种原料、燃料、熟料、混合料、石膏），据统计，干法水泥生产线粉磨作业需要消耗的动力约占全厂动力的 60%以上，其中生料粉磨占 30%以上，煤磨约占 3%，水泥粉磨约占 40%。因此，合理选择粉磨设备和工艺流程，优化工艺参数，正确操作，控制作业制度，对保证产品质量、降低能耗具有重大意义。

水泥厂大多采用生料的烘干兼粉磨系统，即在粉磨的过程中同时进行烘干。烘干兼粉磨系统中，应用较多的是球磨、立磨、辊压机等。烘干热源多采用悬浮预热器、预分解窑或篦式冷却机的废气，以节约能源。烘干兼粉磨的工艺流程如图 4-6 所示。

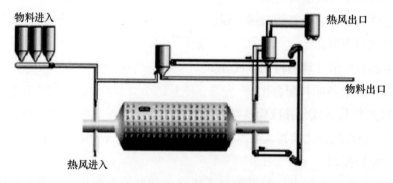

物料进入　　　　　　　　　　热风出口

物料出口

热风进入

图 4-6　生料烘干兼粉磨流程

（3）生料均化

粉磨好的生料进入生料均化库暂存。

新型干法水泥生产过程中，稳定入窑生料成分是稳定熟料烧成热工制度的前提，生料均化系统起着稳定入窑生料成分的最后一道把关作用。

均化原理：采用空气搅拌，重力作用，产生"漏斗效应"，使生料粉在向下卸落时，尽量切割多层料面，充分混合。利用不同的流化空气，使库内平行料面发生大小不同的流化膨胀作用，有的区域卸料，有的区域流化，从而使库内料面产生倾斜，进行径向混合均化。

生料均化技术是新型干法生产水泥的重要环节，是保证熟料质量的关键。近年来，国内外各种生料均化库不断改进，以求用最少的电耗获得尽可能大的均化效果。自20世纪50年代出现空气搅拌库以来，以扇形库为代表的间歇式空气搅拌库获得了普遍推广。为简化流程，避免二次提升，60年代初开始采用双层均化库。双层均化库上层为搅拌库，下层为储存库。双层库虽然均化效果高，但土建费用高，电耗大，且间歇均化对入窑生料可能产生不连续的阶梯偏差，不利于窑的操作。60年代末70年代初国外开始研究开发了多种连续式均化库，投产后效果很好，且操作简单，电耗大幅降低。加上采用原料预均化堆场和磨头自动配料系统，连续式均化库得到广泛应用。

（4）生料易烧性

配合形成生料的各种原料品位越高，成分波动越小，其中晶体含量越少，结晶越不完全，以及生料越均匀，则生料的易烧性必然会大大提高。生料易烧性好，烧成熟料所需的热量越少，熟料越易于烧成，其产量也越高，质量越好。因而，在选择原料时，应尽可能选择质量好、成分波动小、含结晶氧化物越少的原料。同时加强原料的预均化与生料的均化，降低生料的波动，提高其均匀性，就能有效提高煅烧效率，提高窑的产质量。

生料易烧性是指生料在窑内煅烧成熟料的相对难易程度。生产实践证明，生料易烧性不仅直接影响熟料质量和窑的运转率，还关系着燃料的消耗量。

影响易烧性的因素较多，目前定量评价主要有试验法和经验公式法。试验法按《水泥生料易烧性试验方法》（GB/T 26566—2011）进行。生料分别在1350℃、1400℃、1450℃不同温度下，经过30min煅烧，检测灼烧后物料f-CaO含量，f-CaO越多，易烧性越差；f-CaO越低，易烧性越好。试验法优点是结果准确，科学；缺点是过程繁杂，检测时间长，日常控制很难实施，但可以用于定期检测，掌握情况。

在日常控制中，常用经验公式，简单实用。其公式为：$K = [(3KH-2) n (p+1)] / (2p+10)$。其中$K$表示烧成指数，值越大，易烧性越差；$KH$、$n$、$p$依次为饱和比、硅酸率、铝氧率。分别用生料率值和熟料率值代入计算得到生料的烧成难度指数和熟料的烧成指数。两者结合考虑，通过控制生料成分来实现熟料烧成指数的控制目标。

五、熟料煅烧

(一) 熟料煅烧流程

传统的湿法、干法回转窑生产水泥熟料，生料的预热、分解和烧成过程均在窑内完成，回转窑作为烧成设备，能够满足煅烧温度和停留时间，但传热、传质效果不佳，不能适应需热量较大的预热和分解过程。新型干法水泥窑的悬浮预热和窑外分解技术从根本上改变了物料的预热和分解状态，使得物料不再堆积，而是悬浮在气流中，与气流的接触面积大幅度增加，因此传热速度快、效率高，大幅度提高了生产效率和热效率。

熟料烧制可分为四个过程：悬浮预热、窑外分解、窑内烧结和熟料冷却。常见的预热器是多级旋风预热器，在其中含热废气与生料发生热交换。生料从最上面的第一级旋风筒连接风管喂入，在高速上升气流的带动下，生料折转向上随气流运动，然后被送入旋风筒内。在气流和重力的作用下，物料贴着筒壁分散下落，最后进入下一级旋风筒的喂料管中，重复以上运动过程。经过五级旋风筒的预热，生料就可以被加热到 800℃ 左右，而含热废气则由约 1100℃ 降低到约 300℃。由于物料在旋风筒内处于悬浮分散状态，热交换过程可以很快发生。预热器的使用充分利用了窑尾产生废气，降低了熟料烧成的热耗。预热器最底部一级旋风筒和分解炉相连，物料通过管道进入分解炉，并在其中进行分解。生料与喷入分解炉的煤粉在炉内充分分散、混合和均布，炉内高温使得煤粉燃烧，迅速向物料传递热量。物料中的碳酸盐在高温的作用下，迅速吸热、分解，释放出二氧化碳。入窑前，物料的分解率可以达到 90% 以上，进一步减轻了窑内水泥锻烧的热负荷，提高了煤粉的利用率。物料进入回转窑后进一步分解，并随着窑的转动向前移动，窑内煤粉燃烧产生的热量使得物料发生一系列的化学反应，最后生成水泥熟料的主要成分硅酸三钙。随后熟料被送到篦式冷却机中，冷却机采用风冷的方式，冷却风从底部吹入对熟料进行冷却。同时，熟料在篦板的往复作用下逐渐向前移动。篦式冷却机可以对炽热的熟料起到骤冷作用，提高了熟料的强度，同时还有出料温度低、冷却能力大等优点。

预分解技术的出现是水泥煅烧工艺的一次技术飞跃。它是在预热器和回转窑之间增设分解炉和利用窑尾上升烟道，设燃料喷入装置，使燃料燃烧的放热过程与生料的碳酸盐分解的吸热过程，在分解炉内以悬浮态或流化态下迅速进行，使入窑生料的分解率提高到 90% 以上。将原来在回转窑内进行的碳酸盐分解任务，移到分解炉内进行；燃料大部分从分解炉内加入，少部分由窑头加入，减轻了窑内煅烧带的热负荷，延长了衬料寿命，有利于生产大型化；由于燃料与生料混合均匀，燃料燃烧热及时传递给物料，使燃烧、换热及碳酸盐分解过程得到优化。因而具有优质、高效、低耗等一系列优良性能及特点。

预分解窑的关键装备有旋风筒、换热管道、分解炉、回转窑、冷却机，简称筒-管-炉-窑-机。这五组关键装备五位一体，彼此关联，互相制约，形成了一个完整的熟料煅烧热工体系，分别承担着水泥熟料煅烧过程的预热、分解、烧成、冷却任务。

预分解窑系统的示意如图 4-7 所示。

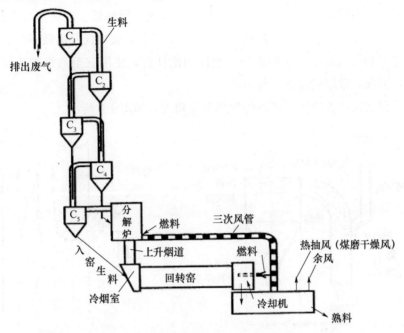

图 4-7　新型干法水泥窑煅烧系统示意图

（二）悬浮预热技术

悬浮预热技术，从根本上改变了物料预热过程的传热状态，将窑内物料堆积状态的预热和分解过程，分别移到悬浮预热器和分解炉内，在悬浮状态下进行。由于物料悬浮在热气流中，与气流的接触面积大幅度增加，因此，传热快，传热效率高。同时，生料粉与燃料在悬浮状态下均匀混合，燃料燃烧产生的热及时传给物料，使之迅速分解。所以，由于这种快速高效的传热传质工艺，大幅度提高了生产效率和热效率。

生料在预热器内要反复经过分散—悬浮—换热—气固分离四个过程。生料中的碳酸钙在入窑前，分解率得到较大幅度的提高（达到40％左右），大大减轻了窑的热负荷，从而提高窑的生产效率。

1. 结构

预热器的主要功能是充分利用回转窑和分解炉排出的废气余热加热生料，使生料预热及部分碳酸盐分解。为了最大限度提高气固间的换热效率，实现整个煅烧系统的优质、高产、低消耗，必须具备气固分散均匀、换热迅速和高效分离三个功能。

旋风预热器是由旋风筒和连接管道组成的热交换器，是主要的预热设备。换热管道是旋风预热器系统中的核心装备，它不但承担着上下两级旋风筒间的连接和气固流输送任务，同时还承担着物料分散、均匀分布、密闭锁风和换热任务，所以，换热管道上还配有下料管、撒料器、锁风阀等装备，它们与旋风筒一起组合成一个换热单元。

常用的悬浮预热器有旋风预热器，其上部为钢板卷制焊接而成的圆筒，下部为圆锥，故又简称旋风筒。

预热器主要由旋风筒、风管、下料溜管、锁风阀、撒料板、内筒挂片等部分组成。旋风筒的主要作用是气固分离，传热只占 6％～12.5％。旋风筒分离效率的高低，对系统的转热速率和传热效率有重要影响。根据理论计算，使用五至六级旋风筒，其传热效果最佳，因此，常用的是五级旋风筒。

旋风筒和连接管道组成预热器的换热单元功能，如图 4-8 所示。

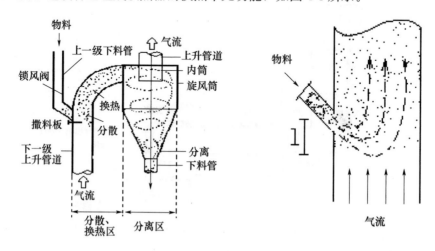

图 4-8　预热器单元结构

2. 作用

（1）物料分散

换热 80％在入口管道内进行的。喂入预热器管道中的生料，在与高速上升气流的冲击下，物料折转向上随气流运动，同时被分散。物料下落点到转向处的距离（悬浮距离）及物料被分散的程度取决于气流速度、物料性质、气固比、设备结构等。因此，为使物料在上升管道内均匀迅速地分散、悬浮，应注意下列问题：

选择合理的喂料位置，合理控制生料细度：为了充分利用上升管道的长度，延长物料与气体的热交换时间，喂料点应选择靠近进风管的起始端，即下一级旋风筒出风内筒的起始端。但加入的物料必须能够充分悬浮、不直接落入下一级预热器，即产生短路。

选择适当的管道风速：要保证物料能够悬浮于气流中，就必须要有足够的风速，一般要求料粉悬浮区的风速为 16～22m/s。为加强气流的冲击悬浮能力，可在悬浮区局部缩小管径或加插板（扬料板），使气体局部加速，增大气体动能。

保证喂料均匀：要保证喂料的均匀性，要求来料管的翻板阀（一般采用重锤阀）灵活、严密；来料多时，它能起到一定的阻滞缓冲作用；来料少时，它能起到密封作用，防止系统内部漏风。

旋风筒的结构：旋风筒的结构对物料的分散程度也有很大影响，如旋风筒的锥体角度、布置高度等对来料落差及来料均匀性有很大影响。

在喂料口加装撒料装置：早期设计的预热器下料管无撒料装置，物料分散差，热效率低，经常发生物料短路，热损失增加，热耗高。

（2）撒料板

为了提高物料分散效果，在预热器下料管口下部的适当位置设置撒料板，当物料喂入上升管道下冲时，首先撞击在撒料板上被冲散并折向，再由气流进一步冲散悬浮。

（3）锁风阀

锁风阀（又称翻板阀）的作用既保持下料均匀畅通，又起密封作用。它装在上级旋风筒下料管与下级旋风筒出口的换热管道入料口之间的适当部位。锁风阀必须结构合理，轻便灵活。

对锁风阀的结构要求：阀体及内部零件坚固、耐热，避免过热引起变形损坏；阀板摆动轻巧灵活，重锤易于调整，既要避免阀板开、闭动作过大，又要防止料流发生脉冲，做到下料均匀；阀体具有良好的气密性，阀板形状规整与管内壁接触严密，同时要杜绝任何连接法兰或轴承间隙的漏风；支撑阀板转轴的轴承（包括滚动、滑动轴承等）要密封良好，防止灰尘渗入；阀体便于检查、拆装，零件要易于更换。

（4）气固分离

当气流携带料粉进入旋风筒后，被迫在旋风筒筒体与内筒（排气管）之间的环状空间内做旋转流动，并且一边旋转一边向下运动，由筒体到锥体，一直可以延伸到锥体的端部，然后转而向上旋转上升，由排气管排出。

旋风筒的主要作用是气固分离。提高旋风筒的分离效率是减少生料粉内、外循环，降低热损失和加强气固热交换的重要条件。影响旋风筒分离效率的主要因素如下：

旋风筒的直径：在其他条件相同时，筒体直径小，分离效率高。

旋风筒进风口的形式及尺寸：气流应以切向进入旋风筒，减少涡流干扰；进风口宜采用矩形，进风口尺寸应使进口风速在 $16\sim22\mathrm{m/s}$ 之间，最好在 $18\sim20\mathrm{m/s}$ 之间。

内筒尺寸及插入深度：内筒直径小、插入深，分离效率高。

筒体高度：增加筒体高度，分离效率提高。

锁风阀密封性：旋风筒下料管锁风阀漏风，将引起分离出的物料二次飞扬，漏风越大，扬尘越严重，分离效率越低。

物料特性：物料颗粒大小、气固比（含尘浓度）及操作的稳定性等，都会影响分离效率。

（三）预分解技术

预分解技术的出现是水泥煅烧工艺的一次技术飞跃。它是在预热器和回转窑之间增设分解炉和利用窑尾上升烟道，设燃料喷入装置，使燃料燃烧的放热过程与生料的碳酸盐分解的吸热过程，在分解炉内以悬浮态或流化态下迅速进行，使入窑生料的分解率提高到 90% 以上。将原来在回转窑内进行的碳酸盐分解任务，移到分解炉内进行；燃料大部分从分解炉内加入，少部分由窑头加入，减轻了窑内煅烧带的热负荷，延长了衬料寿命，有利于生产大型化；由于燃料与生料混合均匀，燃料燃烧热及时传递给物料，使燃烧、换热及碳酸盐分解过程得到优化。因而具有优质、高效、低耗等一系列优良性能及特点。

1. 特点

预分解技术的特点如下：

（1）碳酸盐分解任务外移；

（2）燃料少部分由窑头加入，大部分从分解炉内加入，减轻了窑内煅烧带的热负荷，延长衬料寿命，缩小窑的规格并使生产大型化；

（3）燃料燃烧放热、悬浮态传热和物料的吸热分解三个过程紧密结合进行。

2. 分类

（1）按分解炉内气流的主要运动形式可分为旋流式（SF 型）、喷腾式（FLS 型）、悬浮式（prepol 型、pyroclon 型）及流化床式（MFC、N-MFC 型）。

分解炉内的气流运动，有四种基本形式：涡旋式、喷腾式、悬浮式及流化床式。在这四种形式的分解炉内，生料及燃料分别依靠"涡旋效应""喷腾效应""悬浮效应"和"流态化效应"分散于气流之中。由于物料之间在炉内流场中产生相对运动，从而达到高度分散、均匀混合和分布、迅速换热、延长物料在炉内的滞留时间，达到提高燃烧效率、换热效率和入窑物料碳酸盐分解率的目的。

（2）按分解炉与窑的连接方式大致分为三种类型：

① 同线型分解炉

这种类型的分解炉直接坐落在窑尾烟室之上。这种炉型实际是上升烟道的改良和扩展。它具有布置简单的优点，窑气经窑尾烟室直接进入分解炉，由于炉内气流量大，氧气含量低，要求分解发炉具有较大的炉容或较大的气、固滞留时间长。这种炉型布置简单、整齐、紧凑，出炉气体直接进入最下级旋风筒，因此它们可布置在同一平台，有利于降低建筑物高度。同时，采用鹅颈管结构增大炉区容，也有利于布置，不增加建筑物高度。

同线型分解炉如图 4-9 所示。

② 离线型分解炉

这种类型的分解炉自成体系。采用这种方式时，窑尾设有两列预热器，一列通过窑气，另一列通过炉气，窑列物料流至窑列最下级旋风筒后再进入分解炉，同炉列物料一起在炉内加热分解后，经炉列最下级旋风筒分离后进入窑内。同时，离线型窑一般设有两台主排风机，一台专门抽吸窑气，一台抽吸炉气，生产中两列工况可以单独调节。在特大型窑，则设置三列预热器，两个分解炉。

离线型分解炉如图 4-10 所示。

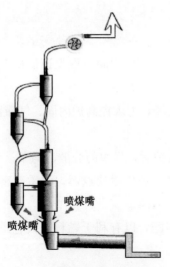

图 4-9　同线型分解炉示意图

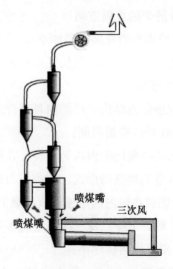

图 4-10　离线型分解炉示意图

③ 半离线型分解炉

这种类型的分解炉设于窑的一侧。这种布置方式中，分解炉内燃料在纯三次风中燃烧，炉气出炉后可以在窑尾上升烟道下部与窑气会合，也可在上升烟道上部与窑气会合，然后进入最下级旋风筒。这种方式工艺布置比较复杂，厂房较大，生产管理及操作也较为复杂。其优点在于燃料燃烧环境较好，在采用"两步到位"模式时，有利于利用窑气热焓，防止黏结堵塞。中国新研制的新型分解炉也有采用这种模式的。

半离线型分解炉示意如图 4-11 所示。

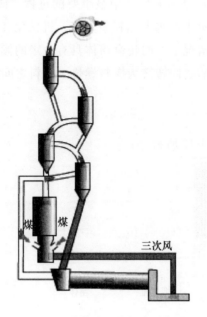

图 4-11　半离线型分解炉示意图

3. 分解炉的发展方向

分解炉未来的发展方向如下：

① 适当扩大炉容，延长气流在炉内的滞留时间，以空间换取保证低质燃料完全燃烧所需的时间；

② 改进炉的结构，使炉内具有合理的三维流场，力求提高炉内固、气滞留时间比，延长物料在炉内滞留时间；

③ 保证物料向炉内均匀喂料，并做到物料入炉后，尽快的分散、均布；

④ 改进燃烧器的形式、结构与布置，使燃料入炉后尽快点燃，注重改善中低质及低挥发分燃料在炉内的迅速点火起燃的环境；

⑤ 下料、下煤点及三次风之间布局的合理匹配，以有利于燃料起火、燃烧和碳酸盐分解，提高燃料燃尽率；

⑥ 降低窑炉内 NO_x 的生成量，并在出窑、入炉前制造还原气氛，促使 NO_x 还原，满足环保要求；

⑦ 优化分解炉在预分解窑系统中的部位、布置和流程，有利于分解炉功能的充分发挥，提高全系统功效；

⑧ 采取措施，促进替代燃料和可燃废弃物的利用。

（四）回转窑技术

生料在旋风预热器中完成预热和预分解后，下一道工序是进入回转窑中进行熟料的烧成。在回转窑中碳酸盐进一步迅速分解并发生一系列的固相反应，生成水泥熟料矿物。

水泥熟料的煅烧过程，是水泥生产中最重要的过程。该过程是在回转窑中进行，回转窑具有台时产量高、所生产水泥熟料质量好、机械化和自动化程度高等优点，被多数水泥厂所采用。一般情况下，回转窑筒体具有一定的倾斜角度，物料在其中会随着筒体转动而不断翻滚向前。回转窑为燃料燃烧、物料之间的化学反应提供了足够的空间和热反应环境。

1. 结构

回转窑结构示意如图 4-12 所示。

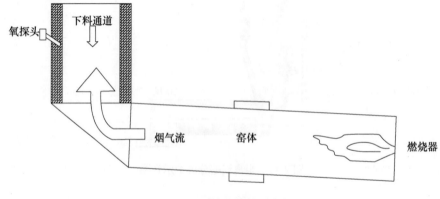

图 4-12　回转窑结构示意图

2. 作用

在预分解窑系统中，回转窑具有五大功能：

（1）燃料燃烧功能：作为燃料燃烧装置，回转窑具有广阔的空间和热力场，可以供应足够的空气，装设优良的燃烧装置，保证燃料充分燃烧，为熟料煅烧提供必要的热量。

（2）热交换功能：作为热交换装备，回转窑具有比较均匀的温度场，可以满足水泥窑熟料形成过程各个阶段的换热要求，特别是熟料矿物生成的要求。

（3）化学反应功能：作为化学反应器，随着水泥矿物熟料形成不同阶段的需求，既可以分阶段地满足不同矿物形成时对热量和温度的要求，又可以满足它们对时间的要求，是目前用于水泥熟料矿物最终形成的最佳装备。

（4）物料输送功能：作为输送装备，它具有更大的潜力，因为物料在回转窑断面内的填充率、窑斜度和转速都很低。

（5）降解利用废弃物功能：自20世纪以来，回转窑的优越环保功能迅速被挖掘，它所具有的高温、稳定热力场、碱性环境等已经成为降解各种有毒有害危险废弃物的最好装置。

3. 工艺带划分

硅酸盐水泥的主要成分包括 CaO、SiO_2、Al_2O_3 和 Fe_2O_3，在高温的条件下进行一系列的反应生成硅酸三钙（C_3S）、硅酸二钙（C_2S）、铝酸三钙（C_3A）、铁铝酸四钙（C_4AF）等矿物。回转窑内部空间按温度可以大致分为四个区域：分解带、过渡带、烧成带和冷却带。物料在进入时分解率达到90％左右，剩余没有分解的物料将在进入回转窑后逐渐分解。过渡带部分温度高达 $900\sim1150℃$，使得生料中的二氧化硅、三氧化二铁和三氧化二铝等氧化物发生固相反应。

4. 物料在窑内的工艺反应

物料在回转窑内分别发生分解反应、固相反应、烧结反应，叙述如下：

（1）分解反应：分解反应主要是在分解炉内完成。一般从4级预热器排出的物料，是分解率为85％～95％、温度为 $820\sim850℃$ 的细颗粒粉料，当它刚进入回转窑时，还能继续分解，但由于重力作用，物料沉积在窑的地步，形成堆积层，料层内部的分解反应停止，只有表层的料粉继续分解。

（2）固相反应：当粉料分解完成以后，料温进一步升高，开始发生固相反应。固相反应主要在回转窑内进行，最后生成硅酸三钙（C_3S）、硅酸二钙（C_2S）、铝酸三钙（C_3A）、铁铝酸四钙（C_4AF）等矿物。

固相反应是放热反应，放出的热量用来提高物料温度，使料温较快地升高到烧结温度。

（3）烧结反应：料温升高到 1300℃ 以上时，部分铝酸三钙（C_3A）和铁铝酸四钙（C_4AF）熔融为液相，此时硅酸二钙（C_2S）和游离 CaO 开始溶解于液相，并相互扩散，C_2S 吸收 CaO 生成硅酸三钙（C_3S），再结晶析出。随着温度的连续升高，液相量增多，液相黏度降低，C_2S 吸收 CaO 也加速进行。

（五）熟料冷却技术

水泥工业的回转窑诞生之初，并没有任何熟料冷却设备，热的熟料倾卸于露天堆场自然冷却。19 世纪末期出现了单筒冷却机；1930 年德国伯力休斯公司在发明了立波尔窑的基础上研制成功回转篦式冷却机；1937 年美国富勒公司开始生产第一台推动篦式冷却机。100 多年来，在国际水泥工业科技进步的大潮中，不断改进，更新换代，长足发展。目前，熟料冷却机在水泥工业生产过程中，已不再是当初仅仅为了冷却熟料的设备，而在当代预分解窑系统中与旋风筒、换热管道、分解炉、回转窑等密切结合，组成了一个完整的新型水泥熟料煅烧装置体系，成为一个不可缺少的具有多重功能的重要装备。

1. 作用

熟料冷却机的功能及其在预分解窑系统中的作用如下：

（1）作为一个工艺装备，它承担着对高温熟料的骤冷任务。骤冷可阻止熟料矿物晶体长大，特别是阻止 C_3S 晶体长大，有利于熟料强度及易磨性能的改善；同时，骤冷可使液相凝固成玻璃体，使 MgO 及 C_3A 大部分固定在玻璃体内，有利于熟料安定性的改善。

（2）作为热工装备，在对熟料骤冷的同时，承担着对入窑二次风及入炉三次风的加热升温任务。在预分解窑系统中，尽可能地使二、三次风加热到较高温度，不仅可有效地回收熟料中的热量，而且对燃料（特别是中低质燃料）预热、提高燃料燃尽率和保持全窑系统有一个优化的热力分布都有着重要作用。

（3）作为热回收装备，它承担着对出窑熟料携出的大量热焓的回收任务。一般来说，其回收的热量为 $1250 \sim 1650 kJ/kg \cdot cl$。这些热量以高温热随二、三次风进入窑、炉之内，有利于降低系统燃烧煤耗。否则，这些热量回收率差，必然增大系统燃料用量，同时也增大系统气流通过量，对于设备优化选型、生产效率和节能降耗都是不利的。

（4）作为熟料输送装备，它承担着对高温熟料的输送任务。对高温熟料进行冷却有利于熟料输送和贮存。

2. 原理

熟料冷却机原理示意如图 4-13 所示。

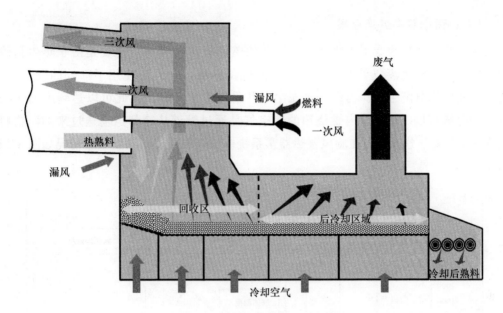

图 4-13 熟料冷却机原理示意图

熟料冷却机作业原理在于高效、快速地实现熟料与冷却空气之间的气固换热。熟料冷却机由单筒、多筒到篦式，以及篦式冷却机由回转式到推动式的第一、二、三、四代技术的发展，无论是气固之间的逆流、同流、错流换热，都是围绕提高气固换热系数，增大气固接触面积，增加气固换热温差等提高气固换热速率和效率方向进展的。同时，熟料冷却机设备结构及材质的改进，又不断提高设备运转率和节省能耗。

过去使用的多筒或单筒冷却机，由于冷却空气是由窑尾排风机经过回转窑及冷却机吸入，物料虽由扬板扬起，以增大气固换热面积。但是由于气固相对流动速度小，接触面积也小，同时逆流换热 Δt 值也小，因此换热效率低。

第三代篦冷机由于采用"阻力篦板"，相对减小了熟料料层阻力变化对熟料冷却的影响；采用"空气梁"，热端篦床实现了每块或每个小区篦板，根据篦上阻力变化，调整冷却风量；同时，采用高压风机鼓风，减少冷却空气量，增大气固相对速率及接触面积，从而使换热效率大为提高。此外，由于阻力篦板在结构、材质上的优化设计，提高了使用寿命和运转率。鉴于"阻力篦板"虽然解决了由于熟料料层分布不匀造成的诸多问题，但是由于其阻力大，动力消耗高，因此新一代篦冷机又向"控制流"方向发展。采用空气梁分块或分小区鼓风，根据篦上料层阻力自动调节冷却风压和风量，实现气固之间的高效、快速换热。同时，鉴于使用活动篦板推动熟料运动，造成篦板间及有关部位之间的磨损，新一代篦冷机也正在向棒式和悬摆式等固定床方向发展。

各种类型新型篦冷机技术的不断创新，不但使换热效率大幅度提高，减少了冷却风量，降低了出篦冷机熟料温度，实现了熟料的骤冷，而且使入窑二次风及入炉三次风温度进一步得到提高，优化了预分解窑全系统的生产。

（六）预分解窑温度分布

预分解水泥窑的专用燃烧室内，燃料的燃烧率高达65%，主要是由于热生料停留时间较长、窑尾废气处于旋风预热器的底部区域，并且还使用了额外的三次风。能源主要用来分解生料。当送入水泥窑，几乎完全被分解。因此可以达到远高于约90%的分解程度。分解炉内燃烧用的热空气是通过管道从冷却机输送过来的。物料约在870℃离开分解炉。在旋风预热器窑系统中气体和固体的温度分布情况如图4-14所示。

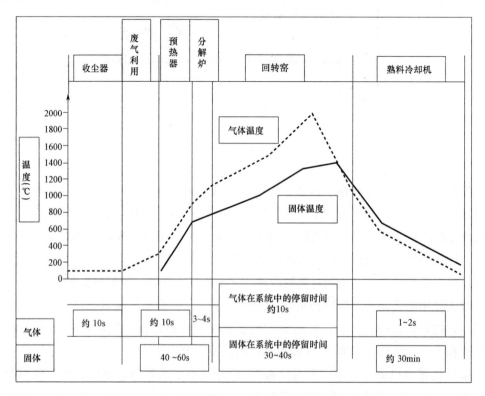

图4-14　旋风预热器窑系统中气体与固体的温度分布

（七）生料在煅烧过程中的理化变化

水泥生料经过连续升温，达到相应的高温时，其煅烧会发生一系列物理化学变化，最后形成熟料。硅酸盐水泥熟料主要由硅酸三钙（C_3S）、硅酸二钙（C_2S）、铝酸三钙（C_3A）、铁铝酸四钙（C_4AF）等矿物所组成。

水泥生料在加热煅烧过程中所发生的主要变化如下：

1. 自由水的蒸发

无论是干法生产还是湿法生产，入窑生料都带有一定量的自由水分，由于加热，物料温度逐渐升高，物料中的水分首先蒸发，物料逐渐被烘干，其温度逐渐上升，温度升到100～150℃时，生料自由水分全部被排除，这一过程也称为干燥过程。

2. 黏土脱水与分解

当生料烘干后，被继续加热，温度上升较快，当温度升到450℃时，黏土中的主要组成高岭土（$Al_2O_3 \cdot 2SiO_2 \cdot 2H_2O$）失去结构水，变为偏高岭石（$2SiO_2 \cdot Al_2O_3$）。

$$Al_2O_3 \cdot 2SiO_2 \cdot 2H_2O \longrightarrow Al_2O_3 + 2SiO_2 + 2H_2O$$

高岭土进行脱水分解反应时，在失去化学结合水的同时，本身结构也受到破坏，变成游离的无定形的三氧化二铝和二氧化硅。其具有较高的化学活性，为下一步与氧化钙反应创造了有利条件。在900~950℃，由无定形物质转变为晶体，同时放出热量。

3. 石灰石的分解

脱水后的物料，温度继续升至600℃以上时，生料中的碳酸盐开始分解，主要是石灰石中的碳酸钙和原料中夹杂的碳酸镁进行分解，并放出二氧化碳，其反应式如下：

$$600℃：MgCO_3 \longrightarrow MgO + CO_2$$

$$900℃：CaCO_3 \longrightarrow CaO + CO_2$$

试验表明：碳酸钙和碳酸镁的分解速度随着温度的升高而加快，在600~700℃时碳酸镁已开始分解，加热到750℃分解剧烈进行。碳酸钙分解温度较高，在900℃时才快速分解。

$CaCO_3$是生料中主要成分，分解时需要吸收大量的热量，熟料形成过程中消耗热量约占干法窑热耗的1/2，分解时间和分解率都将影响熟料的烧成，因此$CaCO_3$的分解是水泥熟料生产中重要的一环。

$CaCO_3$的分解还与颗粒粒径、气体中CO_2的含量等因素有关。石灰石的分解虽与温度相关，但石灰石颗粒粒径越小，则表面积总和越大，使传热面积增大，分解速度加快。因此，适当提高生料的粉磨细度有利于碳酸盐的分解。

碳酸钙的分解具有可逆的性质，如果让反应在密闭容器中的一定温度下进行，则随着$CaCO_3$的分解产生气体CO_2的总量的增加，其分解速度就要逐渐减慢甚至为零，因此在煅烧窑内或分解炉内加强通风，及时将CO_2气体排出则有利于$CaCO_3$的分解，其实窑系统内CO_2来自碳酸盐的分解和燃料的燃烧，废气中CO_2含量每减少2%，约可使分解时间缩短10%。当窑系统内通风不畅时，CO_2不能及时被排出，废气中CO_2含量的增加，会影响燃料燃烧使窑温降低的，废气中CO_2含量的增加和温度降低都要延长$CaCO_3$的分解时间。由此窑内通风对$CaCO_3$的分解起着重要的作用。

4. 固相反应

黏土和石灰石分解以后分别形成了CaO、MgO、SiO_2、Al_2O_3等氧化物，这时物料中便出现了性质活泼的游离氧化钙，它与生料中的二氧化硅、三氧化二铁和三氧化二铝等氧化物进行固相反应，其反应速度随温度升高而加快。

水泥熟料中各种矿物并不是经过一级固相反应就形成的，而是经过多级固相反应的结果，反应过程比较复杂，其形成过程大致如下：

$$800~900℃：CaO + Al_2O_3 \longrightarrow CaO \cdot Al_2O_3 \qquad\qquad (CA)$$

$$CaO+Fe_2O_3 \longrightarrow CaO \cdot Fe_2O_3 \qquad\qquad (CF)$$

$$800\sim1100℃:2CaO+SiO_2 \longrightarrow 2CaO \cdot SiO_2 \qquad\qquad (C_2S)$$

$$CaO \cdot Fe_2O_3+CaO \longrightarrow 2CaO \cdot Fe_2O_3 \qquad\qquad (C_2F)$$

$$7（CaO \cdot Al_2O_3）+5CaO \longrightarrow 12CaO \cdot 7Al_2O_3 \qquad\qquad (C_{12}A_7)$$

$$1100\sim1300℃：12CaO \cdot 7Al_2O_3+9CaO \longrightarrow 7（3CaO \cdot Al_2O_3） \qquad\qquad (C_3A)$$

$$7（CaO \cdot Fe_2O_3）+2CaO+12CaO \cdot 7Al_2O_3 \longrightarrow 7（4CaO \cdot Al_2O_3 \cdot Fe_2O_3）$$

$$(C_4AF)$$

应该指出，影响上述化学反应的因素很多，它与原料的性质，粉磨的细度及加热条件等因素有关。如生料磨得越细，混合得越均匀，就增加了各组分之间的接触面积，有利于固相反应的进行；又如，从原料的物理化学性质来看，黏土中的二氧化硅若是以结晶状态的石英砂存在，就很难与氧化钙反应，若是由高岭土脱水分解而来的无定形二氧化硅，没有一定晶格或晶格有缺陷，就易与氧化钙进行反应。

从以上化学反应的温度不难发现，这些反应温度都小于反应物和生成物的熔点（如CaO、SiO_2与$2CaO \cdot SiO_2$的熔点分别为2570℃、1713℃与2130℃），也就是说物料在以上这些反应过程中都没有熔融状态物出现，反应是在固体状态下进行的，但是以上反应（固相反应）在进行时放出一定的热量。因此，这些反应统称为"放热反应"。

5. 熟料的烧成

由于固相反应，生成了水泥熟料中C_4AF、C_3A、C_2S等矿物，但是水泥熟料的主要矿物C_3S要在液相中才能大量形成。当物料温度升高到近1300℃时，会出现液相，形成液相的主要矿物为C_3A、C_4AF、R_2O等熔剂矿物，但此时，大部分C_2S和CaO仍为固相，但它们很容易被高温的熔融液相所溶解，这种溶解于液相中的C_2S和CaO很容易起反应，而生成硅酸三钙。$2CaO \cdot SiO_2+CaO \rightarrow 3CaO \cdot SiO_2$（$C_3S$）。这个过程也称石灰吸收过程。

大量C_3S的生成是在液相出现之后，普通硅酸盐水泥组成一般在1300℃左右时就开始出现液相，而C_3S形成最快速度约在1350℃，在1450℃下C_3S绝大部分生成，所以熟料烧成温度可写成1350～1450℃。它是决定熟料质量好坏的关键，若此温度有保证则生成的C_3S较多，熟料质量较好；反之，生成C_3S较少，熟料质量较差，不仅如此，此温度还影响着C_3S的生成速度，随着温度的升高，C_3S生成的速度也就加快，在1450℃时，反应进行非常迅速，此温度称为熟料烧成的最高温度，所以水泥熟料的煅烧设备，必须能够使物料达到如此高的温度。否则，烧成的熟料质量受影响。

任何反应过程都需要有一定的时间，C_3S的形成也一样，它的形成不仅需要有温度的保证，而且需在该温度下停留的时间，使之能反应充分，在煅烧较均匀的回转窑内时间可短些。时间过长易使C_3S生成粗而圆的晶体，使其强度发挥慢而低，一般需要在高温下煅烧20～30min。

6. 熟料的冷却

当熟料烧成后，温度开始下降，同时 C_3S 的生成速度也不断减慢，温度降到 1300℃ 以下时，液相开始凝固，C_3S 的生成反应完结，这时凝固体中含有少量的未化合的 CaO，则称为游离氧化钙。温度继续下降便进入熟料的冷却阶段。

熟料烧成后，就要进行冷却，其目的在于：改进熟料质量，提高熟料的易磨性；回收熟料余热，降低热耗，提高热的效率；降低熟料温度，便于熟料的运输、储存和粉磨。

熟料冷却的好坏及冷却速度，对熟料质量影响较大。因为部分熔融的熟料，其中的液相在冷却时，往往还与固相进行反应。

在熟料的冷却过程中，将有一部分熔剂矿物（C_3A 和 C_4AF）形成结晶体析出，另一部分熔剂矿物则因冷却速度较快来不及析晶而呈玻璃态存在。C_3S 在高温下是一种不稳定的化合物，在 1250℃ 时，容易分解，所以要求熟料自 1300℃ 以下要进行快冷，使 C_3S 来不及分解，越过 1250℃ 以后 C_3S 就比较稳定了。

对于 1000℃ 以下的冷却，也是以快速冷却为好，这是因为熟料中的 C_2S 有 α'、α、β、γ 四种结晶形态，温度及冷却速度对 C_2S 的晶型转化有很大影响，在高温熟料中，只存在 α-C_2S；若冷却速度缓慢，则发生一系列的晶型转化，最后变为 γ-C_2S，在这一转化过程中由于密度的减小，使体积增大 10% 左右，从而导致熟料块的体积膨胀，变成粉末状，在生产中称为"粉化"现象。γ-C_2S 与水不起水化作用，几乎没有硬性，因而会使水泥熟料的质量大为降低。为了防止这种有害的晶型转化，要求熟料快速冷却。

熟料快速冷却还有下列许多好处：

(1) 可防止 C_2S 晶体长大或熟料完全变成晶体。有关资料表明：晶体粗大的 C_2S 会使熟料强度降低，若熟料中的矿物完全变成晶体，就难以粉磨。

(2) 快冷时，MgO 凝结于玻璃体中，或以细小的晶体析出，可以减轻水泥凝结硬化后由于方镁石晶体不易水化而后缓慢水化出现体积膨胀，使安定性不良。

(3) 快冷时，熟料中的 C_3A 晶体较少，水泥不会出现快凝现象，并有利于抗硫酸盐性能的提高。

(4) 快冷可使水泥熟料中产生应力，从而增大了熟料的易磨性。

此外，熟料的冷却，还可以部分地回收熟料出窑带走的热量，即可降低熟料的总热耗，从而提高热的利用率。

由此，熟料的冷却对熟料质量和节约能源都有着重要的意义，因而回转窑要选用高效率的冷却机，并减少冷却机各处的漏风，以提高其冷却效率的同时回收熟料的显热，提高了窑的热效，特别是预分解窑，其意义是很重要的。

六、水泥制备

硅酸盐水泥的制成是将合适组成的硅酸盐水泥熟料与石膏、混合材料经粉磨、贮存、均化达到质量要求的过程，是水泥生产过程中的最后一个环节。

1. 熟料矿物组成

(1) 熟料的化学组成

熟料中的主要氧化物有 CaO、SiO_2、Al_2O_3、Fe_2O_3。其总和通常占熟料总量的 95% 以上。此外，还有其他氧化物，如 MgO、SO_3、Na_2O、K_2O、TiO_2、P_2O_5 等，其总量通常占熟料的 5% 以下。

国内部分新型干法水泥生产企业的硅酸盐水泥熟料化学成分见表 4-20。

表 4-20　国内部分新型干法水泥生产企业的硅酸盐水泥熟料化学成分　　　（%）

厂家	CaO	SiO_2	Al_2O_3	Fe_2O_3	MgO	K_2O+Na_2O	SO_3	Cl^-
冀东	65.08	22.36	5.53	3.46	1.27	1.23	0.57	0.010
宁国	65.89	22.50	5.34	3.47	1.66	0.69	0.20	0.015
江西	65.90	22.27	5.59	3.47	0.81	0.08	0.07	0.005
双阳	65.88	22.57	5.29	4.41	0.97	1.89	0.82	0.104
铜陵	65.54	22.10	5.62	3.40	1.41	1.19	0.40	0.018
柳州	65.90	21.22	5.89	3.70	1.00	0.76	0.30	0.007
鲁南	63.74	21.47	5.55	3.52	3.19	1.22	0.25	0.026
云浮	65.89	21.61	5.78	2.98	1.70	1.07	0.56	0.005

实际生产中，硅酸盐水泥中各主要氧化物含量的波动范围一般为：CaO，62%～67%；SiO_2，20%～24%；Al_2O_3，4%～7%；Fe_2O_3，2.5%～6%。

(2) 熟料的矿物组成

在硅酸盐水泥熟料中，各氧化物不是单独存在的，而是以两种或两种以上的氧化物反应组合成各种不同的氧化物集合体，即以熟料矿物的形态存在。这些熟料矿物结晶细小，粒径通常为 30～60μm，因此，可以说硅酸盐水泥熟料是一种多矿物组成的、结晶细小的人造岩石。

熟料中的主要矿物及其含量见表 4-21。

表 4-21　熟料中的主要矿物及其含量

序号	矿物名称	分子式	简写	含量（%）
1	硅酸二钙	$2CaO \cdot SiO_2$	C_2S	15～35
2	硅酸三钙	$3CaO \cdot SiO_2$	C_3S	50～65
3	铝酸三钙	$3CaO \cdot Al_2O_3$	C_3A	6～12
4	铁铝酸四钙	$4CaO \cdot Al_2O_3 \cdot Fe_2O_3$	C_4AF	8～12

硅酸三钙和硅酸二钙合称硅酸盐矿物，一般约占 75%；铝酸三钙和铁铝酸四钙合称熔剂矿物，一般约占 22%。硅酸盐矿物和熔剂矿物总和约占 95%。

此外，熟料里还含有游离氧化钙（f-CaO）、方镁石（MgO）及玻璃体等。

(3) 熟料矿物的特性

硅酸三钙：加水调和后，凝结时间正常，水化较快，粒径为 40～45μm 的硅酸三钙颗粒加水后 28d，可以水化 70％左右。强度发展比较快，早期强度高，强度增进率较大，28d 强度可以达到一年强度的 70％～80％，四种熟料矿物中强度最高。水化热较高，抗水性较差。

硅酸二钙：C_2S 与水作用时，水化速度较慢，至 28d 龄期仅水化 20％左右，凝结硬化缓慢，早期强度较低，28d 以后强度仍能较快增长，一年后可接近 C_3S。它的水化热低，体积干缩性小，抗水性和抗硫酸盐浸蚀能力较强。

中间相：填充在阿利特、贝利特之间的物质通称为中间相，它包括铝酸盐、铁酸盐、组成不定的玻璃体、含碱化合物、游离氧化钙及方镁石等。

铝酸三钙：铝酸三钙水化迅速，放热多，凝结硬化很快，如不加石膏等缓凝剂，易使水泥急凝。铝酸三钙硬化也很快，水化 3d 内就大部分发挥出来，早期强度较高，但绝对值不高，以后几乎不再增长，甚至倒缩。干缩变形大，抗硫酸盐浸蚀性能差。

铁相固溶体：C_4AF 水化硬化速度较快，因而早期强度较高，仅次于 C_3A。与 C_3A 不同的是它的后期强度也较高，类似于 C_2S。抗冲击，抗硫酸盐浸蚀能力强，水化热较铝酸三钙低。

游离氧化钙性能：过烧的游离氧化钙结构比较致密，水化很慢，通常在加水 3d 以后反应比较明显。随着游离氧化钙含量的增加，试体抗拉、抗折强度降低，3d 以后强度倒缩，严重时甚至引起安定性不良。游离氧化钙水化生成氢氧化钙时，体积膨胀 97.9％，影响水泥产品的安定性。

方镁石：方镁石的水化比游离氧化钙更为缓慢，要几个月甚至几年才明显。方镁石水化生成氢氧化镁时，体积膨胀 148％，导致体积安定性不良。方镁石膨胀的严重程度与其含量、晶体尺寸等都有关系。方镁石晶体粒径小于 $1\mu m$，含量为 5％时，只引起轻微膨胀；方镁石晶体粒径 $5\sim7\mu m$，含量 3％时，就会严重膨胀。

2. 熟料储存

经煅烧出窑后的熟料，需要储存处理。熟料储存处理的作用如下：

（1）保证窑、磨的生产平衡。生产中备有一定储量的熟料，在窑出现短时间（3～5d）内的停产情况下，可满足磨机生产需要的熟料量，保证磨机连续工作。

（2）降低熟料温度，保证磨机的正常工作：从冷却机出来的熟料温度一般在 100～300℃。过热的熟料加入磨中不仅会降低磨机产量，而且会使磨机筒体因热膨胀而伸长，对轴承产生压力，过热还会影响磨机的润滑，对磨机的安全运转不利；另外，磨内温度过高，使石膏脱水过多，将引起水泥凝结时间不正常。

（3）改善熟料质量，提高易磨性：出窑熟料中含有一定数量的 f-CaO，储存时能吸收空气中部分水汽，使部分 f-CaO 消解为 $Ca(OH)_2$，在熟料内部产生膨胀应力，因而提高了熟料的易磨性，改善水泥安定性。

（4）有利于质量控制：根据出窑熟料质量等次不同，分别存放，以便搭配使用，保持水泥质量的稳定。

3. 添加混合材

磨制水泥时，掺加数量不超过国家标准规定的混合材料，一方面可以增加水泥产量，降低成本，改善和调节水泥的某些性质；另一方面综合利用了工业废渣，减少了环境污染。

要根据生产水泥的品种，确定选用混合材料的种类。尽量选用运距短，进厂价格低的混合材料。根据进厂混合材料的干湿状况，要对混合材进行干燥处理。另外，需要调配混合材料，使其质量均匀。

常用的混合材包括石膏、矿渣等。石膏在水泥中，主要起延缓水泥凝结时间的作用，同时有利于促进水泥早期强度的提高。磨制水泥时加入的石膏，要求来源定点、种类分清、质量均匀。通常是石膏经破碎设备破碎后在储库中备用。

4. 水泥产品检测方法

（1）测试指标

① 物理指标：凝结时间、安定性、强度、细度等；

② 化学指标：烧失量、不溶物、SO_3、SiO_2、Fe_2O_3、Al_2O_3、CaO、MgO、TiO_2、K_2O、Na_2O、Cl^-、硫化物、MnO、P_2O_5、CO_2、f-CaO、六价铬等。

（2）国家标准

《通用硅酸盐水泥》（GB 175—2007）；

《水泥化学分析方法》（GB/T 176—2017）；

《水泥中水溶性铬（Ⅵ）的限量及测定方法》（GB 31893—2015）。

七、新型干法窑耐火材料选择

1. 预热带和分化带

这两处的温度相对较低，要求砖衬的导热系数小、耐磨性好，在这个区域来自原料、燃料的硫酸碱和氯化碱开端蒸发，在窑内凝集和富集，并进入砖的内部。通常黏土砖与碱反应构成钾霞石和白榴石，使砖面发酥，砖体内产生胀大而导致开裂脱落。而含 Al_2O_3 25%～28% 和 SiO_2 65%～70% 的耐碱砖或耐碱隔热砖在必要温度下与碱反应时，砖的外表当即构成一层高黏度的釉面层，避免了脱落，但这种砖不能反抗 1200℃ 以上的运用温度。因而预热带通常选用磷酸盐结合高铝砖、抗脱落高铝砖或选用耐碱砖。

2. 分解带

分解带一般采用抗剥落性好的高铝砖，硅莫砖在性能上优于抗剥落性好的高铝砖，寿命比抗剥落的高铝砖高出约 1 倍，但价格较高，窑尾进料口宜采用抗结皮的碳化硅浇注料。

3. 过渡带和烧成带

过渡带窑皮不稳定，要求窑衬抵抗气氛变化能力好、抗热震性好、导热系数小、耐磨。国外推荐采用镁铝尖晶石砖，但该砖的导热系数大，筒体温度高，相对热耗要大，不利于降低能耗。国内硅莫砖的导热系数小、耐磨，其性能在一定程度上可与进口材料相媲美。

烧成带温度高，化学反应激烈，要求砖衬抗熟料侵蚀性、抗 SO_3、CO_2 能力强。国外一般采用镁铝尖晶石砖，但该砖挂窑皮比较困难，而白云石砖抗热震性不好，易水化；国外的镁铁尖晶石砖在挂窑皮上效果较好，但造价太高。国内新采用的低铬方镁石复合尖晶石砖使用情况较好。

4. 冷却带和窑口

冷却带和窑口处气温高达 1400℃ 左右，温度波动较大，熟料的研磨和气流的冲刷都很严重。要求砖衬的导热系数小，耐磨性、抗热震性好；抗热震性优良的碱性砖，如尖晶石砖或高铝砖适用于冷却带内。国外一般推荐使用尖晶石砖，但尖晶石砖的导热系数大，且耐磨性不好。近年来国内大多采用硅莫砖和抗剥落性好的耐磨砖。

窑口部位多采用抗热震性好的浇注料。例如，耐磨抗热震的高铝砖或钢纤维增韧的浇注料和低水泥高铝质浇注料，但在窑口温度极高的大型窑上则采用普通的，或钢纤维增韧的刚玉质浇注料。

八、常见的异常窑况分析

(一) 预分解窑系统结皮、堵塞

预分解窑在生产过程中，入窑物料的碳酸盐分解率基本达 90% 以上，才能满足窑内烧成的要求。物料的分解烧成过程实际上是一个复杂的物理、化学反应过程，其中一些成分黏结在预热器、分解炉的管壁上，形成结皮而造成堵塞。

1. 结皮

结皮是物料在预分解窑的预热器、分解炉等管道内壁上，逐步分层黏挂，形成疏松多孔的尾状覆盖物，多发部位是窑尾下料斜坡，缩口上、下部，以及旋风预热器的锥体部位。一般认为结皮的发生与所用的原料、燃料及预分解窑各处温度变化有关，下面就此相关的几个原因进行分析。

(1) 原燃材料中的有害成分的影响

在预分解窑生产中，原燃材料中的有害成分主要指硫、氯、碱，生料和熟料中的碱主要源于黏土质原料及泥灰质的石灰岩和燃料，硫和氯化物主要由黏土质原料和燃料带入。

由生料及燃料带入系统中碱、氯、硫的化合物，在窑内高温下逐步挥发，挥发出来的碱、氯、硫以气相的形式与窑气混合在一起，通过缩口后，被带到预热器内，当它们与生料在一定的温度范围内相遇时，这些挥发物可被冷凝在生料表面上。冷凝的碱、氯、硫随生料又重新回到窑内，造成系统内这些有害成分的往复循环，逐渐积聚。这些碱、氯、硫组成的化合物溶点较低，当它在系统内循环时，凝聚于生料颗粒表面上，使生料表面的化学成分改变，当这些物料处于较高温度下，其表面首先开始熔化，产生液相，生成部分低熔化合物。这些化合物与温度较低的设备或管道壁接触时，便可能黏结在上面，如果碱、氯、硫含量较多而温度又较高，生成的液相多而黏时，则使料粉层层黏挂，越结越厚，形成结皮。

（2）燃料煤的机械不完全燃烧的影响

煤的机械不完全燃烧为预分解窑系统内结皮范围的扩大提供了条件，造成煤的不完全燃烧主要原因是煤粉太粗、燃烧速度慢，空气量不足及操作不当等，在该燃烧区域内燃料燃烧不完全，而在其他区域继续燃烧，从而使系统内煤燃烧区域发生变化，导致了系统内温度布局的不稳定。随着温度区域的变化，结皮部位也就随之改变，特别是预热器系统里的旋风筒收缩部位，由于物料在碱、氯、硫的作用下表面熔化，其黏性增加，在与筒壁接触时形成结皮。所以在预分窑生产时，煤流的稳定、煤质的稳定是非常关键的，它是关系到系统稳定的首要前提。

（3）漏风的影响

预分解窑的预热器系统处在高负压状态下工作，密封工作的好坏直接影响到煤的燃烧、温度的稳定，而结皮与煤、燃烧、温度等因素相关。漏风能在瞬间使物料在碱、氯、硫的作用下表面的熔化部分凝固，在漏风的周围形成结皮，该处结皮厚且强度高。

2. 堵塞

当物料被加热到一定温度时，物料本身将发生变化，特别是分解炉中加入的燃料占燃料总量的 55%～60%，煤粉在燃烧过程中放出大量热量，物料在高温状态中的性能发生变化。如产生黏性，黏结在旋风筒壁面上，或者物料结团、结块等，它们在通过旋风筒下锥体和管道时最容易出现结皮、滞留和堵塞。

当高温物料表面与其他低熔点成分物质（钠、钾、氯、硫）在高速气流中相遇时，其物料的表面就会产生液相，使物料的表面具有黏性，而黏结其他物料，越黏越多，就出现结团。当这种表面具有黏性的物料与壁面接触时，可使物料表面液相降温，而附着在壁面上，形成锥体结皮或下料管道结皮现象，这样就减小了物料通过面积，物料通过能力降低或受阻。通过以上分析，说明物料中碱、氯、硫这些低熔点的物质，在生产过程中不易控制，是造成堵塞的原因。局部高温或者系统内温度的升高，则与煤量的控制分不开，是加速物物表面形成液相的原因之一。所以说，物料中的有害物质的含量、温度的高低是造成预热器工况波动的主要原因，也是堵塞的主要原因。

在预分解窑生产中，生料、燃料中带进系统的氯、碱、硫在窑内高温区挥发，在预热器内随气流向上运动，温度也随之下降，并冷凝下来，随生料重新回到窑内，这样形成一个循环富集的过程。在硫酸钾、硫酸钙和氯化钾多组分系统中，最低熔点为 650～700℃，硫酸盐与氯化物会以熔态形式沉降下来，并与入窑物料和窑内粉尘一起构成黏聚物质，这种在生料颗粒上形成的液相物质薄膜层，会阻障生料颗粒流动，而造成黏结。

煤粉在燃烧过程中，产生大量的 CO_2，碳酸盐分解也会释放出大量的 CO_2，在系统通风受阻或用风不合理时，CO_2 浓度将会增大，会使已分解的碳酸盐进行逆向反应，二氧化碳与氧化钙再化合成碳酸钙。由于碳酸盐在高温下分解生成的氧化钙为多孔、松散结构，活性较强，而碳酸钙结构较致密，活性差，所以导致粉状物料的板结。

还原气氛对硫、氯、碱的挥发影响也很大，随着未燃烧碳的增加，SO_3 的挥发量也增加。此外，生料波动、喂料量不均、用煤不当、局部高温过热、系统漏风、预热器衬料剥落、翻板阀灵活性差、内筒烧坏脱落、翻板阀烧坏不锁风等均会导致结皮堵塞。

（二）回转窑内结球、结圈

1. 窑内结球

窑内结球是预分解窑出现的一种不正常窑况，结球严重时，其粒径的大小不等、接二连三，给生产带来直接的影响。如结球影响回转窑的正常安全运转；大球出窑后，掉到篦冷机上，还容易把篦冷机的设备砸坏；处理大球又需要人工进行，造成停窑。既费时耗力，又影响了水泥的产量和质量，影响了企业的经济效益。

（1）原因分析

窑内结球的危害很多，造成窑内结球的原因也很多，不同的厂家、不同的炉型、不同的原燃材料、不同的管理，造成窑内结球的原因各不相同。

① 有害成分

根据国内外一些窑外分解窑出现的结球现象，对其成分进行分析得知，有害成分（主要是 K_2O、Na_2O、SO_3）是造成结球的重要原因，结球料有害成分的含量明显高于相应生料中有害成分的含量。有害成分能促进中间特征矿物的形成，而中间相是形成结皮、结球的特征矿物（如钙明矾石 $2CaSO_4 \cdot K_4SO_4$、硅方解石 $2C_2S \cdot CaSO_4$ 等），原燃材料中的有害成分在烧成带高温下挥发，并随窑内气流向窑尾移动，造成窑后结球特征矿物的形成。同时，物料在向窑头方向运动的过程中，随着窑内温度与气氛的变化，特征矿物分解转变，其中的有害成分进入高温带后绝大部分挥发出来，形成内循环，使有害成分在窑系统中不断富集。有害成分含量越高，挥发率越高，富集程度越高，内循环量波动的上级值越大，则特征矿物的生成机会越多，窑内出现结球的可能性越大。

② 配料方案

某厂从原燃材料带进生料中的有害成分来看，R_2O 为 0.73%，灼烧基硫碱比为 0.256%，燃料中 SO_3 为 1.51%，未超过控制界限，而 Cl^- 为 0.019%，超过了控制界限，超量不大。但在试生产期间，出现过熟料结球现象，最大直径达 1.9m。通过对配料方案的分析：硅酸率值低是造成窑外分解窑内结球的原因：该厂生产的熟料中，Al_2O_3 和 Fe_2O_3 的总含量为 9.5% 左右，有的超过 10%，其中，Al_2O_3 含量高是主要原因。

③ 窑内通风

由于窑内通风发生变化，窑尾温度高，促使窑尾部分产生物料黏结，向窑头方向运动时，黏结加强，黏结成大料球。由于有长厚窑皮，结球的机会进一步增大。

④ 其他原因

燃烧器的选用和调节操作不当，煤灰的不均匀掺入，煤粉的细度、灰分和煤灰熔点等都会影响正常燃烧而产生结球。

另外，开停机、投止料频繁；窑的运转率低，窑内热工制度波动大，窑内物料分解率波动；冷却机系统故障；二、三次风供给对煤粉的燃烧影响都是结球的原因之一。

（2）控制措施

① 限制原燃材料中的有害物质的含量，一般要求：$R_2O<1\%$、$Cl^-<0.015\%$、燃料中 $S<3.5\%$、灼烧基硫碱比$\leqslant1.0$。

② 熟料烧成时的液相量不宜过大，液相量控制在 25％左右。

③ 保证窑的快转率，控制好窑内物料的填充率。

④ 合理用风，保证煤粉燃烧充分，减少煤粉不完全燃烧现象的发生。

⑤ 稳定入窑生料成分。入窑生料成分不均匀，喂料量不稳定，煤粉制备不合格（太粗）等原因，易引起窑内结球。

⑥ 回灰的均匀掺入，是防止回灰集中入窑，造成有害成分富集，而引起结球。

⑦ 加强操作控制，稳定入窑分解率，对防止结球有积极作用。

2. 窑内结圈

结圈是指窑内在正常生产中因物料过度黏结，在窑内特定的区域形成一道阻碍物料运动的环形、坚硬的圈。这种现象在回转窑内是一种不正常的窑况，它破坏正常的热工制度，影响窑内通风，造成窑内来料波动很大，直接影响着回转窑的产量、质量、消耗和长期安全运转。处理窑内结圈费时费力，严重时停窑停产，其危害是严重的。

预分解窑窑内结圈，可分为前结圈、后结圈两种，两种结圈的机理是各不相同的，后结圈统称为熟料圈，前结圈为煤粉圈，处理方法也不相同。

（1）结后圈（熟料圈）原因分析

熟料圈实际上是在烧成带末端与放热反应带交界处挂上一层厚"窑皮"。从挂"窑皮"的原理可知，要想在窑衬上挂"窑皮"就必须具备挂"窑皮"的条件，否则就挂不上"窑皮"。当"窑皮"结到一定厚度时，为防止"窑皮"过厚，就必须改变操作条件，使不断黏挂上去的"窑皮"和被磨蚀下来的"窑皮"量相等，这是合理的操作方法，而窑内的条件随时都在变化，随着料、煤、风、窑速的变化而改变。若控制不好就易结成厚"窑皮"而成圈，烧成带"窑皮"拉得过长，这是熟料圈形成的根本原因。造成窑内熟料圈的具体原因很多，也很复杂，以下对熟料圈的成因进行分析。

① 生料化学成分

由生产实践经验得知，熟料圈往往结在物料刚出现液相的地方，物料温度在

1200～1300℃，由于物料表面形成液相，表面张力小、黏度大，在离心力作用下，易与耐火砖表面或者已形成"窑皮"表面黏结。因此，在保证熟料质量和物料易烧性好的前提下，为防止结圈，配料时应考虑液相量不宜过多，液相黏度不宜过大。影响液相量和液相黏度的化学成分主要是 Al_2O_3 和 Fe_2O_3，因此要控制好它们的适当含量。

② 原燃材料中有害成分

原燃材料中碱、氯、硫含量的多少，对物料在窑内产生液相的时间、位置影响较大。物料所含有害物质过多，其熔点将降低，结圈的可能性增大。正常情况下，此类结圈大多发生在放热反应带以后的地方，其危害大，处理困难。

③ 煤的影响

由于煤灰中一般含 Al_2O_3 较高，因此当煤灰掺入物料中时，使物料液相量增加，往往易结圈。煤灰的降落量主要与煤中灰分含量和煤粒粗细有关，灰分含量高、煤粒粗，煤灰降落量就多。另一方面当煤粉粗、灰分高、水分大、燃烧速度慢，会使火焰拉长，高温带后移，"窑皮"拉长易结圈。

④ 操作和热工制度的影响

A. 用煤过多，产生化学不完全燃烧，使火焰成还原性，促使物料中的铁还原为亚铁，亚铁易形成低熔点的矿物，使液相过早出现，容易结圈。

B. 二、三次风配合不当，火焰过长，使物料预烧好，液相出现早，黏结窑衬能力增强，特别是在预热器温度高、分解率高的情况下，火焰过长，结后圈的可能性很大。

C. 喂料量与总风量使用不合理，导致窑内热工制度不稳定，窑速波动异常，也易结后圈。

实践证明，热工制度严重不稳定，必定要产生结圈，而影响热工制度稳定的因素又是多方面的，同时结圈又导致热工制度的不稳定。

（2）结前圈原因分析

前圈结在烧成带和冷却带交界处，由于风煤配合不好，或者煤粉粒度粗，煤灰和水分大，影响煤粉的燃烧，使黑火头长，烧成带向窑尾方向移动，熔融的物料凝结在窑口处使"窑皮"增厚，发展成前圈，或者由于煤粉落在熟料上，在熟料中形成还原性燃烧，铁还原成亚铁，形成熔点低的矿物或者由于煤灰分中 Al_2O_3 含量高而使熟料液相量增加，黏度增大，当遇到入窑二次风被降、冷却，就会逐渐凝结在窑口处形成圈。当圈的厚度适当时，对窑内煅烧有利，能延长物料在烧成带停留时间，使物料反应更完全，并降低 f-CaO 的含量。如圈的厚度过高，则影响入窑二次风量，则影响物料的烧成。

① 结前圈的原因

A. 煤质本身的质量及煤粉的制备质量。

B. 熟料中熔剂矿物含量过高或 Al_2O_3 含量高。

C. 燃烧器在窑口断面的位置不合理，影响煤粉燃烧，使结圈速度加快，火焰发散也可导致结前圈。

D. 窑前负压力时间过大，二次风温低，冷却机料层控制不当。

导致结前圈的原因较少，分析容易，控制起来也容易。前结圈形成减少窑内的通风面积，影响入窑的二次风量；影响正常的火焰形状，使煤粉燃烧不完全，造成结圈恶性加剧；影响到窑内物料运动、停留时间；易结大块，容易磨损与砸伤窑皮，影响窑衬使用寿命，严重时操作困难，造成停窑。

② 操作中对前圈的控制、处理及注意事项

A. 把握好煤粉制备和煤粉的质量两个环节对前结圈的控制是有益的，在煤粉粗、煤的灰分高时，密切注意燃烧器喷嘴在窑内的位置，利用火焰控制结圈的发展。

B. 熔剂矿物含量高，特别是 Al_2O_3 含量高时，喷嘴位置一定要靠后，不能伸进窑内，使结前圈的部位处于高温状态，使结前圈得到控制。

C. 如果已结前圈，应迅速调整燃烧器喷嘴在窑口断面的位置，避免前圈加剧，保证生产的正常。

D. 结前圈若处理不当，还可加剧结圈，使圈后"窑皮"受损，严重时导致衬料受损而红窑。这是因为圈后温度高，滞留物料多，窑内通风受影响，圈口风速增大，使火焰不完整、刷窑皮，而导致红窑发生。因此，在处理结前圈时要考虑保证火焰顺畅，保护窑皮。

（三）冷却机堆雪人

由于入窑二次空气量不足，燃料燃烧速度较慢，导致煤粉不完全燃烧，熟料在窑内翻滚过程中表面粘上细煤粉，落入篦冷机后，在熟料表面继续进行无焰燃烧，释放出热量，越是加风冷却红料越是不断，使本来应该受到骤冷的液相非但不消失反而维持相当一段时间。另一方面由于煤灰包裹在熟料表面，导致熟料表面铝率偏高，液相黏度加大，更为重要的是不完全燃烧极易导致还原气氛。在还原气氛下，熟料中的 Fe_2O_3 被还原为低熔点的 FeO，生成低熔点矿物，极易黏附在墙壁上。如果这种还原气氛持续的时间过长或篦床操作不当，如停床、慢床致使物料在篦床一室形成堆积状态，熟料与墙壁有足够的接触时间，再加上盲板的阻风作用，使靠近墙壁的熟料冷却效果差，一部分液相就会在墙壁上黏挂，逐渐形成"雪人"。

简单来说，篦冷机形成"雪人"的原因如下：

（1）出窑熟料温度过高，发黏。出窑熟料温度过高的原因很多，如煤落在熟料上燃烧，煤嘴过于偏向物料，窑前温度控制得过高等，落入冷却机后堆积而成"雪人"。

（2）熟料结粒过细且大小不均。当窑满负荷高速运转时，大小不均的熟料落入冷却机时产生离析，细粒熟料过多地集中使冷却风不易通过，失去高压风骤冷而长时间在灼热状态，这样不断堆积而成"雪人"。

（3）由于熟料的铝率过高而造成。铝率过高，熔剂矿物的熔点变高，延迟了液相的出现，易使出窑熟料发黏，入冷却机后堆积而成"雪人"。

第五章 污泥干化及恶臭控制

我国脱水污泥的含水率一般在80％左右，大量的水分不仅成为填埋、堆肥处理时渗滤液的主要来源，也是焚烧处理中热值的主要影响因素。因此，在污泥预处理，尤其是焚烧预处理中，最重要的就是干化技术。

常见的降低脱水污泥含水率的方法有石灰干化、热干化以及生物干化等。

第一节 污泥石灰干化

一、石灰干化技术应用

（一）国外石灰干化技术应用

污泥石灰干化在意大利罗马、美国华盛顿、德国汉堡等地方有着广泛的应用。

1. 石灰干化在欧洲的应用情况

欧盟指引（CR13714—2001）中列出了污泥石灰干化工艺流程（图5-1），并对石灰干化提出了以下工艺要求：pH值为12，温度为55℃，时间为2h。石灰处理的最终产品可用作农用。

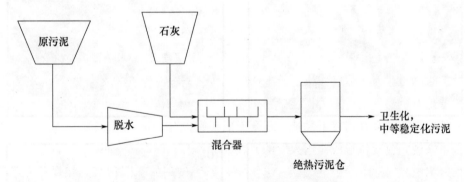

图 5-1 欧盟指引中的污泥石灰干化工艺流程

2. 石灰干化在美国的应用情况

在美国的 the Blue Plains Advanced Wastewater Treatment Plant in Washington D. C. 污水处理厂，也采用石灰来提高脱水污泥的稳定性。水厂的工艺流程：这些由主沉降池产生的固体或污泥被送往大桶中，在重力作用下较浓的污泥沉淀至底部随后逐渐富集。中级及氮化反应器产生的生物学固体分别被使用气浮浓缩而富集。富集后的污泥随后被脱水，并加入石灰以杀死病原体，随后有机的生物学固体被应用于马里兰州和维吉尼亚州的农田里。其处理规模为湿污泥日处理量 1300t，每天 70 辆卡车运输到弗吉尼亚州农田。美国污水处理厂石灰稳定化工艺流程如图 5-2 所示。

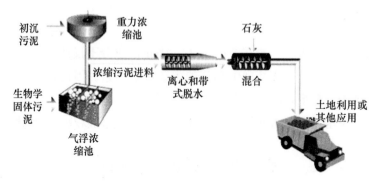

图 5-2　美国污水处理厂石灰稳定化工艺流程

美国对石灰在污泥中的钙分布进行了详细研究，评价污泥稳定性，如 Blue Plains WWIP 污水处理厂（图 5-3 中 A，B）和 K-F 环境技术有限公司（图 5-3 中 C，D）。其操作步骤：将与石灰混合后的污泥灌入干净的塑料浸渍树脂，干燥，硬化，切成薄片，附上切片并进行抛光，见图 5-3。在图 5-3 中：污泥呈现褐色，石灰呈现蓝色，白色区域则表示什么都没有。他们都开展了石灰稳定试验，石灰稳定污泥样品从全面的系统中获得，灌入干净的塑料浸渍树脂，干燥，硬化，切成薄片，附上切片并进行抛光。

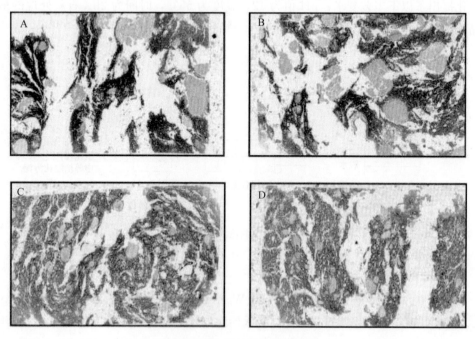

图 5-3　添加石灰后的污泥剖面

3. 石灰干化在澳洲的应用情况

澳洲环保局维多利亚草案（2002年）［EPA Victoria Draft（2002）］环境管理准则中给出了"12h>52℃，3d pH>12，自然干燥含水率小于50％"传统石灰处理工艺。石灰处理的最终产物可用作农用，同时处理后的生物固体可用于销售的预计售价在＄5～＄20/m³，主要是其中石灰的价值。销售的收益可用于抵消部分的处理费用。澳洲环保局维多利亚草案（2002年）石灰处理流程如图5-4所示。

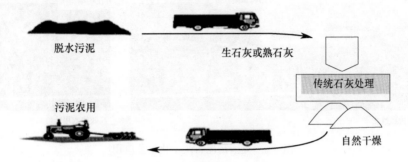

图5-4　澳洲环保局维多利亚草案（2002年）石灰处理流程

4. 石灰干化在英国的应用情况

英国石灰协会的工艺参数是添加污泥干固体量50％～90％的石灰，使污泥>55℃，pH>12，保持75min，试验证明石灰处理降低了大多数细菌、病毒甚至最有抵抗力的寄生虫、蛔虫卵，使达到未检出的标准。石灰处理提供一个安全友好的环境，材料适合作为肥料和土壤改良剂。英国污泥石灰干化工艺流程如图5-5所示。

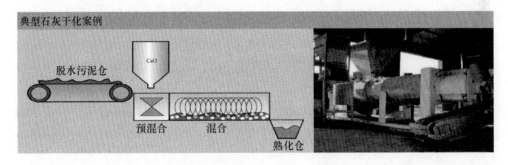

图5-5　英国污泥石灰干化工艺流程

通过试验，英国石灰协会认为该工艺具有以下优势：病原菌的去除率达到6log级别；稳定后的污泥没有病原菌再生长的风险；消除臭味；投资消费低、占地面积小；操作简单，容易实现自动化，可以作为移动性的工厂；可将脱水污泥转化成生物固体产品；可以增加干固体、改善结构、处理性质、方便运输；增加消石灰和有机物质可改善土壤结构，提高土壤的生长环境，保持生物营养性。其部分应用图片如图5-6所示。

图 5-6　英国污泥石灰干化工艺应用

（二）国内石灰干化技术应用

我国石灰干化技术目前在北京方庄城市污水处理厂、小红门城市污水处理厂均有应用。

1. 方庄城市污水处理厂

方庄城市污水处理厂污泥石灰干化处理的工艺流程如图 5-7 所示。其处理量为 20～30m³/d，污泥与石灰的投加质量比为 4∶1，处理结果为脱水污泥含水率为 63.12%，稳定化后含水率降至 40%，堆置 8d 后，含水率可降至 5%。

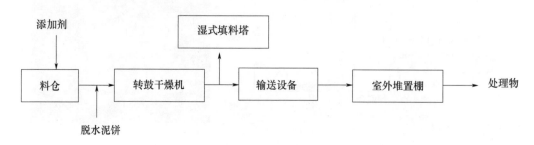

图 5-7　北京方庄城市污水处理厂污泥石灰干化处理的工艺流程

2. 小红门污水处理厂

小红门污水处理厂污泥石灰干化工程位于北京城市排水集团小红门污水处理厂的污泥处理区内。采用的处理工艺为石灰干化法，设计处理脱水后的泥饼 400t/d，实际日处理脱水泥饼 600～800t，泥饼含水率平均为 80.9%，石灰投加率为 20%～30%，处理后出泥含固率低于 40%。北京市小红门石灰处理工程，如图 5-8 所示。

污泥装车棚　　　　　　　　　　　　　污泥石灰混合反应器

图 5-8　北京市小红门石灰处理工程

3. 我国石灰干化存在的问题

与国外对比，我国污泥石灰处理处置的现状如下：

（1）应用较少；

（2）设备需要改进：较为常见的混合装置是通过螺杆输送，在螺杆输送机中加入石灰，石灰与污泥没有得到充分有效的混合，只是经过简单的运输推送；

（3）石灰添加量大：由于缺乏有效的混合设备，导致石灰添加量大、混合不均匀、混合效果差；

（4）处理时间长、占地大：污泥只是通过石灰干化后蒸发掉一部分水，还有一部分水存在污泥中需要较长的自然干化才能实现。

二、石灰干化技术及原理

（一）石灰干化技术

向经机械脱水后的污泥中投加干燥生石灰 CaO 或熟石灰 Ca（OH）$_2$，利用石灰与水的反应和结合，同时使其 pH 值和温度升高，进一步降低污泥含水率，并抑制污泥中微生物的生长的技术称为石灰干化技术。

在污泥中加入石灰，可以使污泥的 pH 值大于 12 并保持一段时间，利用石灰的强碱性和释放出的大量热能，杀死病原体，降低恶臭，钝化重金属。经过石灰干化后的污泥呈粉末状或块状，体积仅为原来的 1/5～1/4。同时，微生物的活性受到抑制，避免了产品因为生物的作用而发霉发臭，利于储藏和运输。石灰干化使污泥性能得到全面改善，产品用途广泛，可进行堆肥处理、农用及用于建材等。在污泥处置策略中，污泥石灰干化被认同为一种安全可靠的处置方式。

（二）石灰干化技术原理

污泥石灰干化技术原理为：

（1）由于碱性物质的作用致使污泥中的 pH 值增高；

（2）由于反应放热导致污泥温度升高；

（3）反应生成物中结合了游离水，同时由于放热反应，一部分游离的水被蒸发。

将污泥与石灰均匀混合，石灰与污泥中所含的水分发生如下反应：

$$1kgCaO + 0.32kgH_2O \longrightarrow 1.32kgCa(OH)_2 + 1177kJ$$

根据这一反应，每投加 1kg 的氧化钙有 0.32kg 的水被结合成氢氧化钙，反应所生成的热可蒸发约 0.5kg 的水。

生石灰与水反应生产氢氧化钙后，会继续与污泥中的其他物质发生进一步的反应，如生成物氢氧化钙与 CO_2 的反应：

$$1.32kgCa(OH)_2 + 0.78kgCO_2 \longrightarrow 1.78kgCaCO_3 + 0.32kgH_2O + 2212kJ$$

这一反应会进一步发热，致使污泥温度不断升高。

以 100kg 污泥作为计算标准，取污泥含水率为 85%。以 5%、10%、15% 这三个比率向污泥中添加生石灰，假设一种极端情况是生石灰完全不发生反应，此时污泥含水率变化为：

$$5\%: \omega = \frac{85}{100+5} \times 100\% = 80.95\%$$

$$10\%: \omega = \frac{85}{100+10} \times 100\% = 77.27\%$$

$$15\%: \omega = \frac{85}{100+15} \times 100\% = 73.91\%$$

假定生石灰的有效成分比率为 100%，只考虑生石灰与水反应生成熟石灰的作用而不考虑水分蒸发，则在 5%、10%、15% 石灰添加比率下，石灰处理污泥能够达到的理论含水率 ω_{t1} 如下：

$$5\%: \omega_{t1} = \frac{85-0.32\times5}{100+5} \times 100\% = 79.43\%$$

$$10\%: \omega_{t1} = \frac{85-0.32\times10}{100+10} \times 100\% = 74.36\%$$

$$15\%: \omega_{t1} = \frac{85-0.32\times15}{100+15} \times 100\% = 69.74\%$$

假设生石灰与水反应生成的热量均提供给污泥中水分进行蒸发作用，取 25℃下水的汽化热为 2435kJ/kg，则理论含水率 ω_{t2} 如下：

$$5\%: \omega_{t2} = \frac{85-0.32\times5-\dfrac{1177\times5}{2435}}{100+5-\dfrac{1177\times5}{2435}} \times 100\% = 78.94\%$$

$$10\%: \omega_{t2} = \frac{85-0.32\times10-\dfrac{1177\times10}{2435}}{100+10-\dfrac{1177\times10}{2435}} \times 100\% = 73.19\%$$

$$15\%: \omega_{t2} = \frac{85-0.32\times15-\dfrac{1177\times15}{2435}}{100+15-\dfrac{1177\times15}{2435}} \times 100\% = 67.70\%$$

若考虑熟石灰与空气中的二氧化碳反应，进一步放热促使水分蒸发，水的汽化热仍取 25℃下的数值时，理论含水率 ω_{t3} 如下：

$$5\%：\omega_{t3}=\frac{85-\dfrac{(1177+2212)\times5}{2435}}{100+5-\dfrac{(1177+2212)\times5}{2435}+0.78\times5}\times100\%=76.56\%$$

$$10\%：\omega_{t3}=\frac{85-\dfrac{(1177+2212)\times10}{2435}}{100+10-\dfrac{(1177+2212)\times10}{2435}+0.78\times10}\times100\%=68.43\%$$

$$15\%：\omega_{t3}=\frac{85-\dfrac{(1177+2212)\times15}{2435}}{100+15-\dfrac{(1177+2212)\times15}{2435}+0.78\times15}\times100\%=60.59\%$$

三、石灰干化混合设备开发及效果评价

通过前面的论述及美国的研究经验可知，污泥石灰干化处理技术中，石灰在污泥中分散程度越高，干化及稳定化效果越好，技术成本越低。由此可见，加石灰干化设备需要做到能够使得污泥和石灰充分的混合。

（一）混合设备比选

国内外现在普遍采用的混合设备有桨叶混合、螺杆混合等。另外，在清华大学承担的 2016—2018 年水专项研究中，课题组开发了犁刀型污泥/石灰高效混合器。为了评价不同混合设备的混合效果，在实验室采用不同的混合方式对污泥进行混合后，取样在 100 倍的光学显微镜观察，显微镜下的混合效果如图 5-9 所示。图中，黑色部分是污泥，黄白色的是石灰。图 5-9 中，1 为实验室手动搅拌；2 为采用桨叶的方式混合；3 为螺杆混合；4 为犁刀和飞刀小试设备的混合。

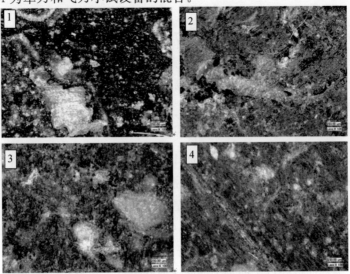

图 5-9 不同混合方式后固体显微镜剖面图

从图 5-9 中可以看出，采用犁刀和飞刀混合设备的石灰分散最均匀，而且污泥形态被打散。实现了均匀混合的目的。

（二）犁刀型污泥/石灰高效混合器

犁刀型污泥/石灰高效混合器是一种新颖高效混合设备。其工作原理：犁刀组轴由主动轮减速机带动运动，一方面可以使得混合物料沿着桶壁做圆周径向湍动，将混合物料沿犁刀两侧的法线方向抛出；另一方面物料在犁刀的推送下经过飞刀，被高速旋转的飞刀抛散，混合物料在犁刀和飞刀的复合作用下形成流化床，实现污泥石灰的高效混合。

犁刀型污泥/石灰高效混合器主要由传动部分、卧式筒体、犁刀组轴、飞刀组、出料阀、加热装置等部件组成，如图 5-10 所示。

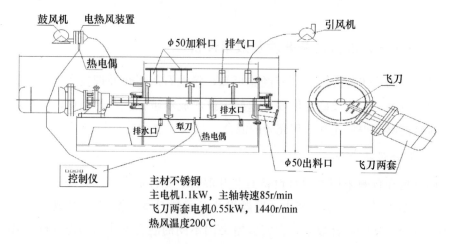

图 5-10　犁刀型污泥/石灰高效混合器结构原理图

传动部分：由主电机和减速机传送给犁刀组轴。

卧式筒体：上部设有进料口、观察孔，筒体一侧开有物料清洗门。

犁刀组轴：犁刀根据容积大小安排犁刀数量，安装在主轴上，在筒体内做圆周湍动流混合物料。

飞刀组：副电机直接连接两套飞刀，高速飞刀有强列抛散剪切的搅拌作用。

出料阀：安装筒体尾部，供放料用。

（三）污泥混合效果评价

本试验采用在 10kg 脱水污泥中添加 10% 的工业石灰，分别搅拌 5min、10min、15min，以钙离子含量作为评价指标，研究混合设备的混合效果。

将混合后的污泥按照 3cm 一个间隔设置一个取样的剖面，共设置 7 个剖面，即将污泥分为第 0、3、6、9、12、15、18、21（cm）作为纵向的剖面取样点，每个剖面选取距上顶 1cm（C 层）、中（B 层）、距下底 1cm 三层（A 层）；每层选左中右各 3 个点（a1、a2、a3）为剖面取样点，即每个剖面选取 9 个点，共选 9×7＝63 个取样点。每点取样 100g，测定的钙离子分布，测试结果见表 5-1、表 5-2、表 5-3。

表 5-1　搅拌 5min 钙离子分布

Ca（%）	C			B			A		
	a1	a2	a3	a1	a2	a3	a1	a2	a3
0cm	32.2	31.4	31.1	30.7	32.2	31.9	32.2	32.2	30.4
3cm	31.5	31.3	30.8	31.6	32.1	31	31	32.9	31.5
6cm	32.2	30.7	31.6	32.1	32.1	30.8	31.6	30.7	30.6
9cm	31.6	30.7	31.8	31.1	32.1	30.8	31.6	30.7	30.6
12cm	30.6	30.6	30.5	32.4	30.6	30.7	32.7	30.8	32.3
15cm	31.9	31	31.8	31.9	32.1	31.2	30.9	32.1	32.4
18cm	30.9	32.3	30.6	30.6	30.4	32.2	31.2	31.3	30.9
21cm	32.4	32.6	32	32.5	32.6	31.5	32.6	32.4	32.7

表 5-2　搅拌 10min 钙离子分布

Ca（%）	C			B			A		
	a1	a2	a3	a1	a2	a3	a1	a2	a3
0cm	31.6	31.6	111.5	31.8	31.6	31.7	32.4	32.8	32.3
3cm	31.9	31	31.8	31.9	32.1	31.2	30.9	32.1	32.4
6cm	31.9	32.3	30.6	30.6	30.4	32.2	31.2	31.3	30.9
9cm	32.4	32.6	32	32.5	32.6	31.5	32.6	32.4	32.7
12cm	32.2	30.7	31.6	32.1	32.1	30.8	31.6	30.7	30.6
15cm	31.6	30.7	31.8	31.1	32.1	30.8	31.6	30.7	30.6
18cm	30.6	30.6	30.5	32.4	30.6	30.7	32.7	30.8	32.3
21cm	31.9	31	31.8	31.9	32.1	31.2	30.9	32.1	32.4

表 5-3　搅拌 15min 钙离子分布

Ca（%）	C			B			A		
	a1	a2	a3	a1	a2	a3	a1	a2	a3
0cm	32.2	31.9	31.6	32.1	32.1	32.8	31.6	32.7	32.6
3cm	31.6	31.9	31.8	31.1	32.1	32.8	31.6	32.7	32.6
6cm	32.6	31.9	32.5	32.4	32.6	32.7	32.7	32.8	32.3
9cm	31.9	31.9	31.8	31.9	32.1	31.2	30.9	32.1	32.4
12cm	32.2	31.7	31.6	32.1	32.1	32.8	31.6	32.7	32.6
15cm	31.9	31.9	31.8	31.9	32.1	31.2	30.9	32.1	32.4
18cm	31.9	32.3	32.6	32.6	32.4	32.2	31.2	31.3	30.9
21cm	32.4	32.6	32	32.5	32.6	31.9	32.6	32.4	32.7

从表 5-1、表 5-2、表 5-3 中可以看出：63 个取样点中的钙含量较一致，说明犁刀型污泥/石灰高效混合器作为核心设备可行，该设备起到了很好的混合效果。搅拌时间从 5min 延长到 15min 后，钙离子分布变均匀，说明增加搅拌时间，有利于钙的均匀分布，提高混合效果，但差异不显著。因此，为节省动力消耗，污泥加碱的搅拌时间以 5min 最为经济。

（四）污泥石灰干化工程化工艺开发

根据核心设备的小试效果，结合国外的经验，开发的污泥石灰干化工程化工艺流程如图 5-11 所示。

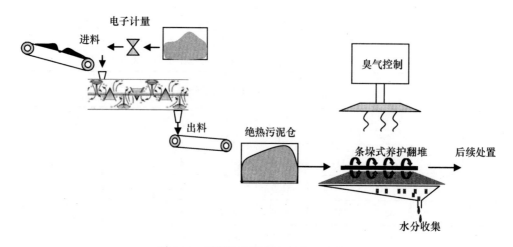

图 5-11　污泥石灰干化工程化工艺流程

四、石灰对污泥含水率的影响

（一）石灰对污泥蒸发速率的影响

1. 试验材料

采用在 10kg 脱水污泥中分别添加 5％、7％、10％、12％、15％的工业石灰和 15％的分析纯石灰等 6 个处理，同时，以原始脱水污泥为对照。

2. 检测方法

（1）蒸发速率的测定方法

在 10kg 脱水污泥中分别添加 5％、7％、10％、15％的工业用生石灰（CaO）和 15％的试验用分析纯 CaO，在混合设备中充分搅拌 5min 后取 20g 左右污泥样品，置于室温条件下，每 5min 测定其质量随时间变化，计算蒸发率。

（2）蒸发速率的计算方法

污泥的原始质量记录为 m，每 5min 记录一次质量（g）为：m_1、m_2、m_3、$\cdots$、m_n，对应的时间（min）为 t_1、t_2、t_3、$\cdots$、t_n，则：

t_n时刻水分蒸发的质量（g）：

$$k_n = m - m_n \qquad (5-1)$$

污泥中水分的蒸发速率（g/min）：

$$v = k_n / t_n \qquad (5-2)$$

单位质量污泥中水分的蒸发速率为（min^{-1}）：

$$v' = k_n / t_n m_n \qquad (5-3)$$

3. 石灰对污泥蒸发速率的影响

将 5 个处理分别在混合设备中充分搅拌 5min 后，取样 20g，每隔 5min 测定污泥的质量变化，连续测定 205min。按照公式（5-1）、式（5-2）、式（5-3）计算单位质量污泥中水分的蒸发速率，计算结果如图 5-12 所示。

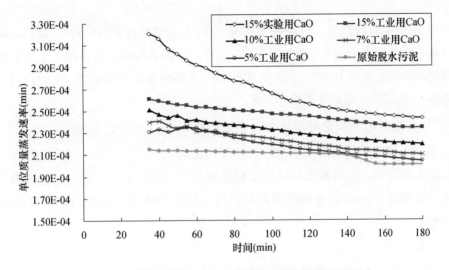

图 5-12 不同含量的生石灰后对单位质量蒸发速率的影响

从图 5-12 中可以看出：随着石灰添加量的增加，单位质量污泥中水分的蒸发速率也随着增加。5 个处理中，单位质量污泥的水分蒸发速率依次为：15％试验用分析纯 CaO＞15％工业用 CaO＞10％工业用 CaO＞7％工业用 CaO＞5％工业用 CaO＞原始脱水污泥。

（二）石灰对污泥含水率的影响

从图 5-12 已知，除处理 5 外，处理 1～4 的单位质量水分蒸发速率变化趋势基本一致。因此，选择添加 15％工业用生石灰（CaO）的污泥，观察污泥含水率随蒸发速率的变化情况。

在 10kg 中污泥添加 15％工业用生石灰（CaO），混合 5min，取出，自然晾晒。每隔 5min 测定一次含水率，连续测定 4000min。

添加 15％工业用生石灰（CaO）的污泥在 4000min 内的含水率变化如图 5-13 所示。

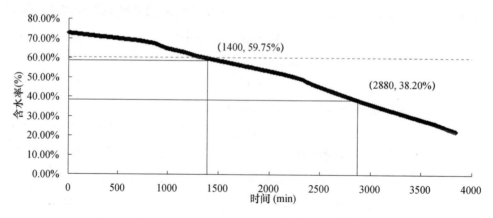

图 5-13　脱水污泥添加 15％工业用 CaO 后含水率随时间的变化

从图 5-13 中可以看出：在污泥中添加 15％工业用生石灰（CaO），自然晾晒 23h 后，含水率就从混合后的 72.78％降为 59.75％，达到了我国新颁布的《生活垃圾填埋场污染控制标准》（GB 16889—2008）中的 60％入场要求。自然晾晒 48h 后，污泥的含水率降至 40％以下，减量效果极为显著。

（三）石灰不同添加量对污泥含水率的影响

1. 石灰不同添加量对含水率 86.0％污泥的影响

在含水率为 86.0％的脱水污泥中分别添加 5％、7％、10％、12％、15％的工业用生石灰，充分混合 5min，分别测定其搅拌后、24h、48h 后污泥的含水率。其结果如图 5-14 所示。

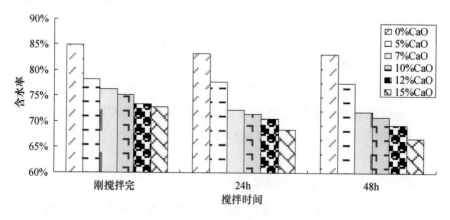

图 5-14　不同生石灰添加量对含水率 86％污泥的影响

从图 5-14 中可以看出：在含水率为 86.0％的脱水污泥中分别添加 5％、7％、10％、12％、15％的工业用生石灰后，其搅拌后、晾晒 24h、晾晒 48h 后的含水率均呈线性下降，实现了半干化。

在含水率为 86.0％的脱水污泥中分别添加 5％、7％、10％、12％、15％五种比率的工业用生石灰后，其含水率的下降函数分别为：$y（5\%）=-2.205x+77.893$；$y（7\%）=-2.135x+76.783$；$y（10\%）=-5.26x+63.35$；$y（12\%）=-2.075x+75.237$；$y（15\%）=-3.005x+75.333$。

从比率系数可以看出：含水率为 86.0％的脱水污泥，添加 5％、7％、10％、12％、15％的工业用生石灰后，含水率下降速率差异不显著。

2. 石灰不同添加量对含水率 74.3％污泥的影响

在含水率为 74.3％的脱水污泥中分别添加 5％、7％、10％、12％、15％的工业用生石灰，充分混合 5min，分别测定其搅拌后、24h、48h 后污泥的含水率。结果如图 5-15 所示。

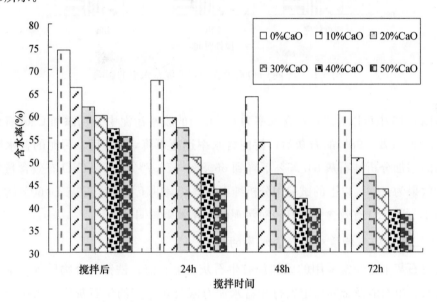

图 5-15　不同生石灰添加量对含水率 74.3％污泥的影响

从图 5-15 中可以看出：在含水率为 74.3％的脱水污泥中分别添加 10％、20％、30％、40％、50％的工业用生石灰后，其搅拌后、晾晒 24h、晾晒 48h 后的含水率均呈线性下降，实现了半干化。

在含水率为 74.3％的脱水污泥中分别添加 10％、20％、30％、40％、50％的工业用生石灰后，其含水率下降函数分别为：$y（10\%）=-5.19x+70.5$；$y（20\%）=-5.45x+66.9$；$y（30\%）=-5.26x+63.35$；$y（40\%）=-5.8x+59.4$；$y（50\%）=-5.67x+59.75$。

从比例系数可以看出：含水率为 74.3％的脱水污泥，添加 10％、20％、30％、40％、50％的工业用生石灰后，含水率下降速率差异不显著。

（四）CaO 有效含量对污泥含水率的影响

在含水率为 84.95％的脱水污泥中分别添加 CaO 有效含量为 60％、85％及≥98％的石灰，测定污泥含水率变化，结果如图 5-16 所示。

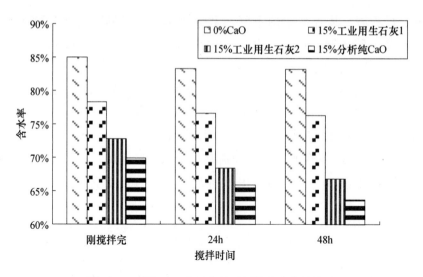

图 5-16　不同 CaO 有效含量对污泥含水率的影响

从图 5-16 中可以看出：在含水率为 84.95％的脱水污泥中分别添加 CaO 有效含量为 60％、85％及≥98％的石灰后，污泥含水率迅速下降，48h 后，污泥的含水率分别从原始的添加分析纯石灰 84.95％下降到 66.8％～72.7％。三种 CaO 有效含量对污泥干化的效果为：98％以上的试验用分析纯石灰＞85％的工业用生石灰 2＞60％的工业用生石灰 1，即 CaO 有效含量越高，对污泥的干化效果越明显。

（五）其他碱基物质对污泥含水率的影响

污泥石灰干化经常采用的添加剂有生石灰、电石渣、铁铝复合物质等。本项目选择生石灰、电石渣及金隅保定太行和益水泥有限公司生产的生石灰作为污泥干化添加剂，同时以化学纯 CaO 试剂作为对照，比较不同碱性物质对污泥含水率降低的影响。

在污泥中添加 10％的碱性物质，采用净浆搅拌机搅拌 30min，使污泥与石灰充分混合后放在阳光下晾晒，每天翻抛。不同时间的污泥含水率变化如图 5-17 所示。

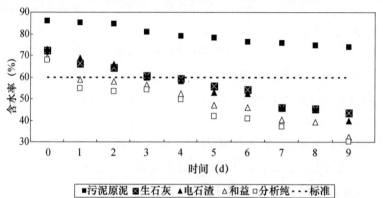

图 5-17　不同时间的污泥含水率变化

从图 5-17 中可以看出：在含水率为 86.0％的脱水污泥中分别添加 10％生石灰、电石渣、和益生石灰后，放在阳光下晾晒，同时每天翻抛的工艺使得污泥含水率持续下降，以添加和益生石灰及分析纯生石灰效果最佳，经过 2d 的晾晒翻抛，含水率即可降为 60％以下。

（六）养护对污泥含水率的影响

在初始含水率为 86.0％的脱水污泥中分别添加 5％、10％、15％的工业用生石灰，经过 5min 的充分搅拌混合后，分别取 50g 放入培养皿中，均匀铺平，在自然条件下进行养护。分别观察其表观特征的变化，结果如图 5-18 所示。

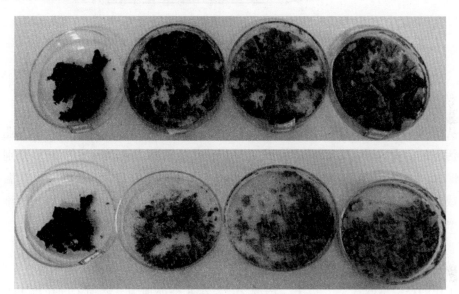

图 5-18 养护对污泥的干化效果

注：图第一排从左到右的添加量为：0％、5％、10％、15％，放置时间为 24h；
图第二排从左到右的添加量为：0％、5％、10％、15％，放置时间为 48h。

从图 5-18 可以看出：在自然养护 24h、48h 之后，各处理污泥的含水率有了很大的降低，逐渐表面干化、结痂、裂开；从最初的团状、泥状变为块状、片状，说明养护有助于污泥的干化。因此，如果在污泥后续处理中增加养护翻堆设备，则可加快污泥干化进程。

五、石灰对污泥稳定化的影响

（一）不同比率石灰对污泥的升温效果

在 10kg 脱水污泥中分别添加 0％、5％、7％、10％、12％、15％的工业用生石灰，充分混合 5min，将污泥从高效混合器内取出，放入塑料盆中，每隔 10min 用数显温度计测定其温度的变化，共持续测定 3h。不同比率石灰对污泥的升温效果如图 5-19 所示。

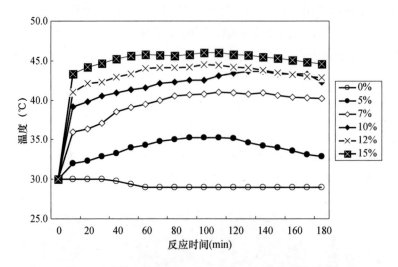

图 5-19　添加不同比率工业生石灰对污泥的升温效果

从图 5-19 中可以看出：在污泥中添加 5％、7％、10％、12％、15％的工业石灰后，污泥的温度均升高，以反应的最初 10min 升温最多，从原污泥的 30℃ 分别升高到 43.3℃、41.0℃、39.2℃、36.0℃ 和 32.0℃；反应 80～100min 以后，升温幅度下降或趋于平缓。随着石灰添加量的增加，污泥升温幅度也呈增加趋势，即添加不同比率工业生石灰后，污泥的升温幅度依次为：5％＜7％＜10％＜12％＜15％工业石灰。

按照欧盟指引（污泥特性、作用与处理管理，CR 13714—2001）中的规定："污泥实现干化的稳定条件是 55℃ 以上、持续 2h"。在 6 个处理中，添加不同比率工业生石灰，污泥升温值都没有达到或者超过 55℃，原因可能是：试验用的污泥量太少；污泥从密闭的混合器内取出，测定温度时完全敞开在空中，散热较快，保温性能差，因此，在石灰与污泥混合后，需要增加污泥密闭反应仓，以促进污泥升温和完全反应，以达到欧盟指引中的温度要求。

一般控制微生物生命活动进程的最高和最低的限值分别为 35℃ 和 10℃。因此，当污泥与石灰的反应温度达到 40℃ 左右时，对污泥中的微生物活动起到了严重的抑制，促进了污泥的稳定化。

（二）不同比率石灰对污泥 pH 值的影响

在 10kg 脱水污泥中分别添加 0％、5％、7％、10％、12％、15％的工业用生石灰，充分混合 5min，取 5g 污泥样品置于 150mL 具塞磨口锥形瓶中，加入 50mL 无二氧化碳水浸泡，密封。在室温条件下置于往复式振荡器上振荡 4h 后，进行离心，离心 5min 后，取上层清液进行 pH 值测定。不同比率石灰对污泥 pH 值的改变如图 5-20 所示。

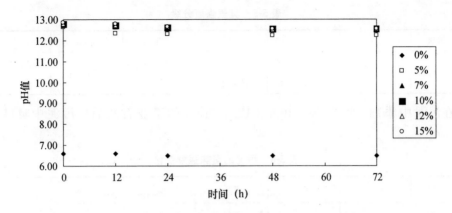

图 5-20　添加不同比率工业生石灰对污泥 pH 值的影响

从图 5-20 中可知：在污泥中添加 5％、7％、10％、12％、15％的工业石灰后，由于碱性物质的作用致使污泥中的 pH 值增高，从原污泥的 6.5 左右均升高到 12 以上，并且随着污泥干化时间的延长，pH 值变化不大。

按照欧盟指引（污泥特性、作用与处理管理，CR 13714—2001）中的规定："pH 值呈高碱性状态下（＞12），污泥中的致病微生物能得到有效去除"。美国环境局（USEPA，1993）对石灰稳定的生物固体大幅去除病原菌的工艺要求是：生物固体的 pH 值在 2h 内必须保持在 12，在接下来的 22h 保持 11.5。因此，在机械脱水后的污泥中掺入碱性材料，尤其是石灰，可以帮助处理后的产物达到欧盟指引污泥稳定化要求及美国环境局关于 B 或 A 类生物固体的最低标准。

（三）不同比率石灰对污泥的杀菌效果

在污泥中添加 5％、7％、10％、12％、15％的工业石灰后，分别测定 6 个处理的污泥中粪大肠菌群值的变化，测定结果见表 5-4。

表 5-4　添加不同比率工业生石灰后粪大肠菌群值的变化　　　　（g/MPN）

添加比率	0%	5%	7%	10%	12%	15%
粪大肠菌群值	1.08×10^{-8}	0.067	0.161	0.163	0.333	＞0.333

从表 5-4 中可以看出：随着石灰添加量的增加，粪大肠菌群值呈现显著下降的趋势，原污泥中粪大肠菌群值为 1.08×10^{-8} g/MPN，远远低于我国《城镇污水处理厂污泥泥质》（GB 24188—2007）规定的 0.01g/MPN 的值；而所有处理后污泥中，粪大肠菌基本全被杀灭，其值远远高于 0.01g/MPN，符合我国《城镇污水处理厂污泥泥质》（GB 24188—2007）的规定限值，即在污泥中添加 5％、7％、10％、12％、15％的工业石灰后，杀菌效果极显著，污泥实现了无害化。

（四）不同比率石灰对污泥恶臭的抑制

本试验采用感官分析方法，根据已有的资料及恶臭强度分级，将臭气强度分为 6 级，见表 5-5。

表 5-5　臭气强度分级

强度等级	0	1	2	3	4	5
嗅觉判别标准	无臭	勉强可以感觉到轻微臭味	容易感到微弱臭味	明显感到臭味	强烈臭味	无法忍受的强烈臭味

在污泥中添加 5％、7％、10％、12％、15％的工业石灰后，污泥中臭味强度见表 5-6。

表 5-6　污泥的臭味强度变化

添加比率	0％	5％	7％	10％	12％	15％
臭气强度	5	2	2	2	1	1

从表 5-6 可以看出：在污泥中添加 5％、7％、10％、12％、15％的工业石灰后，污泥中臭味强度显著降低，从 5 级降为 2 级以下。在污泥中添加 12％、15％的工业石灰，可以使污泥的臭味强度降到 1 级，即从无法忍受的强烈臭味降低至勉强可以感觉到轻微臭味。

（五）不同比率石灰对污泥稳定化效果的模糊评价

1. 确定模糊评价因子和评价分级标准

选择温度、pH 值、粪大肠菌值、臭度为评价因子，将污泥的稳定化效果分为 3 个等级：Ⅰ级（好）、Ⅱ级（中）、Ⅲ级（差），则评价集 V＝｛Ⅰ，Ⅱ，Ⅲ｝。

评价等级根据欧盟指引（CR 13714—2001）、美国环境局（USEPA）、《城镇污水处理厂污泥泥质》（GB 24188—2007）等划分为三级，各评价因子的分级标准见表 5-7。

表 5-7　模糊评价分级指标

评价因子	分级标准			单位
	Ⅰ级	Ⅱ级	Ⅲ级	
温度	55	50	45	℃
pH 值	12	11	10	—
粪大肠菌值	0.01	0.001	0.0001	g/MPN
臭度	1	2	3	

2. 隶属度函数

根据地下水质量标准的各级标准分别建立每种评价因子相应于不同水质级别的隶属函数。本研究采用指派方法中的降半梯形模糊分布建立隶属函数，表达式如下：

$$R_{\mathrm{I}}(C_i)=\begin{cases}1 & 0\leqslant C_i\leqslant \mathrm{I}\\ \dfrac{\mathrm{II}-C_i}{\mathrm{II}-\mathrm{I}}, & \mathrm{I}<C_i<\mathrm{II}\\ 0 & C_i\geqslant \mathrm{II}\end{cases}$$

$$R_{II}(C_i) = \begin{cases} 0, & C_i \leqslant I \text{ 或 } C_i \geqslant III \\ \dfrac{C_i - I}{II - I}, & I \leqslant C_i \leqslant II \\ \dfrac{III - C_i}{III - II}, & II < C_i < III \end{cases}$$

$$R_{III}(C_i) = \begin{cases} 0, & C_i \leqslant II \text{ 或 } C_i \geqslant IV \\ \dfrac{C_i - II}{III - II}, & II \leqslant C_i \leqslant III \\ \dfrac{IV - C_i}{IV - III}, & III < C_i < IV \end{cases} \tag{5-4}$$

3. 隶属度矩阵

将污泥的实际监测值代入相应的隶属函数，计算隶属度得到相应的隶属度矩阵 $\boldsymbol{R}$。m 个评价因子隶属于 n 个不同级别的隶属度组成隶属度矩阵 $\boldsymbol{R}$（$\boldsymbol{R}$ 为 $m \times n$ 阶）。本书中 $m=4$，$n=3$。

$$\boldsymbol{R} = \begin{bmatrix} r_{1,1} & r_{1,2} & \cdots & r_{1,n} \\ r_{2,1} & r_{2,2} & \cdots & r_{2,n} \\ \vdots & \vdots & & \vdots \\ r_{m,1} & r_{m,2} & \cdots & r_{m,n} \end{bmatrix} \tag{5-5}$$

4. 评价因子权重计算

本书运用的权重计算式为：

$$w_i = \left(\frac{c_i}{s_i}\right) / \sum_{i=1}^{m} \frac{c_i}{s_i} \tag{5-6}$$

式（5-6）中，w_i 为第 i 种评价因子的权重；c_i 为第 i 种评价因子实测值；s_i 为第 i 种评价因子分级标准平均值；m 为评价因子个数。

计算出各因子权重后，组成权重模糊矩阵 $\boldsymbol{W} = \{w_1, w_2, \cdots, w_m\}$。

5. 模糊评价结果

模糊综合评价结果是通过模糊数学矩阵的乘法求出运算结果 $\boldsymbol{A} \cdot \boldsymbol{R}$，算法与普通矩阵类似，只将矩阵乘法运算中的加号"＋"改为"∨"，将乘号改为"∧"，"∨"的意义取加数中最大的为"和"，"∧"的意义为取相乘两数较小的为"积"。得到

$$\boldsymbol{B} = \boldsymbol{A} \cdot \boldsymbol{R} = (V_1, V_2, V_3, \cdots, V_m) \times \begin{bmatrix} r_{1,1} & r_{1,2} & \cdots & r_{1,n} \\ r_{2,1} & r_{2,2} & \cdots & r_{2,n} \\ \vdots & \vdots & & \vdots \\ r_{m,1} & r_{m,2} & \cdots & r_{m,n} \end{bmatrix} = (b_1, b_2, b_3, \cdots, b_n)$$

$$\tag{5-7}$$

式（5-7）中 b_n 为复合运算结果，此结果对应于各级水质的隶属度，水质评价结果

一般采取隶属度最大的原则。当同时存在两个或两个以上最大值时，取次大值贴近的一个作为最后评价结果的级别。

模糊评价结果见表 5-8。

表 5-8   模糊评价结果

处理	模糊评价矩阵	污泥稳定等级	评价
0%	$W \cdot R = \{0, 0, 0.61\}$	V	差
5%	$W \cdot R = \{0.4, 0.2, 0.17\}$	I	好
7%	$W \cdot R = \{0.58, 0.14, 0.12\}$	I	好
10%	$W \cdot R = \{0.64, 0.13, 0.10\}$	I	好
12%	$W \cdot R = \{0.72, 0, 0.09\}$	I	好
15%	$W \cdot R = \{0.73, 0, 0.08\}$	I	好

从表 5-8 中可以看出：在污泥中分别添加 5%、7%、10%、12%、15%的工业石灰后，污泥稳定化程度高，评价结果都为一级。因此，添加 5%的石灰即可实现污泥的稳定化。

六、添加工业石灰对污泥干基热值的影响

在原污泥中分别添加 5%、10%、15%及 20%的工业石灰后，测定原污泥及添加不同石灰后污泥的干基热值及有机物含量率，测定结果如图 5-21 所示。

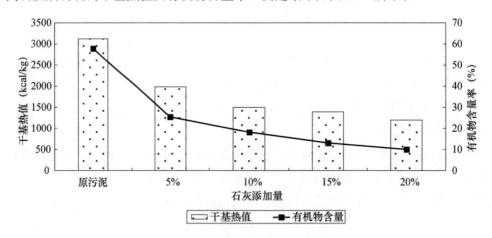

图 5-21   添加不同比率石灰对污泥中干基热值和有机物的影响

从图 5-21 中可以看出：在原污泥中分别添加 5%、10%、15%和 20%的工业生石灰后，污泥的干基热值和有机物含量率均显著下降：在原污泥中添加 20%的生石灰后，污泥干基热值从原污泥的 3125kcal/kg 下降为 1194kcal/kg，下降了 60%以上；有机物含量率从原污泥的 57.88%下降为 10%左右。

七、石灰对污泥恶臭物质的抑制

(一) 原泥中的恶臭挥发特性

1. 常温下污泥 VOCs 挥发特性

参照《土壤和沉积物 挥发性有机物的测定 吹扫捕集/气相色谱-质谱法》（HJ 605—2011）中的测试方法测定污泥中的挥发性有机物成分（VOCs）。污泥中的 VOCs 图谱及 VOCs 组分分别如图 5-22、表 5-9 所示。

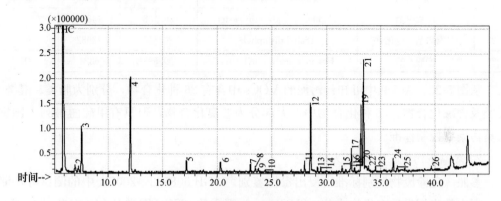

图 5-22　常温下污泥中的 VOCs 图谱

表 5-9　常温下污泥中的 VOCs 组成

序号	中文名称	英文名称	保留时间（min）	峰面积	相似度（%）
1	乙醇	Ethanol	5.880	3291638	98
2	甲硫醚	Methyl sulfide	6.981	20266	89
3	乙酸甲酯	Methyl acetate	7.565	328891	98
4	乙酸乙酯	Ethyl Acetate	12.033	648000	98
5	3-丁烯腈	3-Butenenitrile	17.183	39070	93
6	二甲基二硫醚	Dimethyl disulfide	20.317	37262	93
7	丁酸乙酯	Butanoic acid, ethyl ester	23.039	14953	91
8	3-甲基-丁烯腈	3-Methyl-3-butenenitrile	23.470	18485	84
9	己醛	Hexanal	23.760	6364	83
10	戊酸甲酯	Pentanoic acid, methyl ester	24.364	5364	70
11	戊酸乙酯	Pentanoic acid, ethyl ester	27.969	15111	93
12	丙烯基异硫氰化物	Allyl Isothiocyanate	28.514	154692	98
13	己酸甲酯	Hexanoic acid, methyl ester	29.148	9559	87
14	甲基-2-丙烯基-二硫化物	Disulfide, methyl 2-propenyl	29.472	16873	88
15	蒎烯	beta.-Pinene	31.422	13937	88
16	1，3-二甲基三硫烷	1，3-Dimethyltrisulfan	32.187	17267	89
17	己酸乙酯	Hexanoic acid, ethyl ester	32.259	32032	95

续表

序号	中文名称	英文名称	保留时间（min）	峰面积	相似度（%）
18	安息香醛（苯甲醛）	Benzaldehyde	32.551	8841	80
19	异硫氰酸-3-丁烯酯	Isothiocyanic acid，3-butenyl ester	33.136	166527	99
20	反式-罗勒烯	beta.-trans-Ocimene	33.246	15291	87
21	D-柠檬烯	D-Limonene	33.384	141948	99
22	罗勒烯	beta.-Ocimene	33.839	7473	80
23	萜品烯	gamma.-Terpinene	34.499	9458	86
24	庚酸甲酯	Heptanoic acid，ethyl ester	36.138	14806	93
25	二丙烯基二硫化物	Diallyl disulphide	36.515	13982	90
26	辛酸乙酯	Octanoic acid，ethyl ester	39.685	6324	81

从图 5-22、表 5-9 中可知：污泥的 VOCs 中含有 26 种化合物，分别为脂类、醛类、烃类及含硫化合物。26 种化合物中，大部分为恶臭化合物，但只有甲硫醚被列入国家恶臭污染物控制标准。

2. 常温下污泥 SVOC 挥发特性

参照《危险废物鉴别标准　浸出毒性鉴别》（GB 5085.3—2007）中的测试方法测定污泥中的半挥发性有机物成分（SVOC）。污泥中的 SVOC 图谱及 SVOC 组分分别如图 5-23、表 5-10 所示。

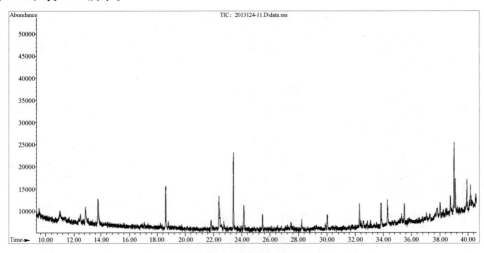

图 5-23　常温下污泥中的 SVOC 图谱

表 5-10　常温下污泥中的 SVOC 组成

序号	化合物中文名称	化合物英文名称	相似度（%）	保留时间（min）
1	丙烯基异硫氰酸盐	Allyl isothiocyanate	91	18.591
2	4-异硫氰基-1-丁烯	1-Butene，4-isothiocyanato-	74	23.406
3	右旋柠檬烯	D-Limonene	93	24.162
	柠檬烯	Limonene	89	

序号	化合物中文名称	化合物英文名称	相似度（%）	保留时间（min）
4	告依春	Goitrin	90	42.922
5	十六烷酸甲酯	Hexadecanoic acid, methyl ester	95	48.503
	14-甲基十五烷酸甲酯	Pentadecanoic acid, 14-methyl-, methyl ester	93	
6	E-11-十六碳烯酸乙酯	E-11-Hexadecenoic acid, ethyl ester	94	49.495
	9-十六碳烯酸乙酯	Ethyl 9-hexadecenoate	94	
7	十六烷酸乙酯	Hexadecanoic acid, ethyl ester	97	49.794
8	10，13-十八碳二烯酸甲酯	10, 13-Octadecadienoic acid, methyl ester	99	52.100
	（E，E）-9，12-十八碳二烯酸甲酯	9, 12-Octadecadienoic acid, methyl ester, (E, E) -	96	
	11，14-十八碳二烯酸甲酯	11, 14-Octadecadienoic acid, methyl ester	93	
9	9，12-十八碳二烯酸乙酯	9, 12-Octadecadienoic acid, ethyl ester	99	53.270
	亚油酸乙酯	Linoleic acid ethyl ester	99	
10	油酸乙酯	Ethyl Oleate	89	53.381
11	（Z，Z，Z）-9，12，15-十八碳三烯酸乙酯	9, 12, 15-Octadecatrienoic acid, ethyl ester, (Z, Z, Z) -	99	53.463
12	11，13-二甲基-12-十四碳烯-1-醇乙酸盐	11, 13-Dimethyl-12-tetradecen-1-ol acetate	72	54.879
13	十六烷酸-2-羟基-1-（羟甲基）乙酯	Hexadecanoic acid, 2-hydroxy-1-(hydroxymethyl) ethyl ester	73	55.240
14	丙二醇一油酸酯	Propyleneglycol monoleate	94	58.399

从图 5-23、表 5-10 中可知：污泥中的 SVOC 含有 14 种化合物，分别为脂类、烃类及盐类化合物。

3. 常温下污泥苯类化合物特性

参照《固体废物挥发性有机物的测定》（HJ 760—2015）中的方法，测定污泥中的苯系物含量，测定结果如图 5-24 所示。

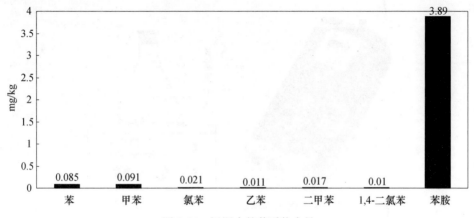

图 5-24 污泥中的苯系物含量

从图 5-24 中可知：污泥中的含有的苯系物有苯、甲苯、氯苯、乙苯、二甲苯、1，4-二氯苯及苯胺等，以苯胺含量最高，为 3.89mg/kg。

4. 恶臭产生的生物化学原理

从分子生物学的角度分析，淀粉和纤维素类等碳水化合物在被微生物的分解代谢过程中，首先分解为单糖，再进一步分解为醛类、酮类及二氧化碳等。脂肪在被微生物的分解代谢过程中，首先分解为甘油和脂肪酸，再进一步分解为低级脂肪酸、醛类、酮类及二氧化碳等。蛋白质在被微生物的分解代谢过程中，逐步分解为氨基酸、脂肪酸、有机胺类、含硫化合物及氨、硫化氢等。这些代谢产物中，醛类、酮类、脂肪酸、有机胺类、含硫化合物、氨、硫化氢等物质均为恶臭化合物。

从蛋白质、脂类和碳水化合物这三种有机物的分解速度来看，碳水化合物的分解速度最快，脂肪次之，蛋白质的分解速度最慢（郑元景等，1988）。所以污泥中有机物的降解首先是从碳水化合物开始，然后是脂肪，在此期间异味主要是由酸、醇、酮等引起。随着蛋白质开始分解，恶臭物质增加。

从恶臭物质成分分析，碳水化合物与脂肪分解过程中主要的恶臭物质为低级脂肪酸、醇、酮等，而最重要的恶臭物质，包括硫化氢、氨、有机硫、有机氮都是均由蛋白质分解产生的。据此分析，污泥中蛋白质含量越高，因生物作用产生的恶臭风险也就越大。

（二）添加石灰对污泥硫化物的抑制

研究表明：添加石灰可减少污泥中还原性硫化物（RSCs）的产量，这可能是由于石灰降低了污泥中含硫成分的微生物代谢及灭活了含硫微生物细胞所造成的。有的学者使用了一种响应多种还原性硫化物的分析仪——Jerome631-X 型便携式硫化氢测定仪，用于定量推算污泥释放的总 RSCs 的相对量。

1. 试验装置及测试方法

采用 Jerome631-X 型便携式硫化氢测定仪监测污泥中还原性硫化物的释放浓度，进而推断石灰对污泥中含硫成分的微生物代谢抑制及灭活作用。试验装置如图 5-25 所示。

Jerome 631 -X型便携式硫化氢测定仪

振荡器

图 5-25　试验装置

Jerome631-X 型便携式硫化氢测定仪测定的还原性硫化合物的响应度见表 5-11。

表 5-11　Jerome631-X 型便携式硫化氢测定仪响应度

化合物	氢化硫	羰基硫	二甲基硫	二乙基硫	二硫化碳	二甲基二硫	二乙基二硫	乙硫醇	正丙硫醇	正丁硫醇	叔丁硫醇	噻吩
响应度（%）	100	36	7	25	0.01	40	17	45	40	33	35	0.8

2. 添加工业生石灰对原污泥中硫化物的抑制

在原污泥中分别添加 5%、10%、15%的工业生石灰，混合设备中充分搅拌后进入绝热污泥仓充分反应，按照图 5-11 中的工业化工艺流程，取混合设备出口污泥及绝热污泥仓口污泥各 100g，放入具塞锥形瓶中，每 30min 用 Jerome631-X 型硫化氢测定仪测定还原性硫化物的释放浓度，连续测定 380min，测试结果如图 5-26 所示。

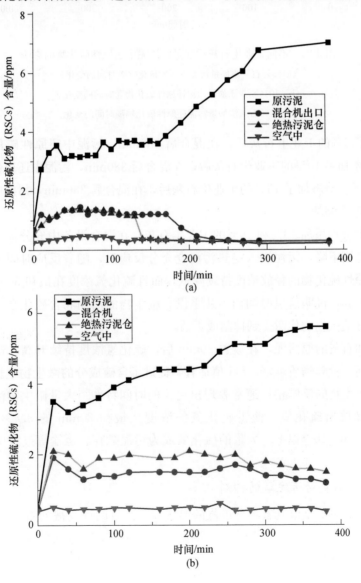

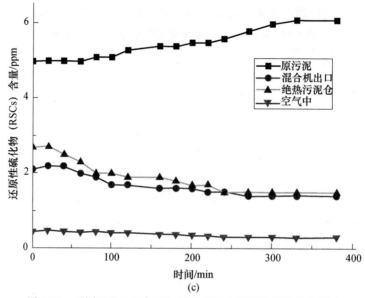

图 5-26　不同工业生石灰添加量对污泥中还原性硫化物的影响
（a）5%石灰添加量污泥还原性硫化物随时间的变化；
（b）10%石灰添加量污泥还原性硫化物随时间的变化；
（c）15%石灰添加量污泥还原性硫化物随时间的变化。

　　当添加了 5%的工业生石灰后，在混合后 380min，污泥中还原性硫化物的浓度降低 75%；当添加了 10%的工业生石灰后，在混合后 380min，污泥中还原性硫化物的浓度降低了 81%。当添加了 15%的工业生石灰后，在混合后 380min，污泥中还原性硫化物的浓度降低了 98.9%。

　　原污泥中分别添加 10%和 15%的工业生石灰，在混合设备中充分搅拌后，还原性硫化物浓度急剧下降，污泥进入绝热污泥仓充分反应后，随着反应时间的延长，绝热污泥仓口还原性硫化物的释放浓度持续降低，而且硫化氢浓度在最初 30min 与 400min 后没有显著差异，说明这段时间内，几乎没有微生物的活动和含硫化合物产生，即污泥中含硫成分的微生物代谢受到抑制或灭活。

　　而未添加石灰的原污泥，在放置 30min 后，硫化氢浓度持续升高，这是因为污泥中的含水率高，营养物质丰富，pH 值适宜，促进了含硫成分的微生物生长繁殖，而且生物过程与非生物的反应相比通常表现出更长的时间特性。大量微生物活动，将含硫物质分解，释放出硫化氢，使得硫化氢的浓度从最初 30min 的 3.4×10^{-6} 增加到 400min 后的 5.6×10^{-6} 以上，大量的硫化氢成为污泥贮存、运输等过程中恶臭的重要来源之一。

　　（三）添加石灰对污泥氨的抑制

　　污泥中的氮主要是以氨氮和有机氮的形式存在。氨的挥发被列为 A 类碱性稳定生物固体稳定性评估措施。本研究通过监测氨气释放浓度，评估污泥中含氮有机物的分解和污泥的稳定化程度。

在原污泥中分别添加 5%、10%、15% 的工业生石灰，在混合设备中充分搅拌 5min 后进入绝热污泥仓充分反应，测定混合设备出口及绝热污泥仓口氨气的释放浓度，测定结果如图 5-27 所示。

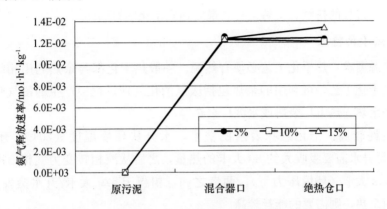

图 5-27　添加不同比率工业生石灰对污泥中氨气释放速率的影响

从图 5-27 中可以看出：在原污泥中分别添加 5%、10% 和 15% 的工业生石灰后，混合器出口及绝热污泥仓出口的氨气释放速率急剧上升，从原污泥的 3.34×10^{-6} mol/（h·kg）上升到 0.01mol/（h·kg）以上，增加了万倍。

在未稳定污泥中任何氨化的氮元素主要以离子化的、不挥发的形式存在。离子态的氨氮随着 pH 值的增加成为氨气释放出来。分别添加 5%、10% 和 15% 的工业生石灰对氨气释放速率影响不显著，说明混合器的混合效果较好，石灰和污泥达到了完全混合。

第二节　污泥热干化

一、热干化特点

（一）热干化定义

热干化是指利用热介质（高温烟气、蒸汽或导热油等），通过物料与热媒之间的传热作用，使物料中的湿分汽化，并将产生的蒸汽排除的一种工艺过程。

热干化不仅能去除物料中的水分，而且可使物料的臭味、病原体、稳定性能等得到显著改善，便于进一步处置。

（二）热干化机理

热干化可分为蒸发过程和扩散过程。

（1）蒸发过程：物料表面的水分汽化。由于物料表面的水蒸气压低于介质（气体）中的水蒸气分压，水分从物料表面移入介质。

（2）扩散过程：是与汽化密切相关的传质过程。当物料表面水分被蒸发掉，形成物料表面的湿度低于物料内部湿度，此时，需要热量的推动力将水分从内部转移到表面。

上述两个过程的持续、交替进行，最终达到干化的目的。

（三）热干化特点

（1）热源要求：热干化工艺必须有热源。一般热干化都与余热利用相结合，很少单独设置热干化工艺。可利用的余热包括厌氧消化处理过程中产生的沼气热能、垃圾和污泥焚烧余热、热电厂余热或水泥厂余热等。

（2）能耗较高：干化意味着水的蒸发，水分从环境温度（20℃）升温至沸点（100℃），每升水需要吸收大约80大卡的热量，之后从液相转变为气相，每升水大约需要吸收539大卡（环境压力下）。两者之和，相当于620大卡/升水蒸发量的热能，如果不采用余热，则需要的能耗较高。

（3）恶臭：有机固体废物在加热的过程中，必然会挥发大量的恶臭气体，如广东越堡水泥厂的污泥干化项目，因为恶臭严重，运行问题较多。

（四）污泥热干化技术应用

在20世纪40年代，美国、日本和欧洲等国家就开始采用转鼓干化技术干化污泥。80年代末期，污泥热干化研究也越来越成熟，干化设备不断改进，使污泥热干化技术得到迅速发展和推广。1994年年底，欧盟国家已经有110家专业的污泥干化处理厂。2001年7月，英国颁布了世界上第一个关于污泥热干化处理厂设计、运行、管理方面的标准。

二、污泥热干化工艺

经机械脱水后的污泥含水率仍在78%以上，污泥热干化可以通过污泥与热媒之间的传热作用，进一步去除脱水污泥中的水分使污泥减容。干化后污泥的臭味、病原体、黏度、不稳定等得到显著改善，可用作肥料、土壤改良剂、制建材、填埋、替代能源或是转变为油、气后再进一步提炼化工产品等。

污泥热干化工艺应与余热利用相结合，不宜单独设置热干化工艺，可充分利用污泥厌氧消化处理过程中产生的沼气热能、垃圾和污泥焚烧余热、热电厂余热或其他余热干化污泥。

（一）污泥热干化分类

污泥热干化设备按热介质与污泥接触方式，污泥热干化可分为直接加热式、间接加热式和直接/间接联合干燥式三种。

按设备进料方式和产品形态，污泥热干化大致分为两类：一类是采用干料返混系统，湿污泥在进料前先与一定比率的干泥混合，产品为球状颗粒；另一类是湿污泥直接进料，产品多为粉末状。

按工艺类型，污泥热干化可分为桨叶式干化、圆盘式干化、带式干化和流化床干化四种。

（二）桨叶式干化

1. 工艺概述

污泥储存于污泥暂存仓，经污泥输送泵泵送至桨叶式干化机进一步干燥至含水率30％，干燥后的污泥通过螺旋输送至干污泥料仓中。干化后的尾气经汽水分离后，冷凝液体送入自带污水处理站进行处理。一般采用蒸汽作为热源，将含水率约80％的污泥干化至含水率30％以下的干污泥。

某工艺采用的桨叶式干化的工艺流程如图5-28所示。

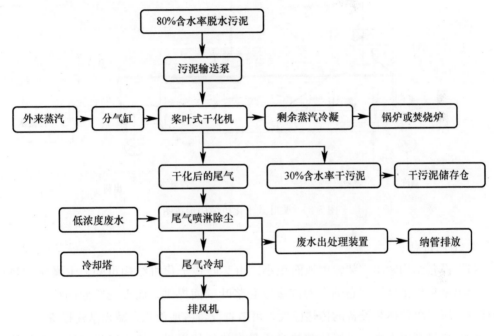

图 5-28　桨叶式干化工艺流程

桨叶式烘干机的污泥干化处理工艺主要包括湿污泥储运系统、干化系统、干污泥储运系统、臭气处理系统、电气系统、自控系统。进入桨叶式烘干机的污泥，在桨叶的作用下，受到激烈的搅拌及振动，以及加热介面的加热，所含水分迅速蒸发；在循环风机的作用下，作为载气的空气快速流经干化机，携带出水分，保证了污泥水分的蒸发速率和扩散速度；载气从干化机内排出后经洗涤塔处理，脱除载气中含有的大量水蒸气和少量粉尘；处理后的载气大部分通入干化机循环使用，另一部分进入除臭系统。

桨叶式干化机采用蒸汽间接加热干化，是一种通过特殊扇形结构的中空桨片传导热来干燥物料的低速搅拌式连续间接加热设备。干化机轴端装有蒸汽导入导出的旋转接头。蒸汽分为两路，分别进入桨叶式干化机壳体夹套和桨叶轴内腔，将机身和桨叶轴同时加热，以传导加热的方式对污泥进行加热干化。

湿污泥从进料口连续供给，通过桨叶的转动使污泥翻转、搅拌，不断更新加热介面，充分与被加热的机身和桨叶接触，被充分加热，使污泥所含的表面水分蒸发。同时，污泥随叶片轴的旋转向出料口方向输送，在输送中继续搅拌，使污泥中渗出的水分继续蒸发，最后，干化均匀的污泥由出料口排出。该机采用无级变速器连接变速箱，转速为 $5\sim20r/min$，可根据所进污泥的性质调节转速。蒸发的水蒸气由引风机作用下进入到前段螺旋进料器壳层中，为湿物料预热。污泥出料后可以进入冷却螺旋器冷却到需要温度，即可储存包装，案例中，污泥含水率干化至约 35%。

2. 桨叶式干化机结构

桨叶式干化机结构如图 5-29 所示。

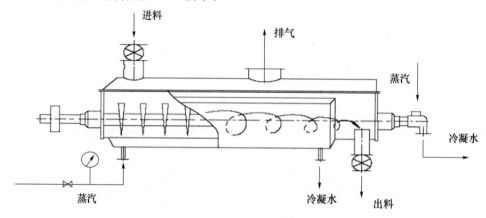

图 5-29　桨叶式干化机结构示意图

3. 工艺特点

（1）设备结构紧凑，装置占地面积小。由桨叶式干化机结构可知，干燥所需热量主要是由密集地排列于空心轴上的许多空心桨叶壁面提供，而夹套壁面的传热量只占少部分。所以单位体积设备的传热面大，可节省设备占地面积，减少基建投资。

（2）热量利用率高。干燥所需热量不是靠热气体提供，减少了热气体带走的热损失。由于桨叶干化机结构紧凑，且辅助装置少，散热损失也减少。热量利用率可达 80%～90%。

（3）桨叶式干化机的楔形桨叶具有自净能力，可提高桨叶传热作用。旋转桨叶的倾斜面和颗粒或粉末层的联合运动所产生的分散力，使附着于加热斜面上的物料易于自动地清除，使桨叶保持着高效的传热功能。另外，由于两轴桨叶反向旋转，交替地分段压缩（在两轴桨叶斜面相距最近时）和膨胀（在两轴桨叶面相距最远时）斜面上的物料，使传热面附近的物料被剧烈搅动，提高了传热效果。

（4）气体用量少，可相应地减少或省去部分辅助设备。由于不需用气体来加热，因此极大地减少了干燥过程中气体用量。采用楔形桨叶式干化机只需少量气体用于携带蒸发出湿分。气体用量很少，只需满足在干燥操作温度条件下，干燥系统不凝结露水。由于气体用量少，桨叶干化机内气体流速低，被气体夹带出的粉尘少，干燥后系统的气体粉尘回收方便，可以缩小旋风分离器尺寸，省去或缩小布袋除尘器。气体加热器、鼓风机等规模都可缩小，节省设备投资。

（5）物料适应性广，产品干燥均匀。桨叶式干化机内设溢流堰，可根据物料性质和干燥条件，调节干燥器内物料滞留量。可使干燥器内物料滞留量达筒体容积的70%～80%，增加物料的停留时间，以适应难干燥物料和高水分物料的干燥要求。此外，还可调节加料速度、轴的转速和热载体温度等，在几分钟与几小时之间任意选定物料停留时间。因此，对于易干燥和不易干燥的物料均适用。湿含量只有0.1%，已有工业应用实例。另外，干燥器内虽有许多搅拌桨叶，物料混合均匀，但物料在干燥器内从加料口向出料口流动基本呈活塞流流动，停留时间分布窄，产品干燥均匀。

（6）适用于多种干燥操作。楔形桨叶干燥可通过多种方法来调节干燥工艺条件，而且它的操作要比流化床干燥、气流干燥的操作容易控制，所以适用于多种操作。

（三）圆盘式干化

1．工艺概述

超圆盘式干化工艺在发达国家是主流干化工艺之一。该工艺系统较为简洁、设备数量较少、故障点少、运行稳定、维护和检修都很方便。此外，采用该系统的运行车间没有粉尘、恶臭等问题，现场工作环境好。超圆盘式干化机采用蒸汽间接换热方式，通过搅拌污泥使水分更快蒸发，该干化机既适用于污泥半干化，又适用于污泥全干化。干化机的主体由一个圆筒形的外壳、一根中空轴及一组焊接在轴上的中空圆盘组成，热介质从这里流过，把热量通过圆盘间接传输给污泥。污泥在超圆盘与外壳之间通过，接收超圆盘传递的热，蒸发水分。产生的水蒸气聚集在超圆盘上方的穹顶里，被少量的通风带出干化机。

整个干化工艺流程包括湿污泥接收、储存与输送系统、干化主系统（含干化机、尾气处理系统）、干污泥输送及储存系统、蒸汽与凝结水回用系统、循环冷却水系统、除臭系统、电气、仪表及其控制系统，工艺流程如图5-30所示。

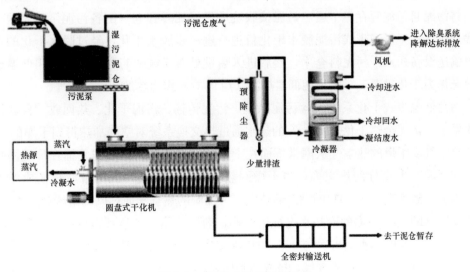

图5-30　圆盘式干化工艺流程

2. 圆盘式干化机结构

卧式圆盘式干化机结构示意如图 5-31 所示。

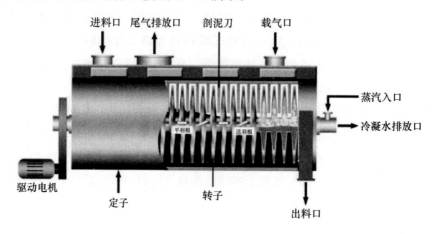

图 5-31　卧式圆盘式干化机结构示意图

3. 工艺特点

（1）可靠性高，持续运行性好，可昼夜运转，适用于长时间处理大量的污泥干燥。运行时氧含量、温度和粉尘量低，安全性好；

（2）辅助设备少，系统简单，占地面积小；所需辅助空气少，尾气处理设备小；

（3）采用蒸汽传热介质，以低温热源（≤180℃）加热，圆盘上的污泥在停车时不会过热；

（4）机身上部的盖子可以完全打开，便于保养。维修少，持续运行性好，可昼夜运转，保证每年 8000h 运行。停电状态能够紧急启动，运行稳定。

（四）带式干化

1. 工艺概述

将污泥自污泥暂存库车运至污泥接收坑后经污泥缓存仓（配备污泥泵）泵送至污泥输送机输送至低温带式污泥脱水干化机进行进一步脱水干化，经过脱水干化的污泥通过输送设备送入干污泥料仓中，然后进入后端处置系统进行处理。可采用低温或高温热源作为干化热源。一般采用低温热源（约 90℃）作为热源。

污泥低温带式干化系统包含污泥除湿、污泥传输、污泥干化、热回收、自动控制五大系统。污泥余热干化是将 90℃的热水通过热交换系统对空气加热得到干燥的 50～70℃热空气，干燥的热空气从网带下面往上通过风机流动，然后与平铺在传送网带上成型的污泥产生充分的热交换，当干燥的热空气穿过三层污泥网带后转换成湿度在 40％以上、温度在 40～60℃的潮湿的热空气。潮湿的热空气通过风机循环穿过蒸发器，与蒸发器里的 28℃左右的冷却水进行热交换，潮湿的热空气达到露点温度水蒸气凝结成水排出。干燥的热空气再次与 90℃的热水交换反复循环，整个过程循环空气是在密闭的空间运行，不向外排放废气，排放达到国家环保要求。

污泥传输系统的功能和原理是把出泥点的污泥有效快速定量的传输到污泥干化系统里，从而达到不间断的烘干效果。

污泥干化系统是把污泥传输系统传输过来的污泥进行成型，然后平铺在宽 1.4m 的网带上，其目的是让成型的污泥和污泥之间有间隙，这样才能增加污泥和热风的最大接触面积，从而最大限度地增加潮湿空气的湿度，达到最佳的除湿效果。污泥在污泥干化系统里运行 100min 左右，达到设定的干化要求，会自动的通过螺旋输送机把干燥的污泥输送到干料仓。

低温带式干化系统工艺流程如图 5-32 所示。

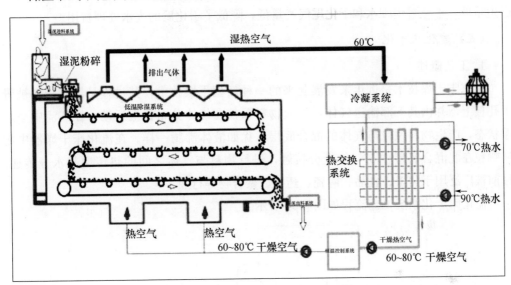

图 5-32 低温带式干化系统工艺流程

2. 带式干化机结构

带式干化机结构示意如图 5-33 所示。

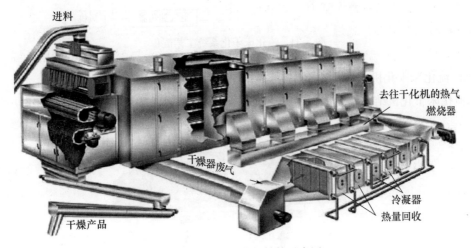

图 5-33 带式干化机结构示意图

3. 工艺特点

低温带式干化工艺由于干化温度为60～80℃，温度较低，且采用带式干化结构，具有如下优点：

（1）污泥干化过程中无搅动，污泥中有机质挥发少，污泥热值高，有利于污泥后处理（污泥掺烧/单独焚烧）；

（2）带式干化工艺具备造粒功能，污泥颗粒度较高，粒径分布均匀，有利于污泥干化后污泥焚烧工艺性能提升；

（3）低温带式干化工艺，污泥在较低的温度中干化，无搅动，污泥有机质和粉尘产生量低，干化过程废水和干化尾气产量低，降低了干化后的废水处理费用。

（五）流化床干化

1. 工艺概述

流化床干燥技术是近年来发展起来的一种新型干燥技术，其过程是散状物料被置于孔板上，并由其下部输送气体，引起物料颗粒在气体分布板上运动，在气流中呈悬浮状态，产生物料颗粒与气体的混合底层，犹如液体沸腾一样。在流化床干燥器中物料颗粒在此混合底层中与气体充分接触，进行物料与气体之间的热传递与水分传递。目前被广泛用于化工、食品、陶瓷、药物、聚合物等行业。

流化床干化系统工艺流程如图5-34所示。

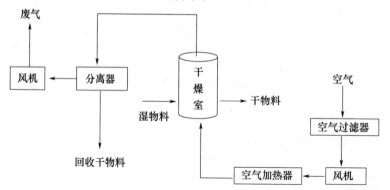

图5-34　流化床干化系统工艺流程

2. 流化床干化机结构

流化床干化机结构示意如图5-35所示。

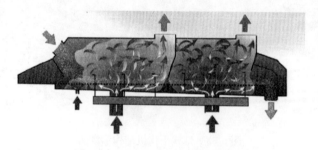

图5-35　流化床干化机结构示意图

3. 工艺特点

（1）颗粒在干燥器内停留时间比气流干燥器内的长，且热气体和物料错流接触或逆流接触，故干燥后物料的最终含水率较低。但对于热敏性物料，必须严格控制床层内的温度，使之不超过容许限度。

（2）操作气速低，故物料和设备的磨损较轻。且废气只夹带少量粉尘，不像气流干燥那样全部物料都需由除尘器收集，减轻了除尘器的度负荷。

（3）设备紧凑，高度低，设计合理时压降可较小，在进口介质温度相同条件下热效率也较高。但气流干燥器中物料与热气流接触时间短，可以采用较高的进口介质温度，这不仅提高了热效率而且使容积气化强度显著增加。对粉状或颗粒状物料，使用气流或流化床干燥器各有优缺点，应当根据不同物料和不同工艺要求进行具体对比，合理选型。

（4）由于体积给热系数大，故在小装置中可处理大量物料。由于气固相间剧烈的混合和分散以及两者间快速的给热，使物料床层温度均一且易于调节，为得到干燥均一的产品提供了良好的外部条件。

（5）结构简单，造价低廉，可动部分少，物料由于流化而输送简便，维修费用低。

（6）不适用于易粘结或结块的物料。

三、恶臭概述

（一）恶臭定义

1. 恶臭污染的出现

1858 年夏季，泰晤士河发生严重的恶臭污染，使在河边工作的英国议会和政府感受了污染的危害，议员们因受不了河面飘来的恶臭而逃离议会，英国国会曾一度休会，各项工作陷入停滞状态。二十世纪五六十年代，恶臭污染问题大面积凸显，主要集中在发达国家。20 世纪 80 年代后期，恶臭污染问题开始在发展中国家出现。

日本是第一个将恶臭防治立法的国家。1967 年《日本公害对策基本法》中将恶臭单独列为公害。1971 年 6 月公布了《恶臭防治法》。

2. 恶臭定义

（1）恶臭气体：能产生令人不愉快感觉的气体通称恶臭气体，是各种气味（异味）的总称。

（2）恶臭物质：指一切刺激人们嗅觉器官引起人们不愉快及损坏人们生活环境质量的气体物质。

（3）恶臭污染：当环境中的异味使人感觉不愉快，对人产生心理影响和生理危害，即恶臭污染。

3. 恶臭来源

恶臭来源广泛，除少部分来自动植物自然分解外，多数来自工业企业，如垃圾处理厂、污水处理厂、饲料厂和肥料加工厂、畜牧产品农场、皮革厂、纸浆厂以及以石油为原料的化工厂等。特别是石油中含有微量且多种结构形式的硫、氧、氮等烃类化合物，在储存、运输和加热、分解、合成等工艺过程中产生臭气逸散到大气中，造成环境的恶臭污染。

（二）恶臭物质种类

目前所知的200多万种化合物中，约有40万种是有气味的。这些物质包括含硫化合物、含氮化合物、含磷化合物、酯类化合物、酚类化合物、醇类化合物、醛类化合物、酮类化合物、芳香族衍生物以及杂环化合物等。

常见的恶臭物质种类及其气味见表5-12。

表5-12 常见的恶臭物质种类及其气味

类别		种类	气味
无机物	含硫化合物	硫化氢、二氧化硫、二硫化碳	腐蛋臭、刺激臭
	含氮化合物	二氧化氮、氨、碳酸氢铵、硫化铵	刺激臭、尿臭
	卤素及其化合物	氯、溴、氯化氢	刺激臭
	其他	臭氧、磷化氢	刺激臭
有机物	烃类	丁烯、乙炔、丁二烯、苯乙烯、苯、甲苯、二甲苯、萘	刺激臭、电石臭、卫生球臭
	含硫化合物 硫醇类	甲硫醇、乙硫醇、丙硫醇、丁硫醇、戊硫醇、己硫醇、庚硫醇、二异丙硫醇	烂洋葱臭
	含硫化合物 硫醚类	二甲二硫、甲硫醚、二乙硫、二丙硫、二丁硫、二苯硫	烂甘蓝臭、蒜臭
	含氮化合物 胺类	一甲胺、二甲胺、三甲胺、二乙胺、乙二胺	烂鱼肉臭、腐肉臭、尿臭
	含氮化合物 酰胺类	二甲基甲酰胺、二甲基乙酰胺、酪酸酰胺	汗臭、尿臭
	含氮化合物 吲哚类	吲哚、β-甲基吲哚	粪臭
	含氮化合物 其他	吡啶、硝基苯、丙烯腈	芥子气臭
	含氧化合物 醇和酚	甲醇、乙醇、丁醇、苯酚、甲酚	刺激臭
	含氧化合物 醛	甲醛、乙醛、丙烯醛	刺激臭
	含氧化合物 酮	丙酮、丁酮、己酮、乙醚、二苯醚	汗臭、刺激臭、尿臭
	含氧化合物 酸	甲酸、醋酸、酪酸	刺激臭
	含氧化合物 酯	丙烯酸乙酯、异丁烯酸甲酯	香水臭、刺激臭
	卤素衍生物 卤代烃	甲基氯、二氯甲烷、三氯甲烷、四氯化碳、氯	刺激臭
	卤素衍生物 氯醛	三氯乙醛	刺激臭

（三）恶臭特性

1. 人体对气味的感觉

人对气味的感觉与气味刺激强度之间的关系符合韦伯-费希纳定律（Wber-Fecher），见公式（5-8）：

$$P = K\log C_s \tag{5-8}$$

式中 P——感觉强度；

$\quad\quad C_s$——恶臭物质在空气中的浓度；

$\quad\quad K$——常数。

恶臭物质种类不同，K 值也不同。以嗅觉阈值为基准，将臭气强度划分 6 个等级：0 级为无臭，1 级为勉强感知臭味（检知阈值）；2 级为可知臭味种类的弱臭（认知阈值）；3 级为容易感到臭味；4 级为强臭；5 级为不可忍耐的巨臭。

根据式（5-8），即使恶臭物质浓度削减了 90% 左右，人的嗅觉也只认为恶臭强度减少了 1/2。这也是恶臭污染难以控制的一个重要原因。

2. 恶臭指数

也有文献用恶臭指数来评价臭气的强度高低。恶臭指数的计算式见公式（5-9）：

$$Q_i = P/O \tag{5-9}$$

式中 Q_i——恶臭指数；

$\quad\quad P$——恶臭气体饱和蒸气压，ppm 或 $\mu g \cdot m^{-3}$；

$\quad\quad O$——气体的感觉阈值，ppm 或 $\mu g \cdot m^{-3}$。

Q_i 实质上是恶臭物质迁移到空气中的能力和恶臭物质引发感官反应的比值，是衡量某种恶臭物质在蒸发条件下引发臭气问题的潜力。恶臭指数将气体蒸气压与恶臭感官阈值联合起来考虑，是比较科学的评价臭味气体强度的方法。根据 Q_i 值高低可将恶臭化合物分为三类：高恶臭物质（$Q_i > 10^6$）、中恶臭物质（$10^5 < Q_i < 10^6$）、低恶臭物质（$Q_i < 10^4$）。

（四）恶臭检测方法

恶臭污染的分析方法分为感官检测和仪器检测两大类。

我国对于臭气浓度的测定采用《空气质量恶臭的测定 三点比较式臭袋法》（GB/T 14675—1993），主要借鉴了日本对恶臭污染的检测方法，原理是用无臭空气连续稀释臭源气体样，得到一个达到感觉阈值的稀释倍数。其缺点是操作费时，易受人员身体状况影响，重复性与再现性差。

恶臭的仪器检测是采用气相色谱、质谱、电子鼻等仪器单独或组合后对环境大气中的化合物进行分析的技术，可以对恶臭污染物进行定性和定量的描述。

（五）恶臭治理技术

恶臭治理技术按照位置来分，可分为原位处理方法和异位治理方法。

1. 恶臭的异位处理方法

国内外对于臭气治理主要采用异位处理方法，即采用负压引风的方式，将臭气从产生源进行集中收集，然后在配套的臭气处理系统中进行处理。

异位处理方法包括物理法、化学法、物理化学法以及生物法等。

因我国现有臭气源种类较多，往往单一的处理设备效率不高，另外，由于恶臭物质的特性，使得异位处理投资较大、运行成本昂贵但效果不佳。

2. 恶臭的原位控制技术

原位控制技术是在产生恶臭的物料中添加某种添加剂，减少恶臭物质外排或者从根本上消除恶臭物质的处理方法。这种处理方法在很大程度上可以减少异位控制配套臭气处理系统的投资和运行成本。目前研究最多的是有机固废堆肥过程中的 NH_3 的原位控制技术。

四、污泥热干化过程中的恶臭排放

（一）试验装置

1. 污泥热干化试验装置

污泥热干化试验装置如图 5-36 所示。

图 5-36　热干化试验装置

2. 热干化气体收集装置

污泥热干化气体收集装置如图 5-37 所示。

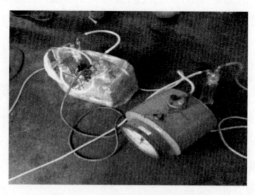

图 5-37　热干化气体收集装置

3. 试验装置说明

热干化试验装置的净容积大于 $10dm^3$，即可以容纳比重 0.5 的试验物料 5kg 以上。内腔尺寸为 $\phi 300mm \times 350mm$。该装置的最高加热温度可设置为 $1500℃$。气体通过减压、质量流量控制进入气体预热器，然后进入主料仓，以保证冷空气的进入不致使得料仓温度降低。两端采用法兰加密封结构，开闭方便，以便装填物料和清理废物。所有管路采用快换接口，易拆易换。管路设计尽量减少弯头，以防堵塞。管路和各加热器、冷却器的适当位置配置温度控制器，以保证试验温度可准确控制。管路、阀门和加热器使用不锈钢为主要材料。保证耐高温、耐腐蚀。排出的气体，采用气体装置收集，14h内检测恶臭成分。干化后的固体，打开高温裂解器两端的法兰进行收集和称重计量。

（二）污泥热干化过程中的恶臭排放

1. 材料与方法

在密闭炉中通入氮气置换后，将污泥分别在 100～800℃下的密闭炉中干燥并保温1h，用大气采样器将干燥尾气收集后测定其成分。氨浓度采用纳氏试剂分光光度法测定；其他臭气组分采用 GC-MS 测定。

2. 污泥热干化过程中的恶臭排放

（1）100℃下臭气排放

将污泥放置在试验装置中，设定温度为 100℃干燥并保温 1h，污泥干化过程中释放的臭气组成如图 5-38 所示。

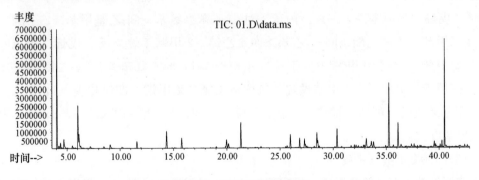

图 5-38　100℃下臭气排放

污泥在 100℃下的密闭炉中干燥并保温 1h 后，共挥发出 52 种恶臭物质，恶臭物质的浓度从高到低依次为：萘＞柠檬烯＞甲苯＞丙酮＞乙醇＞苯二甲二硫醚＞十二烷＞苯乙烯＞2-丁酮＞乙苯＞间二甲苯＞邻二甲苯＞十一烷＞2-己酮壬烷＞1，2，4-三甲苯＞癸烷＝对二甲苯＞1-丁烯＞甲硫醇＝辛烷＞间-乙基甲苯＞戊烷＝对-乙基甲苯＞异丙苯＝丙苯＞丙烯＞四氯乙烯＞间-二乙苯＞乙酸乙酯＞甲硫醚＞1，3，5-三甲苯＞2-甲基丁烷＞a-蒎烯＞1，4-二氯苯＞反-2-丁烯＞2，3-二甲基戊烷＝二氯甲烷＞二氯二氟甲烷＝氯甲烷＝2-甲基庚烷＞三氯氟甲烷＝环戊烷＝2-甲基戊烷＝甲基环戊烷＝3-甲基己烷＝3-甲基庚烷。

（2）200℃下臭气排放

将污泥放置在试验装置中，设定温度为 200℃干燥并保温 1h，污泥干化过程中释放的臭气组成如图 5-39 所示。

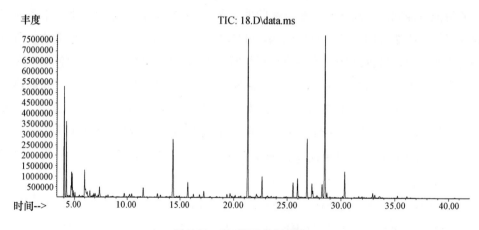

图 5-39　200℃下臭气排放

污泥在 200℃下的密闭炉中干燥并保温 1h 后，共挥发出 59 种恶臭物质，恶臭物质的浓度从高到低依次为：苯乙烯＞甲苯＞苯＞丙烯＞乙苯＞1-丁烯＞1，3-丁二烯＞丙酮＞间-二甲苯＞反-2-丁烯＞乙醇＞1-己烯＞萘＞顺-2-丁烯＞硫化氢＞环戊烷＞柠檬烯＞邻二甲苯＞对二甲苯＞戊烷＞十二烷＞二氯甲烷＞二硫化碳＞辛烷＞癸烷＞顺-2-戊烯＞异丙苯＞十一烷＞丙苯＞对-二乙苯＞氯苯＞间-乙基甲苯＞2-丁酮＞1，2，4-三甲苯＞乙酸乙酯＞间-二乙苯＞四氯乙烯＞2-甲基丁烷＞反-2-戊烯＞甲硫醇＞邻-乙基甲苯＞对-乙基甲苯＞异丁烷＞正庚烷＞1，4-二氯苯＞1，1-二氯乙烷＞1，2，3-三甲苯＞氯甲烷＞2-甲基戊烷＞氯仿＞二氯二氟甲烷＞四氯化碳＞1，2-二氯乙烷＞甲基环戊烷＞醋酸乙烯酯＞3-甲基己烷＞2，2，4-三甲基戊烷＞1，3，5-三甲苯＞3-甲基戊烷。

（3）300℃下臭气排放

将污泥放置在试验装置中，设定温度为 300℃干燥并保温 1h，污泥干化过程中释放的臭气组成如图 5-40 所示。

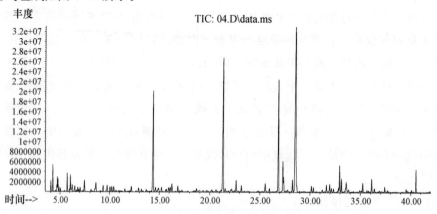

图 5-40　300℃下臭气排放

污泥在 300℃下的密闭炉中干燥并保温 1h 后，共挥发出 60 种恶臭物质，恶臭物质的浓度从高到低依次为：苯＞甲苯＞乙苯＞丙烯＞间二甲苯＞邻二甲苯＞2-甲基丁烷＞1-丁烯＞2-甲基戊烷＞2-丁酮＞对二甲苯＞柠檬烯＞辛烷＞3-甲基戊烷＞甲基环戊烷＞1，2，4-三甲苯＞1，3-丁二烯＞3-甲基己烷＞戊烷＞异丙苯＞丙苯＞间-乙基甲苯＞反-2-丁烯＞癸烷＞环戊烷＞顺-2-丁烯＞邻-乙基甲苯＞正庚烷＞2，3-二甲基丁烷＞甲基环己烷＞3-甲基庚烷＞2，3，4-三甲基戊烷＞乙醇＞2，3-二甲基戊烷＞1，3，5-三甲苯＞顺-2-戊烯＞2-甲基庚烷＞1，2，3-三甲苯＞十一烷＞2，4-二甲基戊烷＞丙酮＞反-2-戊烯＞对-二乙苯＞对-乙基甲苯＞异丁烷＞2，2-二甲基丁烷＞环己烷＞硫化氢＞萘＞甲基异丁酮＞间-二乙苯＞甲硫醇＞二氯甲烷＞氯甲烷＞乙酸乙酯＞1，2-二氯乙烷＞二硫化碳＞氯苯＞氯仿＞二氯二氟甲烷。

（4）400℃下臭气排放

将污泥放置在试验装置中，设定温度为 400℃干燥并保温 1h，污泥干化过程中释放的臭气组成如图 5-41 所示。

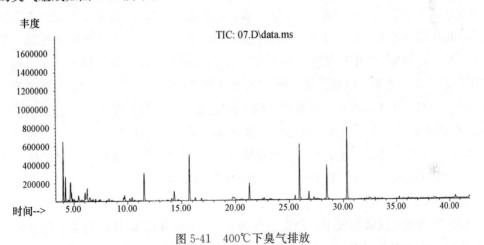

图 5-41　400℃下臭气排放

污泥在 400℃下的密闭炉中干燥并保温 1h 后，共挥发出 48 种恶臭物质，恶臭物质的浓度从高到低依次为：苯乙烯＞乙醇＞萘＞丙烯＞1-丁烯＞甲苯＞苯＞戊烷＞壬烷＞十二烷＞1-戊烯＞丙酮＞柠檬烯＞乙苯＞十一烷＞对-二乙苯＞间二甲苯＞间-二乙苯＞顺-2-戊烯＞1，2，4-三甲苯＞甲硫醇＞氯苯＞正庚烷＞反-2-丁烯＞丙苯＞间-乙基甲苯＞辛烷＞异丙苯＞1，4-二氯苯＞对二甲苯＞邻二甲苯＞氯甲烷＞二氯甲烷＞反-2-戊烯＞邻-乙基甲苯＞1，2，3-三甲苯＞2-甲基戊烷＞异丁烷＞1，2-二氯乙烷＞2，3-二甲基丁烷＞氯仿＞顺-2-丁烯＞二硫化碳＞3-甲基戊烷＝环己烷＝二氯二氟甲烷＝四氯化碳＞2-甲基丁烷。

（5）500℃下臭气排放

将污泥放置在试验装置中，设定温度为 500℃干燥并保温 1h，污泥干化过程中释放的臭气组成如图 5-42 所示。

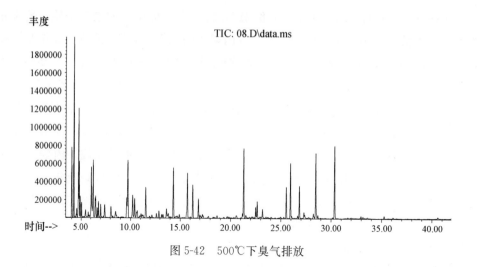

图 5-42   500℃下臭气排放

污泥在 500℃下的密闭炉中干燥并保温 1h 后，共挥发出 58 种恶臭物质，恶臭物质的浓度从高到低依次为：丙烯＞1-丁烯＞苯＞苯乙烯＞甲苯＞1-戊烯＞戊烷＞正己烷＞乙醇＞正庚烷＞乙苯＞反-2-丁烯＞顺-2-戊烯＞萘＞顺-2-丁烯＞辛烷＞反-2-戊烯＞壬烷＞十二烷＞柠檬烯＞2-甲基戊烷＞异丁烷＞2，3-二甲基丁烷＞间二甲苯＞十一烷＞2-甲基丁烷＞对-二乙苯＞四氯乙烯＞间-二乙苯＞邻二甲苯＞氯苯＞1，2，4-三甲苯＞甲基环戊烷＞对二甲苯＞丙苯＞甲基异丁酮＞间-乙基甲苯＞异丙苯＞乙酸乙酯＞环戊烷＞对-乙基甲苯＞1，4-二氯苯＞环己烷＞邻-乙基甲苯＞甲基环己烷＞1，2，3-三甲苯＞1，3，5-三甲苯＞癸烷＞氯甲烷＞二硫化碳＞1，2-二氯乙烷＞氯仿＞二氯甲烷＞四氯化碳＞3-甲基戊烷＞二氯二氟甲烷＞3-甲基己烷＞2-甲基庚烷。

（6）600℃下臭气排放

将污泥放置在试验装置中，设定温度为 600℃干燥并保温 1h，污泥干化过程中释放的臭气组成如图 5-43 所示。

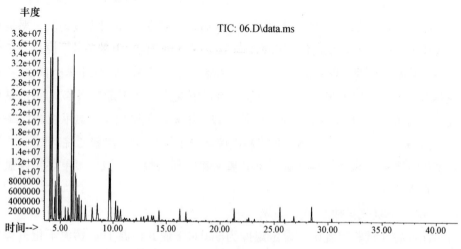

图 5-43   600℃下臭气排放

污泥在 600℃下的密闭炉中干燥并保温 1h 后，共挥发出 62 种恶臭物质，恶臭物质的浓度从高到低依次为：戊烷＞丙烯＞1-戊烯＞丁烷＞1-己烯＞1，3-丁二烯＞顺-2-戊烯＞反-2-丁烯＞顺-2-丁烯＞异丁烷＞氯甲烷＞反-2-戊烯＞2-甲基戊烷＞2，3-二甲基丁烷＞硫化氢＞苯乙烯＞正己烷＞苯＞甲硫醇＞甲苯＞2-甲基丁烷＞正庚烷＞环戊烷＞甲基环戊烷＞乙苯＞辛烷＞丙酮＞氯乙烷＞萘＞3-甲基戊烷＞环己烷＞间二甲苯＞2，4-二甲基戊烷＞2-丁酮＞3-甲基己烷＞邻二甲苯＞壬烷＞柠檬烯＞十二烷＞对二甲苯＞2，3-二甲基戊烷＞氯仿＞乙酸乙酯＞十一烷＞异丙苯＞丙苯＞1，2，4-三甲苯＞间-乙基甲苯＞对-二乙苯＞邻-乙基甲苯＞二硫化碳＞间-二乙苯＞癸烷＞乙醇＞对-乙基甲苯＞1，2，3-三甲苯＞1，3-二氯苯＞1，4-二氯苯＞2，2-二甲基丁烷＞溴甲烷＞1，3，5-三甲苯＞二氯甲烷。

（7）700℃下臭气排放

将污泥放置在试验装置中，设定温度为 700℃干燥并保温 1h，污泥干化过程中释放的臭气组成如图 5-44 所示。

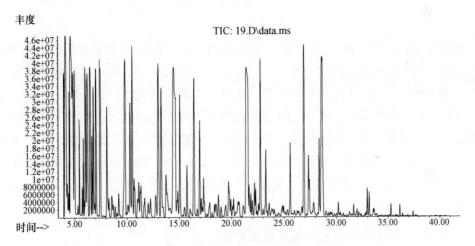

图 5-44　700℃下臭气排放

污泥在 700℃下的密闭炉中干燥并保温 1h 后，共挥发出 61 种恶臭物质，恶臭物质的浓度从高到低依次为：戊烷＞1-戊烯＞正己烷＞顺-2-戊烯＞反-2-戊烯＞辛烷＞正庚烷＞醋酸乙烯酯＞丙烯＞异丁烷＞甲硫醇＞间二甲苯＞1-丁烯＞氯甲烷＞甲基环戊烷＞2-甲基丁烷＞丙酮＞2-甲基戊烷＞环戊烷＞壬烷＞柠檬烯＞1，3-丁二烯＞异丙苯＞对二甲苯＞癸烷＞丙苯＞环己烷＞二硫化碳＞间-乙基甲苯＞邻-乙基甲苯＞甲苯＞2-己酮＞3-甲基戊烷＞硫化氢＞萘＞1，1-二氯乙烷＞3-甲基己烷＞1，2，4-三甲苯＞甲基异丁酮＞乙酸乙酯＞对-乙基甲苯＞十一烷＞反-2-丁烯＞1，3，5-三甲苯＞顺-2-丁烯＞1，2，3-三甲苯＞十二烷＞1，2-二氯乙烷＞对-二甲苯＞二氯甲烷＞氯苯＞邻二甲苯＞乙醇＞间-二乙苯＞2，2-二甲基丁烷＞乙苯＞苯乙烯＞1，4-二氯苯＞溴甲烷＞二氯二氟甲烷＞氯仿。

（8）800℃下臭气排放

将污泥放置在试验装置中，设定温度为800℃干燥并保温1h，污泥干化过程中释放的臭气组成如图5-45所示。

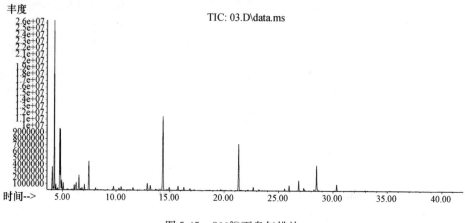

图5-45　800℃下臭气排放

污泥在800℃下的密闭炉中干燥并保温1h后，共挥发出48种恶臭物质，恶臭物质的浓度从高到低依次为：丙烯＞苯＞1-丁烯＞1，3-丁二烯＞甲苯＞苯乙烯＞硫化氢＞反-2-丁烯＞顺-2-丁烯＞1-己烯＞1-戊烯＞戊烷＞乙苯＞甲硫醇＞萘＞反-2-戊烯＞辛烷＞异丁烷＞间二甲苯＞正己烷＞正庚烷＞丙酮＞壬烷＞柠檬烯＞十二烷＞邻二甲苯＞氯甲烷＞对二甲苯＞异丙苯＞丙苯＞十一烷＞2-甲基丁烷＞2-甲基戊烷＞间-乙基甲苯＝2，3-二甲基丁烷＞甲基环戊烷＞对-二乙苯＞1，2，4-三甲苯＞对-乙基甲苯＞甲硫醚＞癸烷＞间-二乙苯＞环戊烷＞二硫化碳＝二氯甲烷＞2-甲基庚烷＞1，3，5-三甲苯＞环己烷。

（三）污泥增钙热干化技术及其恶臭排放

1. 污泥增钙热干化技术

在污泥热干化的基础上，北京某水泥有限公司提出了在污泥添加石灰后再进行热干化的技术，即增钙热干化技术，该技术的工艺流程如图5-46所示。

利用高活性的工业生石灰对湿污泥（含水率为80％）经污泥改性剂计量混合后，输送至转鼓干燥机内与水泥窑余热产生蒸汽，经微波发生器加热后形成的过热蒸汽充分接触，酸、碱改性剂迅速刺破污泥细胞壁，在材料反应化学热和过热蒸汽辐射的作用下，污泥水分大量蒸发，且病原菌在高温下得到全面的消灭，经过干化处理后的污泥经堆场堆放5～9d，含水量下降为15％左右，可由输送系统送至水泥窑协同处置。

增钙热干化法是一种运用无机添加剂对污泥进行前处理的方法，其核心工艺技术为将污泥与石灰、污泥改性剂均匀混合，发生化学反应，大量降低水分，并通过过热蒸汽干燥污泥。改性剂是由生石灰与酸、碱化合物按比率合成的复合添加剂，其中的酸、碱成分可有效地去除污泥中恶臭气味，并可以在干化前对污泥细胞破壁，使之后

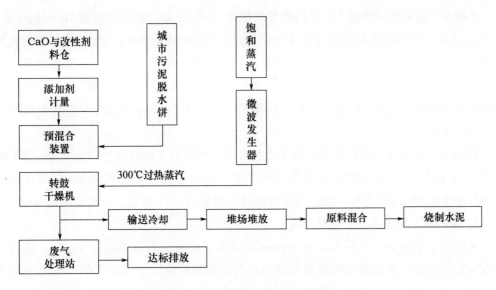

图 5-46 增钙热干化法工艺流程

的干化过程大幅度节约热能。另外，改性剂与污泥混合时，也产生放热反应，起到辅助干化的作用。污泥高效干燥、脱水、改性后，向稳定化和无机材料转化。微波过热蒸汽技术是利用余热发电锅炉足量的剩余蒸汽，温度约 200℃，余压约 2MPa。微波加热蒸汽到 300℃过热蒸汽后，污泥和以酸碱成分为主的污泥改性剂作用，转变为无机材料，为污泥干化料进入水泥生料制备系统提供合格的条件。

2. 增钙热干化效率

在含水率为 86.0％的脱水污泥中分别添加 5％的金隅保定太行和益水泥有限公司生产的生石灰，充分混合 5min，分别称取原脱水污泥及与石灰混合后的污泥、放入蒸发皿，置于 300℃烘箱中烘干至恒重，用减重法计算污泥的含水率，结果如图 5-47所示。

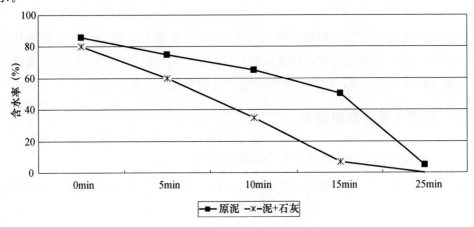

图 5-47 添加不同生石灰热处理后污泥含水率变化

污泥全干化需要的热量为：水的蒸发潜热为 538kcal/kg，水的比热是 1kcal/kg·℃，将 1t 污泥烘干需要投入的热量是 4.4×10^6 kcal，折合标煤为 64kg。由于含水率的瓶颈段为 60％以上，因此，原泥在烘干条件下，从 80％含水率降到 60％以下需要消耗大量的热。从图 5-47 可以看出：原泥在 300℃条件下烘干，从 80％含水率降为 5％以下需要的时间为 25min，添加 5％的石灰后，仅需要 15min 左右，每小时的干化效率提高到 1.5～1.7 倍。

据调查，北京某水泥厂采用间接干化的方式，污泥的干化时间为 30min，污泥干化量为 300t/d，干化后污泥的含水量为 30％左右，说明间接干化效率偏低。如果在该工艺的原泥中添加 5％的石灰，则污泥处理量可以增加到 450t/d 以上，最高可达 500t/d。

3. 增钙热干化过程中的恶臭排放

在污泥中添加 10％的石灰，将污泥在犁刀飞刀高效混合器中搅拌 10min，使污泥与石灰充分混合，然后将污泥的原泥及污泥与石灰的混合物分别在 100～800℃下的密闭炉中干燥并保温 1h，收集干燥尾气，采用三点比较式臭袋法测定臭气浓度，结果如图 5-48 所示。

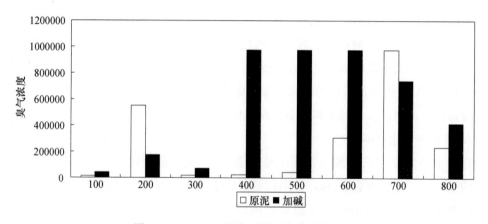

图 5-48　100～800℃加碱前后臭气浓度对比

在污泥中添加石灰后，加碱污泥在 100～800℃温度下干化时，与原泥相比，除 200℃及 700℃外，其臭气浓度均有极显著上升，但加碱污泥在 200℃及 700℃温度下干化，其臭气浓度显著下降，因此，加碱污泥适宜的干化温度为 200℃。

五、污泥热干化恶臭控制

（一）污泥热干化过程中的主要恶臭物质筛选

按照恶臭物质浓度及嗅阈值两个因素对污泥干燥过程中的主要恶臭污染物进行分级筛选。嗅阈值是指人的嗅觉器官对某种气味物质的最低检出量或能感觉到的最低浓度。嗅阈值越小，表明它所能被闻到的浓度越小，对环境的影响越大。

在本书所能测定的恶臭物质中，只能检索到 76 种物质的嗅阈值（表 5-13），其中，

74 种物质的嗅阈值参考日本环境管理中心发布的嗅阈值数据，其他 2 种物质参考美国加利福尼亚州嗅觉实验室的嗅阈值数据。

表 5-13　76 种物质的嗅阈值　　　　　　　　　（ppm）

名称	嗅阈值	名称	嗅阈值	名称	嗅阈值	名称	嗅阈值
乙硫醇	8.7×10^{-6}	异丙苯	0.0084	1, 3, 5-三甲苯	0.17	正己烷	1.5
乙硫醚	3.3×10^{-5}	间乙基甲苯	0.018	甲基异丁酮	0.17	3-甲基庚烷	1.5
甲硫醇	7×10^{-5}	α-蒎烯	0.018	萘	0.2	氨	1.5
异戊醛	0.0001	β-蒎烯	0.033	二硫化碳	0.21	辛烷	1.7
1-丁烯	0.36	苯乙烯	0.035	1, 3-丁二烯	0.23	甲基环戊烷	1.7
邻二甲苯	0.38	柠檬烯	0.038	甲苯	0.33	壬烷	2.2
2, 3-二甲基丁烷	0.42	间二甲苯	0.041	乙醇	0.52	苯	2.7
2-甲基己烷	0.42	异戊二烯	0.048	癸烷	0.62	氯仿	3.8
对二乙苯	0.00039	对二甲苯	0.058	2, 2, 4-三甲戊烷	0.67	三氯乙烯	3.9
硫化氢	0.00041	间二乙苯	0.07	正庚烷	0.67	2, 3-二甲基戊烷	4.5
戊醛	0.00041	邻乙基甲苯	0.074	氯苯	0.68	1, 4-二氯苯	4.57
丁醛	0.00067	1-戊烯	0.1	四氯乙烯	0.77	四氯化碳	4.6
丙醛	0.001	2-甲基庚烷	0.11	3-甲基己烷	0.84	丙烯	13
二甲二硫醚	0.0022	十二烷	0.11	十一烷	0.87	2, 2-二甲基丁烷	20
甲硫醚	0.003	1, 2, 4-三甲苯	0.12	乙酸乙酯	0.87	异丙醇	26
丙苯	0.0038	1-乙烯	0.14	2, 4-二甲基戊烷	0.94	丙酮	42
2-己酮	0.0068	甲基苯己烷	0.15	三溴甲烷	1.3	1, 2-二氯苯	46.48
对乙基甲苯	0.0083	乙苯	0.17	戊烷	1.4	1, 2, 4-三氯苯	46.48
叔丁基甲醚	72	二氯甲烷	160	丁烷	1200	丙烷	1500

综合考虑测定的污泥恶臭物质浓度及恶臭物质的嗅阈值，筛选出污泥中主要的恶臭物质有两大类：硫化物和苯系物。硫化物主要为甲硫醇和二甲二硫醚；苯系物主要有丙苯、苯乙烯、间二甲苯、异丙苯、对乙基甲苯、间乙基甲苯、乙苯以及邻乙基甲苯。

（二）污泥热干化过程中的恶臭控制

1. 污泥热干化原位除臭剂研发

所研发的污泥除臭剂为液态，按使用的原材料和合成方法的不同，分为 CC-1、CC-2、CC-3，三种除臭剂均是采用几种化学物质合成的化学混合物。

2. 三种除臭剂对臭气的除臭效果

在污泥中添加 5％自主研发的除臭剂 CC-1、CC-2、CC-3，使用高效混合装置充分混合 10min，采用自制的热处理装置，在 300℃、氮气气氛下加热，抽取产生的气体，测定其臭气组分，测定结果如图 5-49～图 5-51 所示。

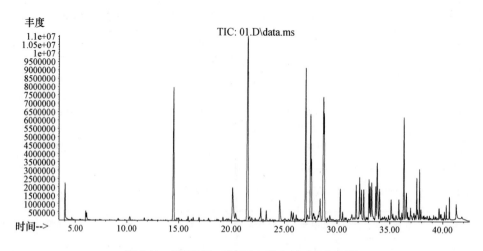

图 5-49　污泥添加 5％CC-1 除臭剂后臭气图谱

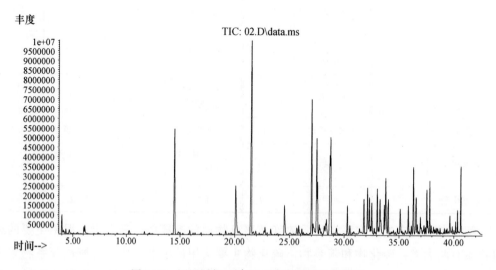

图 5-50　污泥添加 5％CC-2 除臭剂后臭气图谱

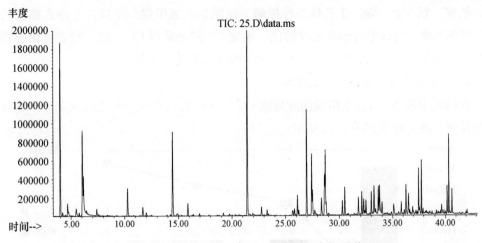

图 5-51　污泥添加 5％CC-3 除臭剂后臭气图谱

　　添加 5％的除臭剂 CC-1 后，41 种臭气中，23 种臭气的浓度均有显著下降，其浓度降低值从高到低依次为：对二甲苯＞间二甲苯＞苯＞苯乙烯＞辛烷＞异丙苯＞邻-乙基甲苯＞正庚烷＞丙苯＞对-乙基甲苯＞间乙基甲苯＞丙酮＞1，3，5-三甲苯＞甲基异丁酮＞甲硫醇＞2-甲基庚烷＞1-己烯＞氯苯＞二硫化碳＞1，3-丁二烯＞甲基环戊烷＞甲硫醚＞乙醇；另外，还有 18 种臭气的浓度增加，其浓度增加值从高到低依次为：甲苯＞乙苯＞邻二甲苯＞萘＞十一烷＞二甲二硫醚＞壬烷＞十二烷＞2-丁酮＞2-己酮＞柠檬烯＞1，2，3-三甲苯＞对-二乙苯＞1，2，4-三甲苯＞正己烷＞癸烷＞间-二乙苯＞二氯甲烷。与原泥的恶臭浓度相比，添加 5％的除臭剂 CC-1 后，对含硫化合物的去除效果最好，其次是多取代基苯类化合物。

　　添加 5％不同的除臭剂 CC-2 后，41 种臭气中，22 种臭气的浓度均有显著下降，其浓度降低值从高到低依次为：对二甲苯＞苯乙烯＞苯＞间二甲苯＞辛烷＞二甲二硫醚＞异丙苯＞正庚烷＞丙苯＞间乙基甲苯＞对-乙基甲苯＞1，3，5-三甲苯＞丙酮＞甲基异丁酮＞甲硫醇＞癸烷＞2-甲基庚烷＞1-己烯＞氯苯＞1，3-丁二烯＞二硫化碳＞甲基环戊烷＞甲硫醚＝邻-乙基甲苯。另外，还有 19 种臭气的浓度增加，其浓度增加值从高到低依次为：甲苯＞萘＞邻二甲苯＞乙苯＞十一烷＞十二烷＞壬烷＞2-丁酮＞1，2，3-三甲苯＞对-二乙苯＞2-己酮＞1，2，4-三甲苯＞柠檬烯＞乙醇＞正己烷＞间-二乙苯＞异丙醇＞乙酸乙酯＞二氯甲烷。与原泥的恶臭浓度相比，添加 5％的除臭剂 CC-2 后，对多取代基苯类化合物的去除效果最好，其次是含硫化合物。

　　添加 5％不同的除臭剂 CC-3 后，42 种臭气中，28 种臭气的浓度均有显著下降，其浓度降低值从高到低依次为：苯＞苯乙烯＞对二甲苯＞间二甲苯＞乙苯＞异丙苯＞二甲二硫醚＞辛烷＞对-乙基甲苯＞间-乙基甲苯＞1，2，4-三甲苯＞丙苯＞1，3，5-三甲苯＞邻-乙基甲苯＞癸烷＞正庚烷＞邻二甲苯＞甲基异丁酮＞甲硫醇＞1，2，3-三甲苯＞2-甲基庚烷＞氯苯＞1-己烯＞1，3-丁二烯＞甲基环戊烷＞甲硫醚＞二硫化碳＞间-二乙苯。另外，还有 14 种臭气的浓度增加，其浓度增加值从高到低依次为：甲苯＞十二烷＞乙醇＞萘＞十一烷＞正己烷＞柠檬烯＞丙酮＞二氯甲烷＞壬烷＞乙酸乙酯＞丙烷＞2-甲基丁烷。与原泥的恶臭浓度相比，添加 5％的除臭剂 CC-3 后，对含硫化合物和多取代基苯类化合物的去除效果均好，但对烷烃类除臭效果较差。

3. 三种除臭剂对臭气浓度的影响

在污泥中添加 5％自主研发的除臭剂 CC-1、CC-2、CC-3，8h 之内测定其干燥后的臭气浓度，测定结果如图 5-52 所示。

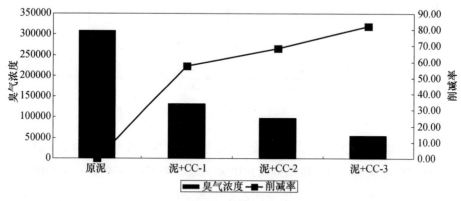

图 5-52　除臭剂对臭气浓度的削减效果

从图 5-52 中可以看出：在污泥中添加 5％自主研发的除臭剂 CC-1、CC-2、CC-3后，在 300℃、氮气气氛下干燥产生的气体中，与原泥相比，添加除臭剂后的干燥气体其臭气浓度均有下降，从原泥的 309030 分别下降为 131826、97724 及 54954，削减幅度分别为 57.34％、68.38％及 82.22％。

（三）原位除臭机理分析

在污泥中添加 5％自主研发的除臭剂 CC-1、CC-2、CC-3 后，测定原泥和添加除臭剂后污泥的红外特性，结果如图 5-53～图 5-56 所示。

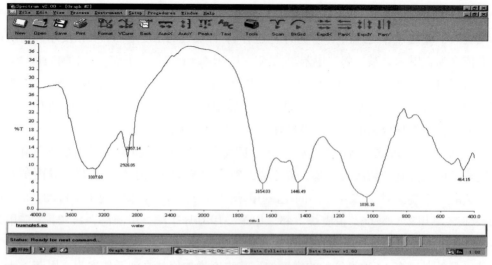

图 5-53　原泥的红外图谱

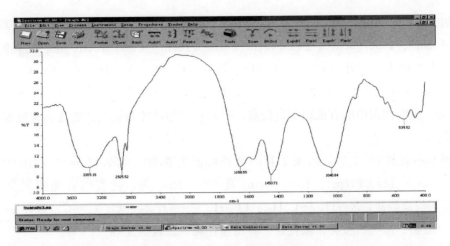

图 5-54　添加 CC-1 后的红外图谱

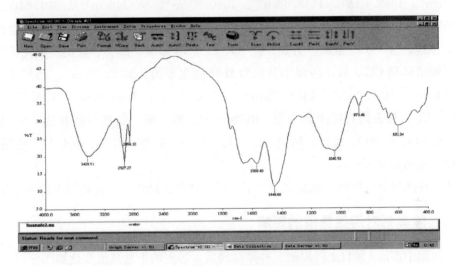

图 5-55　添加 CC-2 后的红外图谱

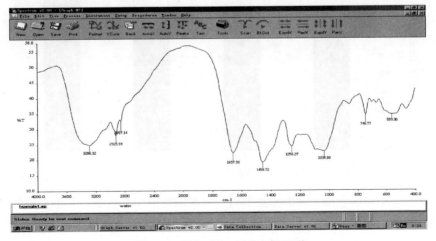

图 5-56　添加 CC-3 后的红外图谱

添加除臭剂前，污泥干基的红外峰值主要为：3307.6cm^{-1}、2926.05cm^{-1}、2357.14cm^{-1}、1654.03cm^{-1}、1446.49cm^{-1}、1036.16cm^{-1} 及 464.15cm^{-1} 等，代表的官能团大多为游离水、—RC≡CH、—C$_n$H$_{2n}$、铵盐、C＝O、N—H、N＝O、C＝C、芳烃、C-O、O-H、醚类、酯类、胺类、氟代烃、C＝S、S＝O、P—OH、Si—Cl 及 S＝S等，表明污泥中的有机物含量较高，有机物类型可能为烃类、铵盐、含硫有机物、酯类等。

添加除臭剂 CC-1 后，污泥干基的红外峰值主要为：3359.15cm^{-1}、2925.52cm^{-1}、1658.55cm^{-1}、1450.71cm^{-1}、1040.84cm^{-1} 及 539.52cm^{-1} 等，代表的官能团大多为醇、酚、氨基酸盐酸盐、N—H、—C$_n$H$_{2n}$、O—H、C＝O、N＝O、C＝C、芳烃、C—O、C＝S、醚类、酯类、胺类、氟代烃、有机溴化物、二硫醚及 Si—Cl 等。

添加除臭剂 CC-2 后，污泥干基的红外峰值主要为：3428.51cm^{-1}、2927.27cm^{-1}、2856.1cm^{-1}、1568.4cm^{-1}、1448.68cm^{-1}、1040.93cm^{-1}、873.46cm^{-1} 及 601.84cm^{-1} 等，代表的官能团大多为醇、酚、—C$_n$H$_{2n}$、烷烃、O-H、酮类、铵盐、氨基酸盐酸盐、N—H、羧基、C＝O、酰胺、芳烃、C—O、C＝S、醚类、酯类、胺类、氟代烃等。

添加除臭剂 CC-3 后，污泥干基的红外峰值主要为：3286.32cm^{-1}、2925.59cm^{-1}、2857.14cm^{-1}、1657.9cm^{-1}、1458.72cm^{-1}、1256.27cm^{-1}、1035.8cm^{-1}、746.77cm^{-1} 及 59.36cm^{-1} 等，代表的官能团大多为—RC≡CH、醇、酚、氨基酸盐酸盐、N—H、C＝O、N＝O、C＝C、芳烃、酯类、C—O、C＝S、醚类、胺类、氟代烃、吡咯、杂环芳烃、脂肪胺及 Si—Cl 等。

从红外图谱分析可知：除臭剂改变了污泥的官能团结构，从而达到了除臭效果。

六、除臭剂对污泥热值的影响

在污泥中添加 5％自主研发的三种除臭剂后，污泥的干基热值变化如图 5-57 所示。

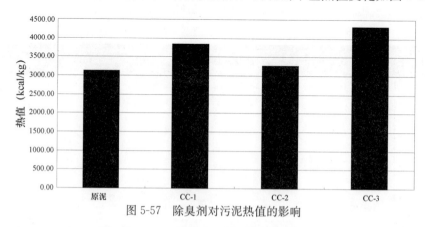

图 5-57 除臭剂对污泥热值的影响

从图 5-57 中可以看出：添加除臭剂后，污泥的热值均有增加，其中，添加 CC-3 对污泥热值的增加最多，添加 CC-2 增加较少。说明：添加这种除臭剂，有助于后续的热处理。

第三节　污泥生物干化

一、生物干化概述

（一）生物干化定义

生物干化（Biodrying）最早是由美国康奈尔大学 Jewell 等人于 1984 年提出的。生物干化也称为生物干燥、生物稳定，是指通过采取过程控制手段，利用微生物高温好氧发酵过程中有机物降解所产生的生物能，对有机固体废弃物中的有机物进行生物降解，同时配合强制通风，促进水分的蒸发去除，加快有机固体废弃物中的水分散失，最终生成具有较低含水率的、适合处置的固体废弃物。生物干化即实现快速干化的一种处理工艺。

（二）生物干化特点

生物干化的特点在于无需外加热源，干化所需能量来源于微生物的好氧发酵活动，属于物料本身的生物能，因此是一种非常经济节能的干化技术，这也是生物干化与其他干化工艺（如热干化）的最大区别。作为现代化的工业技术，生物干化的另一个特点是加入了人为的过程控制策略，对物料进行强制鼓风，从而促进整个干化过程，缩短干化周期。同时具备这两点才能算真正意义上的生物干化工艺。

由于好氧堆肥过程对物料也有一定的生物干燥作用，很多研究工作者将好氧堆肥等同于生物干化，而实际上两者在工艺目的和工艺参数上有很大的差别。好氧堆肥的主要目的是资源化和无害化，即通过微生物的好氧发酵活动促使垃圾中的易降解有机物向稳定的类腐殖质转化，杀死病原菌和寄生虫卵，钝化重金属，高度腐熟的、满足土地安全施用标准的有机肥（营养土）。而生物干化的目的是在尽可能短的时间内去除垃圾尽可能多的水分，实现脱水干化和减容减量。其产物一般不是以土地农用为目的，而是填埋处置或焚烧回收热值，因此不需要达到高度腐熟。在以焚烧为最终处置目标时甚至要求适当限制微生物的降解能力，尽量保持产物中的有机组分，从而提高产物热值。由于不进行土地农用，生物干化产物只需达到部分稳定化和无害化，满足短期保存和运输即可，因此对高温保持时间和腐熟期没有要求。相比好氧堆肥处理，生物干化的发酵周期更短，为好氧堆肥周期的 $1/2 \sim 1/3$，因此其占地面积和单位产量投资成本大幅度减少，具有很强的工艺技术优势。

（三）影响生物干化的因素

对生物干化的研究文献不多，但由于有机固体废物生物干化的生化原理来自好氧发酵，因此其影响因素可以参考好氧堆肥化的影响因素进行分析。

1. 初始含水率

水分是微生物生存环境十分重要的条件之一。好氧堆肥中，适宜的含水率有助于这些营养物质在系统中向微生物的运输。因此，生物干化物料必须保持一定的含水率。通常含水率较高时，微生物的活性也较大。但若含水率过高，透气性会显著降低，使好氧反应转化为厌氧反应。通常认为好氧发酵的最佳含水率为 $50\%\sim60\%$。生物干化的最佳含水率应低于 70%，并且不低于 45%。

某文献中，分别在鸡粪、猪粪、牛粪和污泥中添加麦秸，四种不同物料在堆肥过程中的含水率变化如图 5-58 所示。

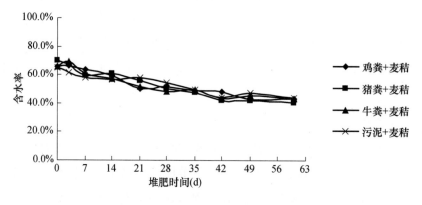

图 5-58 不同物料在堆肥过程中的含水率变化

2. C/N

碳是好氧堆肥过程中微生物所需能量的主要来源，氮是微生物合成蛋白质的必需成分，堆肥过程中氮含量会影响微生物的种群变化，因此碳和氮的比例是好氧堆肥过程中影响生物转化的一个重要控制因素，必须控制物料的 C/N，确保微生物顺利地降解有机物。如果氮含量过多，则氮将变成氨态氮而挥发，导致氮元素大量损失而降低肥效，系统内就会有氨气等臭气产生。反之，如果碳含量过量，微生物会努力氧化多余的碳，以降低系统内的 C/N 比，这样便会延长处理时间；另外，微生物在氧化多余的碳的同时，还将从土壤中吸收氮以维持生存，从而导致与植物竞争氮肥的行为。

对于好氧微生物，C/N 在 20/1～40/1 比较适宜。若 C/N 过高，则影响微生物的生长和增殖，有机物降解缓慢；若 C/N 过低，则不仅微生物活动所需能源不足，而且过量的氮以 NH_3 的形式释放出来，对环境造成二次污染，影响大气质量。

随着好氧堆肥过程的进行，碳和氮同时在减少，而碳的损失要比氮高，因此导致体系中 C/N 比不断减少，直到微生物对有机垃圾的降解反应完成为止。

某文献中，分别在鸡粪、猪粪、牛粪和污泥中添加麦秸，四种不同物料在堆肥过程中的 C/N 变化如图 5-59 所示。

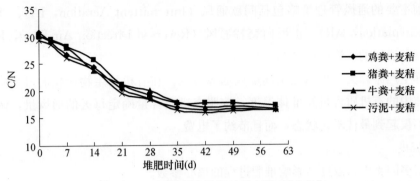

图 5-59　不同物料在堆肥过程中的 C/N 变化

C/N 也是最常用于评价腐熟度的参数，对于起始 C/N 为 25～30 的堆肥物料，当 C/N 降到 16 左右时，认为堆肥基本腐熟。理论上腐熟的堆肥产品中的 C/N 应像腐殖质一样约为 10。

3. 通风量

堆肥需要大量空气，一方面生化反应需要氧气，另一方面热量和水分要靠空气带出。以降低含水率为目的的生物干化更需要大量的通风量。

堆肥中通风的目的是通过蒸发冷却控制温度，并达到干化和供氧的目的。空气通过堆体各层时，氧气被微生物利用，空气自身得到加热，获得二氧化碳和水，相对湿度也增加。因此，空气蒸发的显热和潜热也随之升高，即蒸发冷却。在堆肥过程中，热量的移出机制主要是潜热的蒸发。普遍认为强制通风系统中，空气的蒸发冷却能力在空气入口区域最高，随空气通过物料层而降低。由于空气和堆体间的传热传质，堆体沿气流方向形成了明显的温度和水分梯度。

但是，通风量大小必须综合考虑各种因素。如果通风量过大，则产生的热量很快被带走，嗜热菌活性降低；通风量过小，则热量和水分在物料中累积，造成供氧不足，发生厌氧发酵。例如，污泥堆肥化较适宜的通风量为 2.0L/min/kg（以初始物料的干固体计）。

某文献中，将通风速率设定为 $10/m^3 \cdot m^{-3} \cdot h^{-1}$、$15/m^3 \cdot m^{-3} \cdot h^{-1}$、$20/m^3 \cdot m^{-3} \cdot h^{-1}$，不同通风速率对堆体温度的影响如图 5-60 所示。

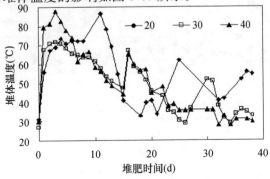

图 5-60　不同通风速率对堆体温度的影响

目前主要的通风管理策略包括间歇通风（Intermittent Aeration，IA）、气流循环（Air Recirculation，AR）、正反向交替通风（Reversed Direction Air Flow，RDAF）、正反向交替通风的气流循环（AR-RDAF）。

实际生产中，大多采用变量间歇式通风方式。在有机物生物干化的过程中，定期检测堆体中的有机质含量及堆体温度，按照有机质含量确定每天的通风量，调整风机频率，不仅起到最佳干化状态，而且节约了电费。

4. 温度

在诸多因素中，温度是影响堆肥过程的核心参数。

生物干化的基本依据是微生物好氧呼吸降解有机物并放出热量。有机物在好氧条件下被自然降解的温度变化模式如图 5-61 所示。

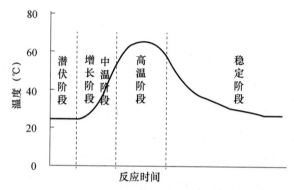

图 5-61　有机物好氧降解温度变化示意图

好氧发酵通常要经历中温阶段和高温阶段，两个阶段有机物的降解速率不同，微生物种群的特征也不同。生物干化实际是利用了高温阶段微生物的活性高这一特点，在这一阶段，微生物降解有机物的速率最快，放出热量最多，是水分散失的高效阶段。生物干化正是利用这一高效阶段，加速有机废弃物中水分的散失。

堆肥过程中，堆肥垛中不同深度的温度变化如图 5-62 所示。

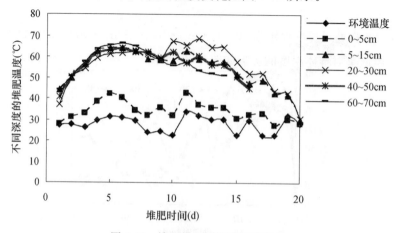

图 5-62　堆肥垛不同深度温度变化

从图 5-62 中可以看出，堆肥过程中，堆肥垛不同深度温度分布并不一致，其中以堆体中部的温度最高，顶部和底部的温度较低，呈明显的抛物线形状。

有人对生活垃圾的生物干化受温度的影响情况做了研究，发现在不同的温度下，生物干化的效果不同，如图 5-63 所示。

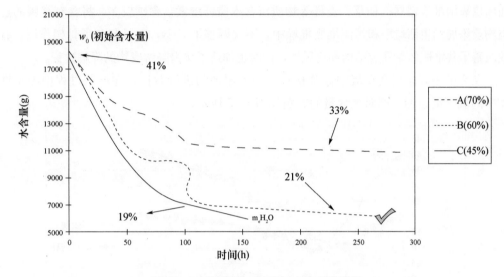

图 5-63　不同温度下的垃圾生物干化效果

在该试验中，反应器为 148L 的反应仓，温度的控制是通过改变通风量来实现的。通风是控制温度的主要手段，通过改变通风方式，可以对干化温度进行控制。物料的初始含水率为 41%，在不同的发酵温度下，水分散失不同，达到含水率散失程度相同的目的，所需的干化时间不同，并且当干化温度低于一定程度时，不管时间多长也无法取得含水率散失达到一定程度的目的。

某文献中，分别在鸡粪、猪粪、牛粪和污泥中添加麦秸，四种不同物料在堆肥过程中的温度变化如图 5-64。

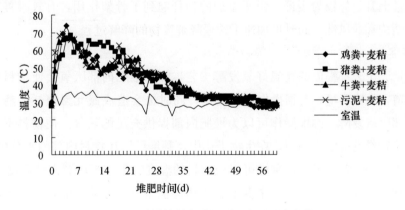

图 5-64　不同物料在堆肥过程中的温度变化

5. 调理剂

使用调理剂可以调节孔隙率和 C/N 比，调理剂包括锯屑、稻草、麦秆、泥炭、稻壳、扎棉废屑、厩肥、庭院垃圾，以及废旧轮胎、花生壳、树枝等。

污泥、餐厨垃圾以及粪便类物质含氮较高，C/N 较低。且这类物料密度较大，造成通风供氧困难。锯屑、稻草、麦秆等物质富含木质纤维素，含碳较多，将含有高碳的这类物质添加到生活垃圾和污泥堆肥堆垛中，不仅调整了 C/N，而且起到了骨架作用，有效改善了共堆肥体系孔隙结构和通风性，同时也加速了缓慢降解废物的降解过程。

某文献中，采用在垃圾中添加秸秆，与不添加的进行对比，在堆肥过程中测定堆体中的氧含量。调理剂对氧含量的影响如图 5-65 所示。

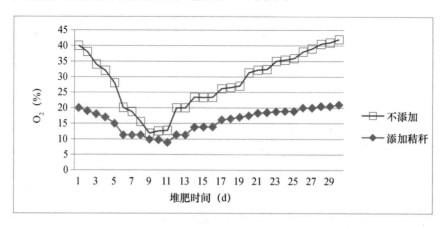

图 5-65　调理剂对氧含量的影响

从氧含量浓度的变化来看，在堆肥过程中，氧含量呈现先降低后升高的趋势，主要原因是堆肥初期有机物降解强烈，氧气消耗量大，故堆体中氧气浓度下降。随着有机物降解速度变缓，氧气消耗量减少，氧含量上升并趋于稳定，堆肥 20d 后，添加秸秆的堆体，其氧含量上升到 18% 以上，表明有机物的分解趋于稳定。未添加秸秆的堆体，氧含量上升趋势较为缓慢，说明添加的秸秆起到了骨架作用，有效改善了共堆肥体系孔隙结构和通风性，同时也加速了缓慢降解废物的降解过程。

6. 翻堆

目前堆肥工艺都提倡的高温好氧发酵工艺，如果堆肥内部厌氧会使物料产生难闻的氨气味道，污染环境，有损操作人员健康，同时也会造成氮元素损耗。翻堆可以避免堆肥内部厌氧发酵。翻堆操作可以为堆肥内部提供充足的氧气，使物料不会处于厌氧状态；使物料发酵更为均匀。在生物干化中，翻堆可以让物料内部的水分散发出来，加快物料水分的蒸发。另外，翻堆可以让物料的温度降低：当堆肥内部温度高于 70℃ 时如果不翻堆，堆肥中的大部分中低温微生物会被杀灭，最关键的是如此高的温度会加快物料的分解，物料的损耗会大大的提高，因此温度高于 70℃ 对堆肥是不利的，一般控制堆肥温度在 60℃ 左右，翻堆是使温度下降的有效措施。翻堆还可以加快物料的腐熟：翻堆控制的好，物料的腐熟可以加快，可以极大地缩短发酵时间。

7. pH 值

一般来说，固体废物进行生物干化不必进行 pH 值调整，如果前处理时添加了消石灰，如污泥，则需要调整 pH 值，通常用具有 pH 值缓冲能力的成品回流来实现。

8. 接种

一般来说，固体废物中已存在发酵微生物，只要条件合适，不接种也能发酵。但是为了加速反应，可以将发酵完成后的有机料与原料污泥混合，也可以接种专门的发酵菌种，其发酵效率比普通菌种高得多。

（四）生物干化技术的应用

生物干化技术适用性强，无论是混合收集垃圾，还是分类之后的垃圾均可。垃圾生物干化技术在欧洲等国家普遍应用，作为制作衍生燃料（RDF）或者作为垃圾焚烧预处理手段。例如，意大利的 Eco-Deco、希腊 Herhof、德国 Nehlsen 公司都拥有该技术，并在多个国家建有生物干化工程。我国垃圾焚烧发电厂，在垃圾入炉之前，延长时间，并增加翻堆等措施，也是采用了生物干化原理。

二、污泥生物干化参数优化

本节采用实验室内模拟试验的方法，对污泥生物干化的工艺参数进行优化，包括通风量和调理剂两个工艺条件。

（一）生物干化模拟试验装置

1. 设备示意图

参照垃圾堆肥原理，采用的生活垃圾生物干化试验设备示意如图 5-66 所示。

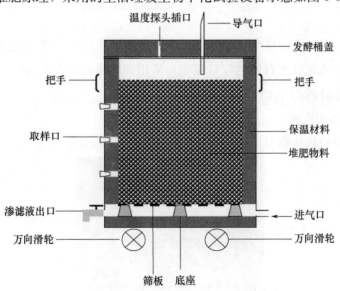

图 5-66　干化试验设备示意图

该装置为圆柱状，体积为60L，分为内外两层，内桶直径36cm，高60cm，外桶直径46cm，高75cm。为保持干化过程中温度不散失，外设置保温层，保温层厚度为5cm。自内桶底部起10cm、25cm、40cm处各设置1个取样口，取样口口径为3cm。罐顶设置温度探头检测口和伸出桶外的不锈钢管导气口，检测口口径1m，导气口口径1.5cm。为保证微生物发酵过程需要的氧气，罐底部设置不锈钢管制成的进气口伸出桶外，进气口口径1.5cm。罐底部还设置过滤渗滤液的筛板，筛板孔径6mm。设置在底部5cm处，筛板上部为通气层，通气层高度也为5cm。为方便操作，在自发酵罐外桶顶部20cm处的侧面设置把手。

2. 试验系统示意图

参照垃圾堆肥原理，采用的生活垃圾生物干化试验系统示意如图5-67所示。

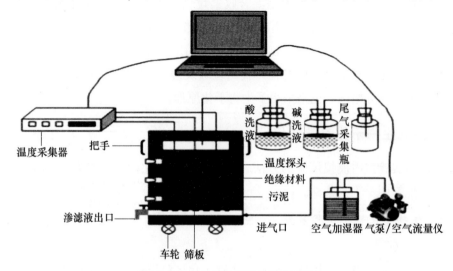

图5-67 生物干化试验系统示意图

生物干化过程，采用温度自动记录分析软件实现数据24h连续记录分析。产生的NH_3由导气口接入带有密封塞的广口瓶中，采用硼酸吸收，人工滴定。采用便携式气体检测仪检测堆体的O_2、CO_2、H_2S等。

3. 试验设备实际图

采用的生活垃圾生物干化试验设备实物图如图5-68所示。

图5-68 生物干化试验设备

为达到试验数据可重复性，一组试验同时采用 6 个试验设备完成。

（二）调理剂对生物干化的影响

1. 试验条件设计

参考堆肥的影响因素，设定污泥初始含水率为 60％，通风量为 200L/h 的间歇通风方式，间歇通风设计为：通风开启 10min，停止 5min，每个通风周期为 15min。在污泥中分别添加质量为 30％的玉米秸秆、锯末、秸秆＋锯末（质量比为 1∶1）为调理剂，考察物料温度和平均含水率的变化。

2. 调理剂对生物干化的影响

结果如图 5-69、图 5-70 所示。

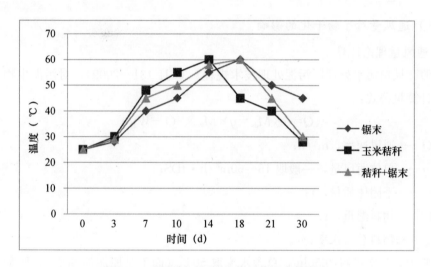

图 5-69　调理剂对污泥生物干化温度的影响

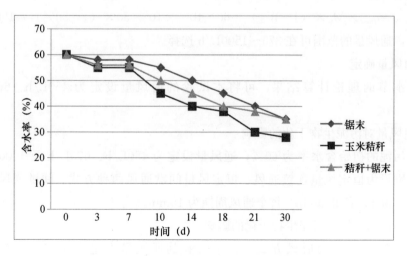

图 5-70　调理剂对污泥生物干化含水率的影响

从图 5-69、图 5-70 可知：锯末在污泥生物干化反应中对物料的调节作用不明显，相对而言，玉米秸秆的调节作用优于锯末，可以使温度上升更快，含水率下降的程度更大。这是因为污泥黏度很大，而锯末相对于秸秆，其粒径较小，与污泥混合后形成很多小颗粒，在通气时，只有颗粒表面的脱水污泥可以与空气中的氧气发生生物反应，颗粒内部的污泥都处于厌氧状态。而玉米秸秆作为调理剂时，由于秸秆的粒径较大，污泥在与秸秆混合时，由于秸秆体积较大，脱水污泥都黏附在秸秆表面，因此可以保证通入的空气与脱水污泥充分接触。同时，木屑和秸秆分别是木质素和纤维素类物质，在生化反应过程中，木质素类物质相比纤维素类物质，更不易生物降解。因此，在距离农村较近的垃圾焚烧厂和水泥协同处置企业，可将玉米秸秆作为生物干化调理剂的首选。

（三）通风量对生物干化的影响

1. 通风量理论计算

按照《城镇污水处理厂污泥处理技术规程》（CJJ 131—2009），对污泥生物干化通风量的计算见公式：

$$Q = q \times M_{ds} = q \times M_w \times （1 - W_总） \tag{5-10}$$

式中　Q——通风速率，m^3/h；

　　　q——单位通风量，一般取 $15 \sim 60 m^3/h \cdot tDS$；

　　M_{ds}——干固体质量，t；

　　M_w——物料湿重，t；

　　$W_总$——物料总含水率，%。

试验中，一次进料约 50kg，总含水率取 50%（而不是原泥的 80%），则最小和最大通风量分别为：

$$Q_{min} = q_{min} \times M_w \times （1 - W_总） = 15 \times 10^{-3} \times 10^3 \times 50 \times （1 - 50\%） = 375L/h$$

$$Q_{max} = q_{max} \times M_w \times （1 - W_总） = 60 \times 10^{-3} \times 10^3 \times 50 \times （1 - 50\%） = 1500L/h$$

因此，通风量的范围可在 375～1500L/h 选择。

2. 通风量确定

根据本节的理论计算结果，可将本试验的通风量设定为 450L/h、675L/h 及 1000L/h。

3. 通风量对污泥生物干化的影响

设定污泥的初始含水率为 60%，通风量设定为 450L/h、675L/h 及 1000L/h，通风条件分别设为恒定风量连续通风、恒定风量间歇通风两种方式。间歇通风设计为：通风开启 10min，停止 5min，每个通风周期为 15min。

（1）不同通风量对污泥生物干化的影响

采用恒定风量连续通风方式，将本试验的通风量设定为 450L/h、675L/h 及 1000L/h，分别记为 A1、A2、A3，在试验中验证不同通风量对生物干化的影响。

不同通风量对污泥生物干化的影响如图 5-71 所示。

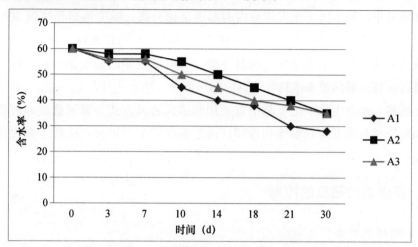

图 5-71　不同通风量对污泥生物干化的影响

通风量增加，有助于水分散失，也利于生化反应的进行，但过高的通风量不仅不利于有机物的分解转化，而且浪费能源。因此，生产中应以适度通风为宜。

（2）不同通风方式对污泥生物干化的影响

将通风量设定为 450L/h，恒定风量连续通风、恒定风量间歇通风两种方式，记为B1、B2，不同通风方式对污泥生物干化的影响如图 5-72 所示。

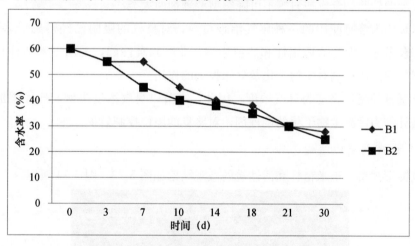

图 5-72　不同通风方式对污泥生物干化的影响

相同通风量，改变通风方式，有助于水分散失，也利于生化反应的进行，因此，实际生产中，采用间歇通风更节能。

实际生产中，多采用控制通风总量的间歇通风方式，间歇通风优于连续通风是因为连续通风时，如果通风量超过微生物的耗氧速率，会带走过多的热量，而使干化体温度降低较快。间歇式操作的气量控制实际上是控制温度，使其处于生物干化的最佳温度范围并予以保持。同时，在不同的生物干化阶段，间歇式通风的气量控制可相应分为不同阶段：初始时气量应尽量小，以保证在好氧条件的前提下使气体对生物干化的散热作用最小，使生物干化反应器内的温度迅速升高；温度迅速升高到40℃后应逐渐加大通风量，为大量繁殖的微生物提供充足的氧气，同时使反应热与散热量持平；当有机质含量减少时，反应速率会明显下降，此时反应器内温度也会逐渐降低，应减小通风量以保持足够热量来维持反应器内的温度。

综上所述，垃圾生物干化工艺中宜采用间歇式通风方式，通风总量通过物料特性计算，间歇通风与温度控制系统相连接，通过温度调节通风量，这样可最大化地减少动力消耗。

三、调理剂对恶臭的控制

（一）调理剂种类

根据调理剂的作用不同，可将其分为调节剂、膨胀剂和重金属钝化剂。常用的调理剂包括锯屑、秸秆、泥炭、棉废屑、厩肥、花生壳、树枝等生物质可降解型调理剂以及废旧轮胎、粉煤灰、斜发沸石、铝土矿渣、合成塑料等不可降解型调理剂两大类。

污泥经过生物干化后，多以焚烧处理为主。因此，在生物干化中，不应选择堆肥中使用的不可降解型调理剂，而是应该以生物质可降解型调理剂以及可增加热值的调理剂为主，如锯屑、秸秆、泥炭、棉废屑、厩肥、花生壳、树枝等生物质可降解型调理剂以及废旧轮胎、合成塑料等不可降解型调理剂两大类。

活性炭作为普遍使用的一种尾气治理材料，对臭气的吸附已经得到了多方验证。因此，综合考虑水泥窑的适用性和热值影响，兼顾除臭性能，采用玉米秸秆和活性炭为调理剂，探索调理剂对生物干化及臭味控制的作用。

由于恶臭的嗅觉表现为臭气浓度，因此，本节以臭气浓度为例，比较添加活性炭和玉米秸秆作为污泥生物干化的调理剂，对恶臭的原位控制效果。

（二）调理剂微观结构

在电镜下观察，玉米秸秆和活性炭的微观结构如图5-73、图5-74所示。

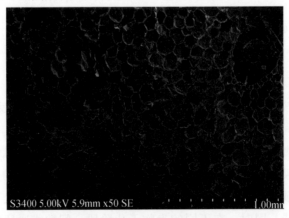

图5-73　玉米秸秆的微观结构

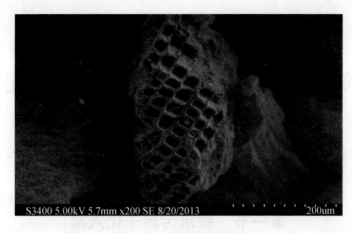

图 5-74　活性炭的微观结构

从图 5-73、图 5-74 中可以看出：玉米秸秆和活性炭的相似之处是具有孔状的微观结构，因此，可以增加通风及吸附臭气。与玉米秸秆相比，活性炭的作用更佳，这是因为活性炭的微孔结构小，比表面积更大。

（三）调理剂对恶臭的控制

在污泥中添加 30％的秸秆和活性炭，测定不同时间的臭气浓度，结果如图 5-75 所示。

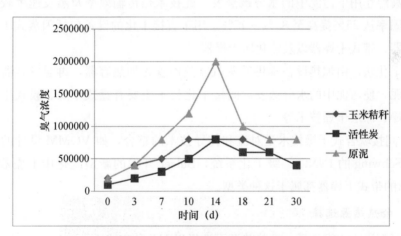

图 5-75　不同调理剂对恶臭的控制

从图 5-75 中可以看出：玉米秸秆与活性炭均有很好的恶臭控制效果，与玉米秸秆相比，活性炭的作用更佳，这是因为活性炭的微孔结构小，比表面积更大。

第六章 水泥窑协同处置脱水污泥

脱水污泥进入水泥窑协同处置，主要采用两种工艺：利用水泥窑的余热将污泥干化后入窑以及污泥直接入窑。

第一节 脱水污泥干化入窑

一、余热干化方法

（一）污泥干化方法

根据热介质与污泥的接触方式可将热干化技术分为三类：直接干化法、间接干化法和直接-间接联合干化法。

直接干化法是利用燃烧装置向干化设备提供热风和烟气，污泥与热风和烟气直接接触，在高温作用下污泥中的水分被蒸发。此技术热传输效率及蒸发速率较高，可使污泥的含固率从25%提高至85%~95%。用于直接干化的设备包括闪蒸式干燥器、转筒式干燥器、带式干燥器以及流化床干燥器等。

间接干化法，由加热设备提供的蒸汽或热油首先加热容器，再通过容器表面将热传递给污泥，使污泥中的水分蒸发。间接干化技术主要有盘式干燥、膜式干燥、空心桨叶式干燥、涂层干燥技术等。

直接-间接联合式干燥技术是对流和传导技术的整合，如VOMM设计的涡轮薄层干燥器，Schwing的INNO二级干化系统，Sulzer开发的新型流化床干燥器以及Envirex推出的带式干燥器都属于这种类型。

（二）余热热源选择

脱水污泥进入水泥厂后，余热热源可选择以下几种方式：

1. 建设燃煤锅炉

湿污泥进场后，单独新建燃煤锅炉，产生热量（蒸汽或导热油）用于污泥干化。其优点是对水泥窑和余热发电均没有影响，污泥可作为替代燃料代替燃煤，干化成本相对较低。其缺点是增加燃煤消耗，增加环境排放总量，将面临项目是否能够获得审批的问题。

2. 采用废热热泵干燥

湿污泥进场后，采用160℃以下的废热烟气换热热水，热水再通过热泵加热气体进行污泥干化。其优点是对水泥窑和余热发电均没有影响，污泥可作为替代燃料代替燃煤，但需要经过两次换热，制取热量的成本、处理量、占地、投资等需做进一步综合评估。

3. 抽取余热发电的蒸汽

湿污泥进场后，抽取部分余热锅炉的蒸汽，用于污泥干化。其优点是对水泥窑没有影响，污泥可作为燃煤的替代燃料。但这种方式将减少用于余热发电的蒸汽量，因而造成发电效益降低，在处理量、占地和投资方面也需要进一步评估。

4. 抽取高温烟气

湿污泥进场后，从回转窑头、预分解窑底部、篦冷机头部等位置抽取高温烟气，换导热油或水进行干化。其优点是设备投资低、处理量大、占地小、不影响余热发电，但必须对水泥窑重做热系统和风系统的平衡。

（三）余热干化原则

利用窑尾废热烟气干化污泥必须以优先保证原料磨、原煤磨生产用风为前提。在利用水泥生产线废热干化污泥的生产实践中，可通过合理调整水泥窑系统预热器的级数或设置部分旁路烟气实现污泥干化与水泥生产原料烘干的统一。

采用直接干化法对污泥进行干化时，干化烟气的含氧率宜控制在 8%（体积百分数）以下。采用间接干化法可以用导热油或蒸汽作为热介质，对于介质温度要求在200℃以上的干化系统，加热介质宜为热油，热油的闪点温度必须大于运行温度。

在同等低位热值的条件下，污泥输入热量中可被水泥窑利用或干化利用的量是不同的，含固率越高则可回收的热量越多。水泥窑处置工艺一般以全干化为宜，在兼顾干化投资规模、热量供给的情况下，也可以适当降低含固率，以获得最佳处理量。

（四）耗热量计算方法

对于一个热干化系统，其耗热量按下式进行估算：

$$q_{gh} = (A_1 M_1/100 - A_2 M_2/100) \cdot \frac{C_V \cdot (T_2 - T_1) + R_{r2}}{\eta_{gh}/100} \qquad (6-1)$$

式中　q_{gh}——热干化系统耗热量，kJ/h；

　　　A_1——干化前湿污泥量，kg/h；

　　　M_1——干化前湿污泥含水率，%；

　　　A_2——干化后湿污泥量，kg/h；

　　　M_2——干化后湿污泥含水率，%；

　　　C_V——水的平均比热，取 4.187kJ/（kg·℃）；

　　　T_1——污泥的初始温度，通常取为 20.0℃；

　　　T_2——水汽化的温度，常压下取 100.0℃；

　　　R_{r2}——T_2 时水的汽化潜热，常压下为 2261kJ/kg；

　　　η_{gh}——干化机的热效率，%。

二、余热干化工艺流程

污泥余热干化系统工艺流程如图 6-1 所示。

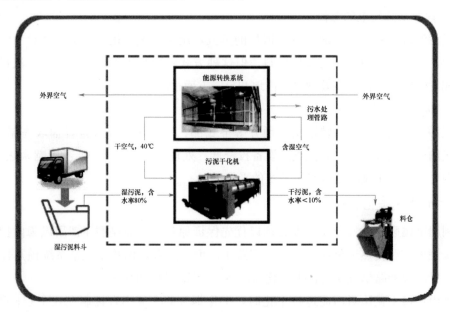

图 6-1　污泥余热干化系统工艺流程

三、干化入窑案例

（一）广州越堡水泥有限公司

广州越堡水泥有限公司有一条 6000t/d 的水泥熟料生产线。2007 年 11 月，广州越堡水泥有限公司委托由中材国际工程股份公司天津公司（原天津水泥工业设计研究院有限公司）设计，利用现有回转窑处理含水率 80％污泥的工程。结合现有的场地及厂方的资金情况，确立了处理量为 600t/d 含水 80％污泥的工程规模，2009 年 3 月完成污泥生产线的点火调试工作，2009 年 8 月起开始连续处置广州市城区的市政污泥。

污泥干化采用的废热来自现有熟料生产线预热器出口窑尾废气，废热烟气经管道输送至干化车间，通过风机升压后鼓入干燥机干燥室进口。需要干化的湿污泥由专用的输送装置送至污泥储料小仓，然后送到干燥机。在干燥室内，气固两相进行对流型干燥，完成热交换后的污泥和烟气一起进入袋收尘器。收尘后的干泥污泥颗粒通过锁风卸料阀后由胶带输送机提升机送入成品污泥储仓。干燥后尾气经处理后排放。干化后含水率低于 30％污泥已成散状物料，经输送及喂料设备送入分解炉焚烧。在分解炉喂料口处设有撒料板，将散状污泥充分分散在热气流中，由于分解炉的温度高、热熔大，使得污泥能快速、完全燃烧。污泥烧尽后的灰渣随物料一起进入窑内煅烧。该项目的主机装备为国产装备，其总投资比采用进口装备节省约 50％。该项目处理 80％水分污泥600t/d项目，年处理污泥18.6万t，若污泥的干基热值按16785kJ/kg计，每年使水泥厂节省1.8万t标煤。

（二）北京水泥厂

1. 项目概况

金隅集团下属北京水泥厂于2009年10月建成污泥处置线，处理规模为500t/d（含水率80%）。本工程是利用水泥窑系统的热量将含水80%的污水厂污泥干化至含固率为65%的半干污泥，然后入窑焚烧处置。

本工程污泥干化技术属于间接干化工艺系统，热源采用从水泥窑系统抽取余热烟气进入锅炉加热导热油，输送给干燥系统供热。湿污泥经输送设备喂入涡轮干燥器内，在强大的涡流作用下载系统内部连续移动，并得到均匀有效的加热，完成干燥工序。干燥后的污泥颗粒和气体经过旋风分离器和布袋除尘后颗粒从工艺气体中分离出来，经螺旋冷却后输送至示范线预燃炉内焚烧。干燥分离的蒸汽经过离心机抽取循环后经过热交换器重新被加热返至干燥器的始端。干燥过程产生的高浓度废水经过污水处理站后作为一部分设备循环水回用。

污泥干化主机设备采用意大利涡龙公司（VOMM）的"VOMM高效涡轮薄层干燥技术"，该技术利用了薄膜换热的原理，将待处理的污泥通过定量上料装置喂入一个圆柱状卧式处理器，处理器的衬套内循环有高温介质——导热油，使反应器的内壁得到均匀有效的加热，干燥的主要热量交换通过热壁的热传导来完成；与此同时，工艺还可以采用一定量的经过预热的工艺气体，与物料的运动方向一致，在处理器的内部与高速涡流形成共同作用，推动物料沿内壁向出口方向做螺线运动，物料颗粒在工艺气体的反复包裹、携带和穿流下，实现强烈的热对流换热；在圆柱形处理器内有与之同轴的转子，在转子的不同位置上装配有特殊设计的桨叶，转子通过处理器外的电机驱动，高速旋转，形成强烈涡流。物料在高速涡流的作用下，通过离心作用，在处理器内壁上形成一层物料薄层，该薄层以一定的速率从处理器的进料端向出料端做环形螺线移动，物料颗粒在薄层内不断与热壁接触、碰撞，完成接触、反应、灭菌或干燥等过程。

2. 干化工艺及设备

（1）干化工艺流程

北京水泥厂污泥干化工艺流程如图6-2所示。

（2）干化系统

干化系统分为三段：

① 湿泥输送储存段：外来卡车将湿泥倒入接收仓，然后提升至两个污泥储存料仓，再从料仓转送到干化车间内的湿泥缓冲仓；

② 湿泥干化段：干化车间为两层建筑，五台水平布置的圆柱状涡轮薄层干燥器，直径约2m，长约15m，热源采用从分解炉顶部取风，经导热油换热后将80%的污泥干燥到含水率为35%左右，干化温度设定为240～290℃。五台干燥器布置图及实物图分

别如图 6-3、图 6-4 所示。

对干化废气进行冷凝回收的同时，为厂区锅炉提供热源。废气采用布袋收尘，回路和料仓中的不可凝气体采用一根 300mm 的废气收集管收集起来，送往水泥窑的篦冷机，利用篦冷机的高温除臭。

③ 干泥输送段：干燥器尾端有一个出泥设备，下接一个短螺旋，然后接入一个倾角约 40°的链板输送机，通过一系列的链板机，将经过干燥的干泥直接输送到窑尾。

（3）污水处理系统

干燥污泥产生的废水进入污水冷却系统。

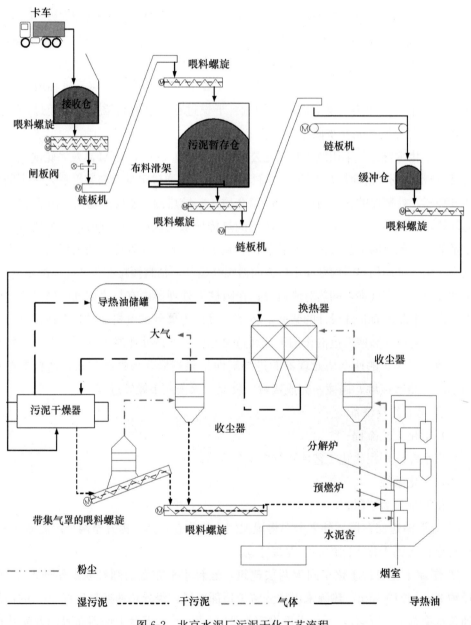

图 6-2　北京水泥厂污泥干化工艺流程

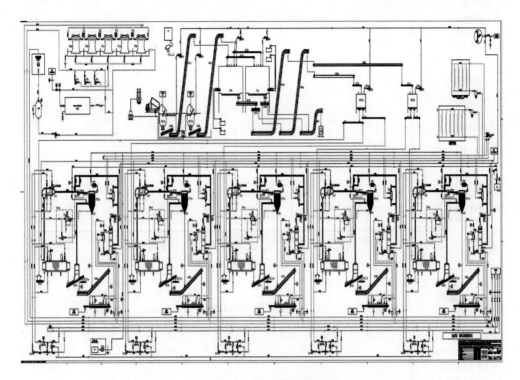

图 6-3 五台干燥器布置图

图 6-4 圆柱状涡轮薄层干燥器实物图

3. 干化恶臭气体排放

2014 年 5 月，对北京水泥厂污泥仓、污泥干化车间 1 层、污泥干化车间 2 层及污水厂的恶臭分别进行了监测，结果如图 6-5、图 6-6、图 6-7、图 6-8 所示。

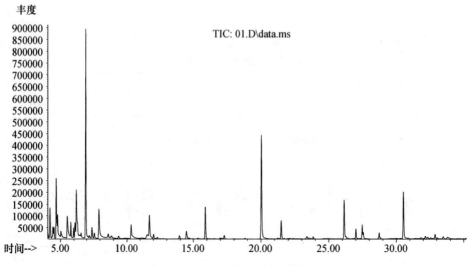

图 6-5　污泥仓的恶臭图谱

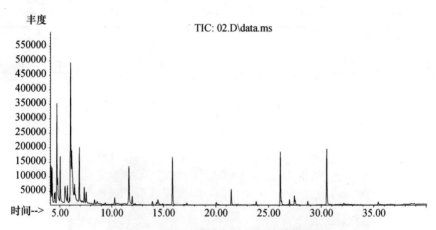

图 6-6　污泥干化车间 1 层的恶臭图谱

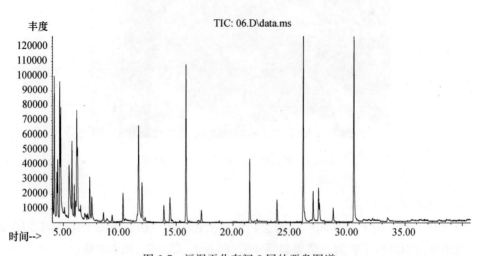

图 6-7　污泥干化车间 2 层的恶臭图谱

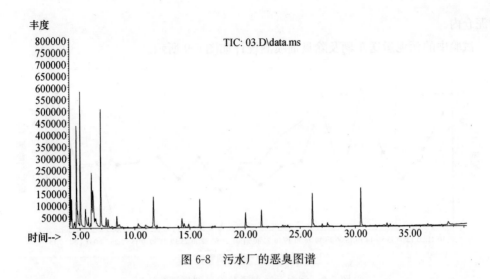

图 6-8　污水厂的恶臭图谱

从图 6-5、图 6-6、图 6-7、图 6-8 中可以看出：北京水泥厂采集的几个恶臭点中，以污泥干化车间 2 层的臭气浓度最高，其次是污泥仓和污泥干化车间 1 层，污水处理厂的臭气浓度相对来说最低。

4. 干化恶臭原位控制

（1）除臭剂

将 CC-3 经过提纯改性，得到除臭剂 JC。除臭剂的主要成分有乙酸、环戊酮、2-丁烯乙酸酯、糖醛、2，5-己二酮、正丁酸、甲酸、丁酸及表面活性剂与发泡剂的混合物。

除臭剂的制备方法如下：

① 将乙酸、正丁酸、甲酸、丁酸分别称量后，直接混合，再先后加入 2，5-己二酮和环戊酮，边搅拌边混合，再加入 2-丁烯乙酸酯，最后加入糖醛。

② 将所有的混合溶液搅拌，在搅拌过程中先后加入表面活性剂与发泡剂，调制成除臭剂产品。复配比例为：乙酸：环戊酮：2-丁烯乙酸酯：糖醛：2，5-己二酮：正丁酸：甲酸：丁酸为 10～20：5～10：5～10：10～20：10～20：10～20：10～20：10～20。

③ 表面活性剂的为十二烷基苯磺酸盐，发泡剂的为纸浆废液。

④ 甲酸、乙酸、丁酸、正丁酸的作用是致臭基团改性剂，2-丁烯乙酸酯是缓冲剂，环戊酮、2，5-己二酮的作用是恶臭物质的络合剂，糖醛的作用是恶臭的固定剂，三类物质复合作用，将致臭基团改性、络合、固定，达到除臭的目的。

⑤ 其中，甲酸、乙酸、2，5-己二酮、糖醛、2-丁烯乙酸酯、表面活性剂与发泡剂是必不可少的物质，丁酸与正丁酸可以相互替换。

（2）原位除臭人工喷洒试验

① 试验方法

2014 年 12 月，在北京水泥厂进行了污泥原位除臭的人工喷洒工业试验。

工业试验从 2014 年 12 月 3 日上午 10：00 开始，采用人工喷洒的形式，在污泥运送车辆倾倒污泥时，将装在吨桶中的污泥除臭剂用潜水泵泵送到水管中，人工喷洒到污泥仓内。

试验中的污泥运送车辆及除臭剂喷洒统计如图 6-9 所示。

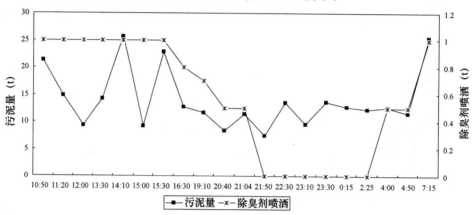

图 6-9 污泥运送车辆及除臭剂喷洒统计

除臭剂设计添加量为 5%，人工喷洒后，实际添加比率超过了设计值，而且人工喷洒不均匀，加上由于没有除臭剂与污泥的混合装置，造成除臭剂在污泥仓内成自由水状态。另外，此次试验中，来自昌平的 15 辆车共 200.34t 污泥全部冻成了冰块状，在除臭剂的作用下融化，产生了大量水，造成污泥泵送困难，因此，停止了喷洒。

② 结果分析

本次试验持续 24h，接受来自清河、昌平、威立雅及京禹石的污泥车辆共 20 辆，接受污泥量为 279.89t，喷洒除臭剂的量为 11.5t，除臭剂设计添加量为 5%，人工喷洒后，实际添加比率为 5.5% 以上，而且分布不均匀，除臭剂呈自由水体状态，不能实现与污泥的均匀混合。

在喷洒污泥时，污泥储仓内还有污泥 200t 左右，因此，21 时以后，喷洒过除臭剂的污泥才开始进入干化线。

臭气检测单位为中国环境测试分析中心，测试时间为上午 9 时左右。测试地点：污泥仓、污泥干化车间 1 层、污泥干化车间 2 层、中控室、污水厂、上风向及下风向 7 个地点。

除臭前后臭气浓度的检测结果如图 6-10 所示。

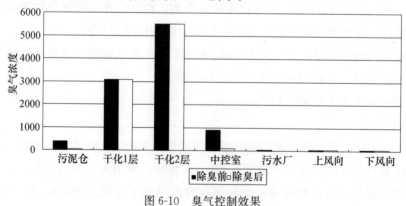

图 6-10 臭气控制效果

从图 6-10 中可以看出：添加除臭剂后，污泥仓、中控室和污水厂的臭气浓度都有显著下降，尤其是污泥仓下降极显著，幅度达到 89％以上，但污泥干化车间 1 层和 2 层都没有下降，证明除臭剂的原位除臭效果显著，但由于除臭剂分布不均匀且除臭时间较短，因此干化车间除臭效果不明显。

③ 存在问题

虽然除臭剂的原位除臭效果明显，但除臭剂设计添加量为 5％，人工喷洒后，实际添加比率为 5.5％以上，而且没有混合装置，造成除臭剂分布不均匀，螺旋输送环节有漏泥、压差改变的现象。

为达到泵送与螺旋输送环节都能良好运行，必须采用喷雾形式控制除臭剂添加量，最好增加雾化混合设备，以便实现污泥与除臭剂的均匀混合且不改变污泥性状。

（3）原位除臭雾化喷洒试验

① 雾化系统设计

设计的污泥液态除臭剂喷淋系统由自动喷淋和雾化两部分组成，包括除臭剂储存及搅拌系统、自动感应系统、自动计量系统、雾化系统、外保温系统及在线监测系统等，如图 6-11 所示。

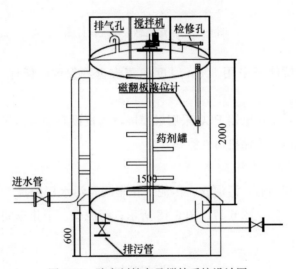

图 6-11 除臭剂储存及搅拌系统设计图

除臭剂储存及搅拌系统：罐体采用 304 不锈钢，罐顶设置搅拌装置，每 10～20min 搅拌一次，将药剂充分搅拌均匀以防止药剂沉淀。罐体外侧设置磁翻板液位计，以方便观察罐内药剂液位及时补充。

自动感应系统：卸车位置配备远红外线感应装置，与主控制系统联动，车至位置即开始喷洒除臭剂，车离即停，不需人工操作。

自动计量系统：自动计量系统与中控室连接，根据每车装载的固废量不同，采用时间控制除臭剂用量的方式，时间控制可在 1～999s 任意设置；

雾化系统：雾化主机采用三重水过滤装置＋纳米超微雾化系统，将专用除臭剂超微雾化后以分子的形式和臭气分子充分作用，吸收效率高，净化速度快，快速去除有机异味分子。每只喷头前端安装第三级过滤器：一级过滤使用 PP 熔喷滤芯透明过滤器，二级采用高压不锈钢网过滤器，三级过滤采用蜂窝陶瓷过滤系统。经过滤后的除臭剂由管路分配到每个喷头，确保喷头不堵塞；高压雾化喷头采用耐磨陶瓷超细专利喷头，确保雾粒迅速气化，是高压微雾的核心部件。雾化及感应系统设计图如图 6-12 所示。

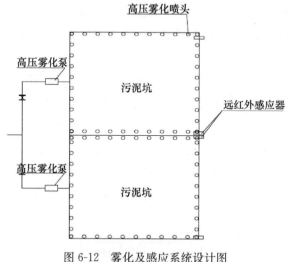

图 6-12　雾化及感应系统设计图

外保温系统：罐体外采用 30cm 厚度的蒸汽盘管保温，保证了冬季液体的正常流动。

在线监测系统：主机电器 PLC 采用触摸屏，主机设有漏电保护、过载保护、断水保护、泄压保护功能，确保机器性能和安全。

② 雾化喷洒的除臭效果

雾化喷洒除臭剂前后，污泥仓、污泥干化车间及污水厂的臭气图谱如图 6-13、图 6-14、图 6-15、图 6-16、图 6-17、图 6-18 所示；污泥仓、干化车间及污水厂的臭气浓度比较如图 6-19 所示。

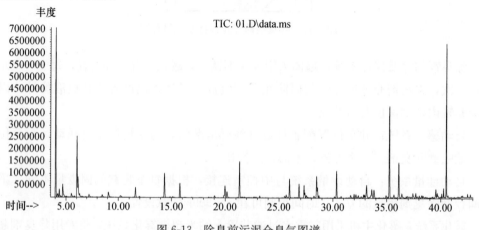

图 6-13　除臭前污泥仓臭气图谱

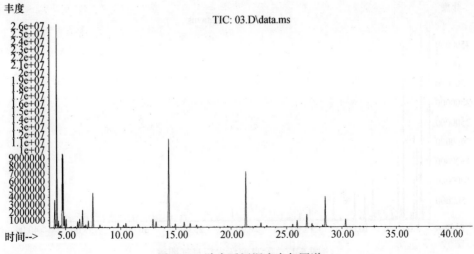

图 6-14　除臭后污泥仓臭气图谱

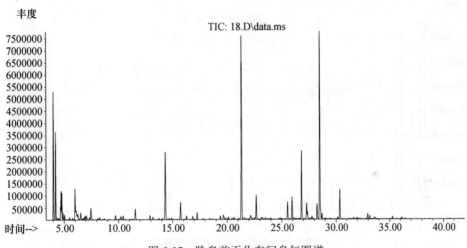

图 6-15　除臭前干化车间臭气图谱

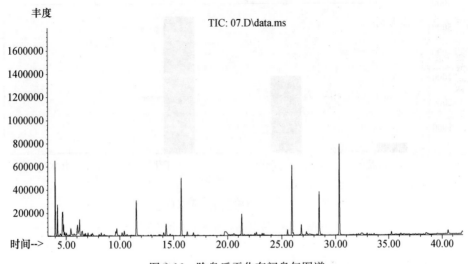

图 6-16　除臭后干化车间臭气图谱

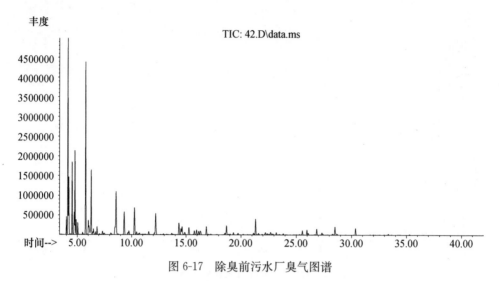

图 6-17 除臭前污水厂臭气图谱

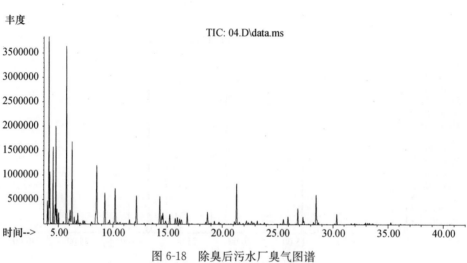

图 6-18 除臭后污水厂臭气图谱

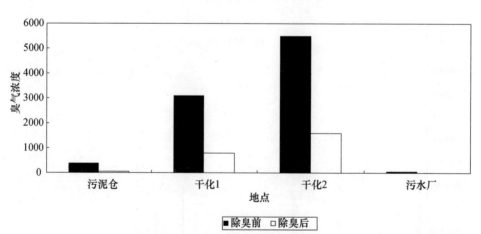

图 6-19 除臭前后臭气浓度比较

从图 6-19 中可以看出：添加除臭剂后，污泥仓、干化车间和污水厂的臭气浓度都有显著下降，尤其是污泥仓下降极显著，幅度达到 89％以上。

③ 除臭剂用量统计

试验过程中，对使用的除臭剂量进行了统计，结果如图 6-20 所示。

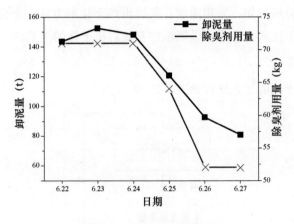

图 6-20　除臭剂用量统计

试验期间，卸泥量分别为 143.38t、152.26t、148.16t、120.54t、92.8t、80.52t；除臭剂用量分别为 71kg、71kg、71kg、64kg、52kg、52kg。除臭剂用量约为卸泥 0.05％。污泥用量仅为人工喷洒的 1/110，且除臭效果显著，说明雾化效果较好。

④ 除臭剂雾化喷洒对喂料器的影响

人工喷洒除臭剂，螺旋输送环节有漏泥、压差改变的现象。雾化喷洒除臭剂前后，在五组喂料器中随机选择一组喂料器，观察试验期间的变化，结果如图 6-21 所示。

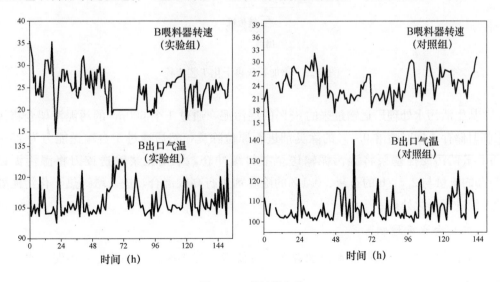

图 6-21　喂料器变化

对照组喂料器转速变化范围在 25～43，试验组喂料器转速变化范围在 25～42。两者无显著差异，说明雾化效果较好。

四、干化工艺改进

根据第五章的分析可知：采用添加石灰后再热干化的方法，干化效率极显著提高。因此，水泥窑余热干化入窑今后可采用添加石灰后再干化的工艺。

（一）工艺流程

添加石灰后再干化的工艺流程如图 6-22 所示。

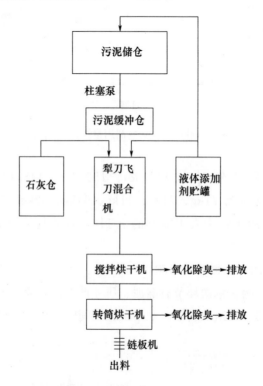

图 6-22　添加石灰再干化工艺流程

从生活污水处理厂运输过来的 83％ 的湿污泥，通过 1 个 600m³ 的污泥滑架仓将污泥临时储存，同时喷淋 0.1％ 的除臭剂进行原位除臭，然后通过 1 台输送能力为 25～30m³/h 的污泥柱塞泵将湿污泥输送至喂料缓冲仓，采用泥浆输送铰刀将湿污泥以 25t/h 的流量与 2.5t/h 的石灰、0.1％ 的除臭剂进行高效混合，进入增钙热干化污泥处理系统进行干化处理。

（二）含水率控制

污泥首先进入石灰除臭剂添加混合系统使得污泥快速破壁并首先将污泥含水率降低至 73％ 左右。

增钙热干化污泥处理系统分为两段烘干，分别为搅拌烘干和转筒烘干：

（1）第一段热风可采用篦冷机中温段的余热或温度为500℃的燃气供热热风炉。风量为30000Nm³/h，风温500℃。含水率为73％的污泥经过第一段热干化后，含水率降为51.93％，计算过程如下：

热风释放有效总热量：$(500-120) \times 0.36 \times 30000 = 4104000$（kcal/h）；

烘干水量 $= 4104000/(80+539+1.85/4.1868 \times 20+70) = 4104000/697.84 = 5.88$（t）；

去掉5.88t水后，还剩 $17.1075-5.88=11.2275$（t）水；

含水率为 $11.2275/(7.8925+2.5+11.2275) \times 100\% = 51.93\%$。

（2）第二段采用来自篦冷机低温段的热风，风量约为45000Nm³/h，风温约280℃。含水率为51.93％的污泥经过第二段热干化后，含水率降为34.26％，计算过程如下：

篦冷机余风释放总热量：$(280-120) \times 0.355 \times 45000 = 2556000$（kcal/h）；

烘干水量 $= 2556000/697.84 = 3.66$（t）；

去掉3.66t水后，还剩 $11.2275-3.66=7.5675$（t）；

含水率为 $7.5675/(12.0175+2.5+7.5675) \times 100\% = 34.26\%$。

两段热干化产生的尾气进入等离子＋微波高级氧化除臭系统进行处理后排放。

经过热干化后的含水率为34.26％的污泥没有臭味，可直接堆存，通过自然晾晒、干燥后至水分小于5％后，进入分解炉焚烧处理。

（三）投资估算

此技术可在原有水泥窑系统基础上进行微改动，在污泥储存、输送、增钙、热干化、收尘器、除臭装置等方面新增设施。

新增的设备清单见表6-1。

表6-1 新增设备清单

序号	设备名称	数量	单价	备注
1	污泥仓	1套	240	600m³，不锈钢双螺旋机，输送量25～30m³/h，$L=4$m，变频电机，带卷扬机启闭盖
2	石灰仓	1套	30	200m³，真空气力爽，输送量2.5m³/h，$L=4$m，变频电机
3	石灰拆包机	1套	15	
4	石灰真空上料机	1套	15	
5	石灰预混机	2台	18	
6	除臭剂装置	2套	40	含1套20t储罐，2套雾化喷淋装置
7	柱塞泵系统	1台	200	$Q=30$m³/h
8	污泥缓仓	1个	30	
9	犁刀混合机	1台	45	混合量≥27.5m³/h，变频电机
10	输送皮带机1	3个	21	带宽：650mm，中心距：20m
11	输送皮带机2	1台	11	带宽：650mm，中心距：30m

续表

序号	设备名称	数量	单价	备注
12	搅拌烘干机	1台	70	
13	转筒烘干机	1台	65	
14	50000m³/h风机	1套	18	
15	80000m³/h风机	1套	28	
16	高级氧化除臭装置	1套	200	风量50000m³/h
17	高级氧化除臭装置	1套	290	风量80000m³/h
18	50000m³/h除尘设施	1套	45	
19	8000m³/h除尘设施	1套	74	
20	铲车	1台	35	
21	热风炉系统	1套	220	
22	水泥窑系统改造		300	
23	其他设备		183	
合计			2193万元	

此外，污泥仓、干化装置、干污泥储存等建设涉及的土建施工需要550万元，工程安装需要373万元，其他费用504万元。总投资预计需要3620万元。

（四）运行成本

估算运行成本（含税）主要包括（不含投资财务费用和折旧）：

（1）煤耗：干化污泥进入分解炉，增加煤耗为15.85kg标煤/t熟料，折合至处理单位湿污泥为23.78kg标煤/t湿污泥，折合实物煤为30.27kg实物煤/t湿污泥，折合成本为16.65元/t湿污泥。

（2）燃气消耗：维持热风炉燃气耗折合成本为110元/t湿污泥。

（3）电耗：主要用电设备包括风机、污泥柱塞泵、烘干机、收尘风机、除臭设备运转等，1t湿泥预处理需要电耗为30kW·h，折合成本为24元/t湿污泥。

（4）石灰：1t湿泥需要掺加0.1t的生石灰，折合成本为40元/t湿污泥。

（5）除臭：1t湿泥需要除臭剂成本为5元，高级氧化除臭装置运行成本约5元。

综上所述，1t湿污泥需要的运行成本约200.65元/t。

第二节　脱水污泥直接入窑

一、湿污泥直接入窑量计算

（一）污泥直喷入窑处置量限值

由于污泥含水率是影响水泥窑况的主要因素，因此，以含水率计算湿污泥直喷入窑的处置量限值。

1. 水分对煤耗的影响

将20℃的水升温到100℃，需要的热量为334.72kJ/kg，100℃的水变成水蒸气的蒸发潜热为2255.18kJ/kg，100℃的水蒸气升温到分解炉的870℃需要的热量为1677.78kJ/kg；

因此，进入水泥窑1kg水，消耗的热量为4267.68kJ，则相当于4267.68÷29288＝0.146kg标煤；

如果每小时进水泥窑6.7t 80%的污泥，则进窑的水分为6.7×0.8＝5.36t，需要消耗的标煤为5.36×0.146＝0.783t，折合成实物煤为0.783×7÷6＝0.91t。

2. 水分对烟气量的影响

由于水泥窑的煤耗增加了0.91t/h，则由此增加的烟气量为6.9Nm^3×0.91×1000＝6279Nm^3；

由于水分的进入而增加的烟气量为1000÷（18÷22.4）×5.36＝6666.7Nm^3；

两者合计：6279＋6666.7＝12945.7Nm^3。

3. 水分对减产的影响

某水泥厂分解炉出口每小时的烟气量为166785Nm^3，烟气量的增加比率为7.8%，因此，从烟气量上计算，理论上会造成7.8%的减产，因此，以不超过7.8%为宜。

根据实际生产经验，80%含水率的污泥，直接泵送进入水泥窑的量一般控制在生料量3%～5%为宜。3500t/d以下的熟料线，控制在3%；3500t/d以上的熟料线，控制在5%。如4500t/d的熟料线，则采用直接泵送法处置80%含水率的污泥，处置量控制在4500×1.6×5%＝360t/d。一般以不超过350t/d为佳。

（二）污泥直喷入窑能耗影响的理论计算

工业试验在金华某水泥厂进行。该水泥厂的熟料生产能力为3500t/d，污泥含水率为84%，干基低位热值为11861.35kJ/kg，干基灰分含量率为37.91%。理论处理量为3500×1.6×3%＝168t/d，实际直喷入窑量为150t/d。

污泥处置量为6.25t/h，则入窑的水分为5.25t/h，入窑灰分为0.38t/h。按照污泥直接入窑处置量限值的能耗参数，以热传导效率为60%、焚烧效率为70%计算，则水分从20℃升至100℃吸热：5.25×334.72×1000÷60%＝2928800kJ/h；100℃的水变成水蒸气吸热：5.25×2255.18×1000÷60%＝19732825.00kJ/h；100℃的水蒸气升温到分解炉的870℃需要的热量：5.25×1677.78×1000÷60%＝14680575.00kJ/kg。湿污泥直接泵送到分解炉，灰分需要从20℃升温至870℃，则需要吸收的热量为0.38×0.88×850×1000÷60%＝473733.33kJ/h。污泥燃烧放热为1×11861.35×1000×70%＝8302945kJ/kg。则每小时污泥净吸热为2928800＋19732825＋14680575＋473733.33－8302945＝29512988.33kJ/kg。处置每吨污泥净吸热：29512988.33÷6.25＝4722078.13kJ。

二、湿污泥直接入窑工艺

湿污泥直接入窑工艺流程如图6-23所示。

图 6-23　湿污泥直接入窑工艺流程

三、污泥直接入窑案例

（一）项目背景

项目位于浙江省某水泥厂。处置来自市政污水处理厂含水率为 80% 的脱水污泥。

（二）工艺流程

项目工艺流程如图 6-24 所示。

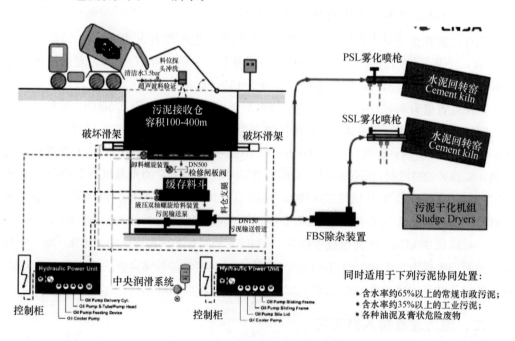

图 6-24　某污泥直喷入窑工艺流程

（三）主要单元介绍

1. 接收输送单元

油泥通过卡车运输至水泥厂，首先进入油泥接收输送单元。

接收输送单元包含 1 座矩形钢结构接收仓，2 台污泥输送泵及其辅助设备。接收输送单元的基本流程如下：

接收仓顶设置了 2 套液压驱动的自动仓盖板并配备了入料格栅，在油泥卸料位置两侧设置了挡泥板，确保卸料时环境清洁；仓顶靠近中心部位设置了 1 套由德国 E＋H 公司制造的超声波料位计用于监测仓内料位。料仓内的底部安装了 2 套液压驱动的液压滑架破拱装置，通过安装在料仓外部 2 套液压缸驱动，液压滑架破拱装置在仓底做水平低速往复运动，避免仓内油泥出现架桥现象而无法有效卸料。

油泥通过安装在料仓底部的 2 台双轴螺旋给料装置卸出仓外，在每台双轴螺旋卸料装置出口下方正交位置各安装了 1 套手动滑动闸板阀，闸板阀在正常运行时该闸板阀处于常开状态，仅在需要对其下方液压活塞泵进行维护和检修时关闭，阻止仓内物料进入活塞泵料斗。闸板阀采用手动方式开启和关闭，功能最为可靠，并且无论是开启或关闭状态都可实现最佳的密封效果，使得仓内的油泥完全无泄漏情况发生。

油泥经液压驱动双轴螺旋挤压进入设置在其下方的 2 台液压驱动活塞泵的料斗内，在液压活塞泵 S 摆管与输送缸内活塞的共同作用下被连续泵送进入油泥输送管道，泵出口位置设置了一个可拆卸管段，方便对设备和管道进行检修维护时的安装和拆卸，油泥输送管道是可以进行快速拆装的高压耐磨输送管，油泥经过高压耐磨输送管进入管道除杂装置，进行第一道除杂，将较大的杂物滤除后油泥进入储存泵送单元中。

为方便接收输送的系统检修，在基坑仓房内安装了 1 台额定起重重量为 3t 的悬臂吊；基坑集水坑内安装了自动启动的潜水泵，保证基坑内的污水及时排出进入水处理系统。

2. 储存输送单元

油泥经过接收输送单元之后进入储存输送单元中。

储存输送单元包括 4 座圆形储存仓、4 台液压活塞泵及其附属设备。本单元可以储存最大 1200m³ 的油泥，并有搅拌混合作用，完全可以应对油泥处置过程中油泥供应量发生波动、油泥成分发生波动、水泥窑检修、窑况调整等状况；本单元 4 台液压活塞泵可以提供 0～40m³/h 的任意输送能力，可以灵活的应对各类生产变化和状况。

储存输送单元的基本流程如下：

经过一次除杂之后的油泥通过高压耐磨输送管送至圆形储存仓内，每个料仓顶部靠近中心位置都安装了 1 套德国 E＋H 公司制造的超声波料位计，用以监控储存仓料位；经过除杂以后的污泥管道设置了两个 Y 形管，使得每个污泥输送泵可以为两个储存仓供泥。每个储存仓入泥管道上都安装了 1 套电动高压球阀，通过远程调控来调节仓位。

每个料仓内的底部都安装了 1 套液压驱动的液压滑架破拱装置，通过安装在料仓外部的液压缸驱动，液压滑架破拱装置在仓底做水平低速往复运动，避免仓内油泥出现架桥现象而无法有效卸料。

每个储存仓底部都安装有双轴螺旋给料装置和手动闸板阀，通过双轴螺旋给料装置将油泥挤压至仓下的液压活塞泵内，在液压活塞泵的驱动下油泥进入高压耐磨污泥管道。泵出口位置同样各设置了一个可拆卸管段，方便对设备和管道进行检修维护时的安装和拆卸，油泥输送管道是可以进行快速拆装的高压耐磨输送管。油泥经过高压耐磨输送管进入第二道管道除杂装置，进一步将污泥中＜15mm 的杂物滤除。

本单元包含 2 套管道自动润滑装置，在油泥输送管道上分别设置了不同数目的润滑液注入点，在油泥输送阻力过大时，润滑系统自动启动向油泥输送管道内注入润滑液，使油泥输送阻力下降。该系统同时也可以作为处置废油、废乳化液、废碱液等危险废物的设施。

3. 恒压恒流给料单元

每个恒压恒流给料单元包含 1 个恒压给料装置、1 个恒流给料器、1 台油泥雾化喷枪及其附属设施。本单元可以将油泥充分雾化后喷入分解炉，雾化后的油泥在分解炉内的焚烧速度大幅度增加，同等情况下可以使污泥处置量提高 50％～100％。

恒压恒流给料单元的基本流程如下：

经过二次除杂之后的污泥通过高压耐磨污泥管道进入恒压给料装置的料腔内，料腔顶部设置了一套超声波料位计，用以监控料腔内的料位，在保证一定料位的情况下，料腔内通入压缩空气使污泥压力稳定在特定压力范围内，进而实现稳压、均化的目的。

料腔的底部与双轴螺旋给料装置相接，通过双轴螺旋将油泥输送至油泥雾化喷枪，雾化后的油泥进入分解炉焚烧。

4. 液压动力单元

液压动力单元包括 2 台 90kW 液压动力站用以驱动两台 EPP40 污泥输送泵；1 台 22kW 液压动力站，用以驱动 2 台接收仓液压破拱滑架和 2 台自动开启仓盖板；4 台 55kW 液压动力站用以驱动 4 台 EPP10 污泥输送泵和 4 台储存仓破拱滑架。

液压动力站与液压缸之间通过液压管道（含硬管和软管）及其附件连接。

本项目室内设备均做了防爆性能设计，动力和电气设备与气体挥发点之间做了防爆隔离，所有电气元件均采用防爆级别。接收仓以及储存仓气体采用通过除臭系统收集并送至水泥窑系统焚烧；基坑内设置了强制通风装置确保基坑内有害气体及时排出。

5. 电气控制单元及其他

液压动力站的供电和控制由电气控制柜提供。电气控制单元包括 2 台 ECC90 电气控制柜，控制 2 套污泥输送泵系统；1 台 ECC22 电气控制柜控制 2 台液压仓盖板、料位计以及 2 台接收仓破拱滑架；4 台 ECC55 电气控制柜控制 4 套储存输送单元系统。2 台 ECC 电气控制柜 4 套恒压恒流给料单元。

处置车间地面在设计时考虑做好硬化防渗，预留液体渗漏收集空间。

（四）污泥直喷入窑对排放的影响

由于污泥含有一定的水分，会降低分解炉温度，因此，在一定程度上会减少氮氧化物排放。另外，污泥中含有一定的硫和氮，因此，有助于二噁英减排。

1. 对氮氧化物排放的影响

将污泥直喷入窑前后，水泥厂的氮氧化物排放情况如图 6-25 所示。

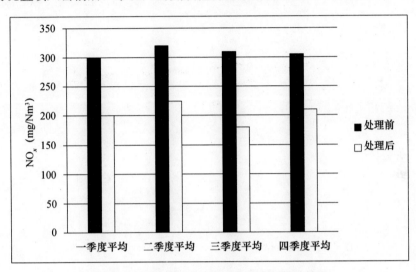

图 6-25　污泥直喷入窑前后氮氧化物排放情况

从图 6-25 中可以看出：将污泥直喷入窑前，水泥厂的氮氧化物平均为 308.75 mg/Nm³，污泥直喷入窑后，水泥厂的氮氧化物平均为 203.75mg/Nm³，削减了 30% 以上。

2. 对二噁英排放的影响

将污泥直喷入窑前后，水泥厂的二噁英排放情况如图 6-26 所示。

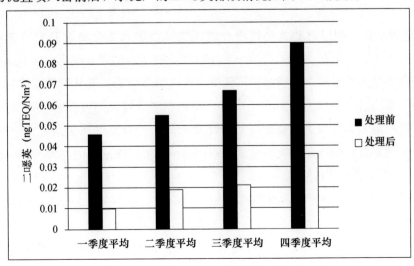

图 6-26　污泥直喷入窑前后二噁英排放情况

从图 6-26 中可以看出：将污泥直喷入窑前，水泥厂的二噁英平均为 0.0645ngTEQ/Nm³，达到了国家《水泥窑协同处置固体废物污染控制标准》（GB 30485—2013）的标准限值。但是，污泥直喷入窑后，水泥厂的二噁英降为平均 0.02145ngTEQ/Nm³，削减了 60% 以上。

参考文献

[1] 肖争鸣，李坚利. 水泥工艺技术 [M]. 北京：化学工业出版社，2006.

[2] 蒋建国. 固体废物处置与资源化利用 [M]. 北京：化学工业出版社，2007.

[3] 李国学，周立祥，李彦明. 固体废物处理与资源化 [M]. 北京：中国环境科学出版社，2005.

[4] 聂永丰. 三废处理工程技术手册——固体废物卷 [M]. 北京：化学工业出版社，2001.

[5] 张辰. 污泥处理处置技术与工程实例 [M]. 北京：化学工业出版社，2006.

[6] 张庆祥. 污泥资源化技术 [M]. 北京：化学工业出版社，2002.

[7] CONNER J R, HOEFFNER S L. The history of stabilization/solidication technology [J]. Crit. Rev. Environ. Sci. Technol., 1998, 28 (4): 325-396.

[8] CONNER J R, HOEFFNER S L. A critical review of stabilization/solidication technology [J]. Crit. Rev. Environ. Sci. Technol., 1998, 28 (4): 397-462.

[9] IPPC. Draft Reference Document on Best Available Techniques for the Waste Treatments Industries [S]. European IPPC Bureau, 2003.

[10] SPINOSA L. From sludge to resources through biosolids [J]. Water science & technology, 2004, 50 (9): 1-8.

[11] LOGAN TJ, HARRISON B J. Physical characteristics of alkaline stabilized sewage-sludge (n-viro soil) and their effects on soil physical-properties [J]. Journal of environmental quality, 1995, 24 (1): 153-164.

[12] MONTEIRO P S. The influence of the anaerobic digestion process on the sewage sludges rheological behaviour [J]. Water science and technology, 1997, 36 (11): 61-67.

[13] FANG M. Co-composting of sewage sludge and coal fly ash: nutrient transformations [J]. Bioresource technology, 1999, 67 (1): 19-24.

[14] AKRIVOS J. Agricultural utilisation of lime treated sewage sludge [J]. Water science and technology, 2000, 42 (9): 203-210.

[15] MURTHY S, SADICK T, KIM H. et al, Mechanisms for odour generation during lime stabilization [J]. Proc., 3rd Int. Water Association World Water Congress, London. 2002.

[16] NORTH J M. Methods for quantifying lime incorporation into dewatered sludge. Ⅰ: Bench-scale evaluation [J]. Journal of environmental engineering-asce, 2008, 134 (9): 750-761.

[17] 国家环境保护总局. 空气和废气监测分析方法 [M]. 北京：中国环境科学出版社，2003.

[18] 王佳玲. 环境微生物学 [M]. 北京：高等教育出版社，2004.

[19] NORTH J M. Methods for quantifying lime incorporation into dewatered sludge. Ⅱ: Field-scale application [J]. Journal of environmental engineering-asce, 2008, 134 (9): 762-770.

[20] 沈培明，陈正夫，张东平. 恶臭的评价与分析 [M]. 北京：化学工业出版社，2005.

［21］加藤龙夫，石黑智彦，重田芳广．恶臭的仪器分析［M］．北京：中国环境科学出版社，1992．

［22］罗皓杰，李森方，路乡．恶臭（三点比较式臭袋法）测定中若干问题探讨［J］．中国环境监测，2006，22（6）：35-36．

［23］王枚．三点比较式臭袋法测定环境中臭气浓度［J］．环境监测管理与技术，2007，19（4）：54-55．

［24］杨纶标，高英仪．模糊数学原理及应用［M］．广州：华南理工大学出版社，2002．

［25］殷闽．污泥石灰干化技术核心设备研发及工程示范［D］．北京：清华大学，2011．